Brigitte Witzer
Die Fleißlüge

BRIGITTE WITZER

Die Fleiß

**Warum Frauen im
Hamsterrad landen und
Männer im Vorstand**

LÜGE

ARISTON

Bibliografische Information der Deutschen Bibliothek

Die Deutsche Bibliothek verzeichnet diese Publikation
in der Deutschen Nationalbibliografie; detaillierte bibliografische Daten
sind im Internet unter http://dnb.ddb.de abrufbar.

Verlagsgruppe Random House FSC® N001967
Das für dieses Buch verwendete FSC®-zertifizierte Papier
Super Snowbright liefert Hellefoss AS, Hokksund, Norwegen.

Umschlaggestaltung: Nele Schütz Design, München
unter Verwendung eines Motivs von Shutterstock/Arthimedes
Redaktion: Dr. Regina Carstensen
Satz: EDV-Fotosatz Huber/Verlaggservice G. Pfeifer, Germering
Druck und Bindung: CPI books GmbH, Leck
Printed in Germany

ISBN 978-3-424-20121-5

Aus meinem Poesiealbum:

Sei Deiner Eltern Freude
beglücke sie durch Fleiß,
so erntest Du im Alter
dafür den schönsten Preis.

Kurt von Hammerstein-Equord, deutscher Generaloberst im
Zweiten Weltkrieg, zur Unterscheidung und Eignung
von Offizieren:

»Ich unterscheide vier Arten. Es gibt kluge, fleißige,
dumme und faule Offiziere. Meist treffen zwei Eigenschaften
zusammen. Die einen sind klug und fleißig, die müssen in den
Generalstab. Die nächsten sind dumm und faul; sie machen in
jeder Armee 90 Prozent aus und sind für Routineaufgaben geeig
net. Wer klug ist und gleichzeitig faul, qualifiziert sich für die
höchsten Führungsaufgaben, denn er bringt die geistige Klarheit
und die Nervenstärke für schwere Entscheidungen mit. Hüten
muss man sich vor dem, der gleichzeitig dumm und fleißig ist;
dem darf man keine Verantwortung übertragen,
denn er wird immer nur Unheil anrichten.«[1]

Inhalt

2 Die Superbiene – als Frauen auf die Arbeit kamen 75

EINLEITUNG

Der Traum von einem »Leben auf Augenhöhe«

Ein Hamsterrad sieht von innen aus wie eine Karriereleiter. Erzähle ich das vor Männern, bleibt ihnen zunächst das Lachen im Halse stecken, nimmt dann aber seinen Gang: Es wird laut und schallend gelacht.

Ganz anders die Frauen: Sage ich das in einer Runde mit Managerinnen, wird gelächelt. Ach, sagt dieses Lächeln, und: Ach ja! Hier und da ein Kichern. Ja, da haben wir uns wohl verlaufen! Häufiger leise Wehmut. Über den schicken Scheiteln türmen sich Gedankenwolken: »Mein Topexamen, das gab es nicht im Supermarkt.« Wir sind falsch unterwegs? Das kann doch gar nicht sein!

Ja, schön wäre es. Wir Frauen sind einer Lüge auf den Leim gegangen. Die Lüge lautet: Wer fleißig ist, kann alles erreichen. Es ist eine Lüge, weil sie uns zwar zu Höchstleistung motiviert, aber Höchstleistung führt eben nicht unweigerlich in die Topetagen der Macht. Höchstleistung führt, das wissen alle Frauen wie auch ich in der Tat sehr, sehr schnell auf die Überholspur: an gleich gut ausgebildeten Männern vorbei direkt ins mittlere Management. Dort könnte es vielleicht weitergehen, doch auf keinen Fall mit Fleiß.

Wir Frauen sind der Verheißung von Fleiß mehr oder minder immer blind gefolgt, auch noch nach dem gesamtgesellschaftlichen Umbau Ende der Sechzigerjahre. Wir haben zwar neue Wege betreten, aber wir haben nicht die Mittel verändert, mit denen wir bisher erfolgreich waren. Wir haben angenommen, wir könnten oder müssten sogar weitermachen wie bisher.

Wir dachten, wenn wir alles haben (können), was Männer haben, dann kommt sie schon, die Gleichberechtigung. Die Gleichberechtigung aber hat den Teufel getan, und sie wird sicher nicht deswegen kommen, weil wir die Tugend, die unsere Mütter schon so zuverlässig vom eigenen Denken, von den eigenen Talenten und Potenzialen abgehalten hat, jetzt in den Dienst der Wirtschaft stellen: Fleiß.

Hat man jemals »ganz oben« von einem fleißigen Mann gehört? Dorthin bringen es Männer mit Strategie, mit Macht, mit guten Netzwerken. Sie erreichen die Toppositionen, indem sie die Spielregeln der Wirtschaft akzeptieren und mehr oder weniger bedingungslos befolgen. Sprich: Hervorragend ausgebildete Männer, die in der Wirtschaft mit deren Regeln spielten, konnten bislang davon ausgehen, eine Spitzenposition einzunehmen, sobald die Zeit reif war.

Fleiß aber hat mit Macht nicht das Geringste zu tun. Dabei wollten Frauen doch die machtvollen Positionen stürmen! Wie bloß sind wir am Fleiß kleben geblieben? Sprechen wir nämlich von Gleichberechtigung, im Beruf wie auch im Privatleben, geht es gerade um einen neuen, einen anderen Umgang mit Macht. Und nicht um Fleiß.

Davon handelt dieses Buch. Damit handelt es automatisch von Wirtschaft und Arbeit, von einem im Fleiß quasi ertrinkenden Feminismus und von dem Wunsch nach gelingenden Beziehungen. Als ich zu schreiben begann, war meine erste Frage: Wie sieht ein praxistaugliches Modell für ein Leben auf Augenhöhe aus? Wie können sich Männer und Frauen, wie können sich die Geschlechter untereinander auf einer Ebene begegnen? Was gibt es bereits an Lösungen, Ansätzen, Konzepten?

Meine Bestandsaufnahme ergab: Viele Frauen definieren sich weiterhin über »den Mann« an ihrer Seite. Wir heiraten sozial »nach oben«. Immer noch finden Krankenschwestern den Arzt fürs Leben. Wen aber findet die Ärztin? Die Ehe mit einem Krankenpfleger verspricht den meisten weder die Vorteile eines soziales Aufstiegs, wie ihn die alten Konzepte liefern, doch ebenso wenig – und jetzt kommen wir zu des Pudels Kern – die Vorzüge eines Lebens auf Augenhöhe.

Stecken geblieben in einer Übergangslösung

Trete ich einen Schritt zurück, wird sichtbar, wie Frauen die Fragen der eigenen Gegenwart und Zukunft unbeantwortet lassen und sich stattdessen auf den Großbaustellen dieser Welt verlaufen. Auf denen bleiben sie dann voller Fleiß und mit großer Ignoranz, was die eigenen Bedürfnisse betrifft, stecken. Sie arbeiten sich ab, nimmermüde, schlaflos, hart gegen sich selbst.

So bringt der Glanz der guten Noten Frauen dazu, Schule und Studium heute besser zu absolvieren als Männer. Für Frauen der Sechzigergeneration galt das ähnlich: Damals glaubten wir Frauen, uns mit einer Art Bauchladen voller Abschlüsse, Qualifizierungen und Diplome für die Aufgaben der bisherigen Männergesellschaft aufrüsten und wirtschaftlich fit machen zu müssen.

Das zeigt sich auch in den Unternehmen: Während die Statusspiele mit Firmenwagen, Bürogröße und Anzahl der von ihnen geführten Menschen bei den Männern ungehindert weiter Blüten treiben, ziehen es die Frauen vor, sich um das Wohl des Unternehmens zu sorgen. Ihnen sind Inhalte wichtiger als Prestige,

Status gilt ihnen wenig – schließlich kämpfen sie für die gute Sache. Die Spielregeln der Macht, die alten Spiele der Männer werden kurzerhand abgewertet, gelten als unwichtig, werden diskreditiert als albern, überflüssig, irrelevant, ja absurd. Wenn Frauen die Regeln ignorieren, können sie aber nicht teilnehmen. Ist es also ein Wunder, dass wir das altbekannte Spiel weder gewinnen noch verändern können? Diese Gestaltungsmacht hat uns der Feminismus aus irgendeinem Grunde nicht gebracht. Was ist da bloß schiefgelaufen?

Die Frauenbewegung hat zwar eine enorme reinigende Wirkung entfaltet und patriarchale Domänen dekuvriert, aber auch die Abwertung der Männer durch die Frauen gesichert. Denn ihre bekannten Vertreterinnen wie etwa Alice Schwarzer hatten nicht den Gleichwert oder die Gleichberechtigung auf dem Radar, sondern sie kehrten die Situation um. Aus den abgewerteten Frauen wurde das bessere Geschlecht, die zuvor überhöhten Männer gerieten von gefeierten Tätern und Helden zu verachteten »Übeltätern«. Wir haben allein den Platz auf der Wippe getauscht: Jetzt sitzen die Männer unten, abgewertet und abgestraft.

Das leitet mich zur zweiten Frage des Buches: Was bringt das für die Verantwortung des Einzelnen? Die Umkehrung der Täter-Opfer-Dynamik mag eine zunächst angemessene Gegenbewegung und als Brücke für »das Neue« hilfreich sein, aber sie liefert nur das – und eben nicht mehr.

Blinde Flecken und gläserne Decken

Mein Augenmerk beim Schreiben war bestimmt durch meine eigene Identität und meine Erfahrungen als Frau. Ich bin eine Gewinnerin des gesellschaftlichen Aufbruchs sowie der Frauenbewegung: Als Arbeiterkind konnte ich studieren, hatte erfolgreich verschiedene Rollen in Wirtschaft und Hochschule inne und sage heute, mit siebenundfünfzig Jahren, dass ich ein gelingendes Leben führe und gestalte. Das gab es nicht gratis.

Angefangen hat es ganz anders, in Enge, in Armut. Ich durfte, musste mich selbst entwickeln. In der Retrospektive halte ich es für mein Glück, dass ich den dazu erforderlichen Entwicklungsprozess ständig reflektiert habe, sei es im politischen Feld, sei es therapeutisch oder in Coaching und Supervision. Das gab und gibt mir Bewusstheit für das, was auf meinem Radar sichtbar wurde, und verhalf mir zu Worten, zu einer Sprache für meine Erfahrung – einer Erfahrung, die auch Frauen nicht unbedingt schont.

Mir ist heute bewusst: Frauen haben sich, ob sie es wahrhaben wollen oder nicht, über Jahrtausende ihren Platz zuweisen lassen. Weil sie das vor sich selbst verbergen mussten – wie könnte eine das sonst aushalten? –, gibt es im Ergebnis eine Vielzahl gut erlernter, intuitiver und nicht bewusster Verhaltensmuster, derer sich weder Frauen noch Männer oftmals gewahr sind.

Ich spreche von »blinden Flecken«, weil sie nicht willentlich, sondern spontan, ja reflexhaft auftreten. So geraten blinde Flecken als drittes Leitmotiv in dieses Buch. Sie verhindern den freien Blick auf den Partner, den Kollegen, den Vorgesetzten und halten zugleich das Täter-Opfer-Muster am Laufen: Wir beschäftigen uns mit den Problemen statt mit der Lösung, die außerhalb des Problems liegt.

Einer dieser blinden Flecken liegt vor oder auf der »gläsernen Decke« – eine Formulierung die besagt, dass Frauen über eine bestimmte Ebene hinaus nicht Karriere machen. Was weiter oben geschieht, können sie zwar sehen, aber sie sind nicht dabei. Dieser Mythos erzeugt eine Realität, die von den Frauen in allen Lebensbereichen mitgestaltet wurde.

Die Schuldzuweisung an die mächtigen Männer der Welt, sie würden diese Glasdecke bewusst und gerade in der Wirtschaft installieren, ist weder wahr noch hilfreich für neue Optionen.

Gestatten: Diese Rollen erwarten Sie!

Zu meinen Erkenntnissen bin ich gekommen, indem ich mir meine eigenen Rollen im Arbeitskontext näher angeschaut habe. Besonders Hilfreiches, das in der Retrospektive durchaus schmerzhaft für mein Selbstbild war, lieferte der Blick auf meinen Berufseinstieg. Denn die ersten Jobs erhielt ich »à la Prinzessin« – ich ließ mich auswählen. Im Hintergrund lief dabei der Fleiß immer mit, unauffällig, ja ganz selbstverständlich als meine gut geölte Waffe, um jede Aufgabe mit vollem Einsatz zu erledigen, ohne jemals nach dem Sinn, nach meiner Resonanz, nach meinen Talenten zu fragen.

Einmal auserwählt, zeigte ich mich der Sache gewachsen und würdig: Ich mutierte in der Folge konsequent zur Superbiene. Jetzt erst kam der Fleiß voll zum Tragen, wurde unübersehbar, greifbar – und ich war richtig gut. So gut, dass ich mir den gesamten Arbeitsbereich gleichsam einverleibte, bis ich ihn am Ende sachlich, fachlich und menschlich dominierte. Die Superbiene brachte mich unter den begeisterten Augen meiner diversen Chefs (und den neidischen Blicken meiner männlichen Kollegen) zügig ins mittlere Management.

Da aber ging es bienentechnisch nicht weiter. Wie bitte machten es die Männer? Ich schaute genau hin und kam richtig in Fahrt mit der dritten Rolle, der Heldin. Ich überholte dabei zunächst fleißig diverse Männer, während ich nach und nach deren wirkungsvollste Mechanismen übernahm. Ort der mystischen Wandlung: ein Konzern in Gütersloh. Mein Chef, selbst ein

Held, wurde, ohne es zu wollen, der beste Motor meiner eigenen Heldinnen-Legende. Es ging am Ende darum, andere fleißig sein zu lassen. Ich wurde zur Heldin in Gestalt einer freundlich lächelnden Domina, für die jeder gern schuftete.

Als ich kurze Zeit später kündigte und Professorin wurde, fand ich mich im *manager magazin* wieder, drei Seiten Balsam fürs Image. Einen solchen Medienauftritt verschaffte einer Frau nur die Heldinnen-Rolle. Zeitgleich betrat ich wieder neuen Boden und fand neue Tatsachen vor. Ich versuchte es mit dem Vertrauten: als Prinzessin, als Superbiene und eben als Heldin. So bekam ich meine Arbeit an der Hochschule jedoch nicht auf die Reihe. Hier war etwas anderes erforderlich: Hier ging es um die Fähigkeit, diplomatisch und politisch zu bestehen. Die Königin war gefragt.

Heute ist für mich die Königin die Rolle, die am besten wirkt: Sie transformiert Fleiß durch die Übernahme von Verantwortung und präsentiert damit ein Leben auf Augenhöhe. Auf dieser Ebene begegnen sich König und Königin, Mann und Frau, im Job wie zu Hause. Von dieser Rolle lässt sich erstaunlich viel Gutes lernen.

Sie hat allerdings ihre klaren Grenzen: Sie ist hierarchisch. Es gibt ein Oben, es gibt ein Unten, und das wiederum scheint mir wenig hilfreich für eine Welt, die beide Geschlechter gemeinsam erkunden, gestalten und erleben wollen.

Das Projekt »Augenhöhe« für Frauen und Männer

Inzwischen sehe ich, dass die Emanzipation uns Frauen zwar vieles gebracht, aber eine ganz zentrale Frage, ja die zentrale Frage nicht gestellt und also nicht beantwortet hat: Wie nämlich kommen wir, Frauen und Männer, bloß zukünftig *gemeinsam* weiter?

Wollen wir uns als Frauen und Männer miteinander überzeugend in vielfältigen Beziehungen durch unsere Leben bewegen, brauchen wir gesellschaftlich etwas anderes als Abwertung der einen und Aufwertung der anderen Gruppe. Wir benötigen mit großer Dringlichkeit ein Projekt unter der Überschrift »Leben auf Augenhöhe für alle«. Es geht nicht nur um die »Gleichberechtigung der Frau«, sondern um die Gestaltung von Augenhöhe für beide Geschlechter und damit um einen gesellschaftlichen Umbau, der die Potenziale von Männern und Frauen gleichermaßen wertschätzt und wirksam werden lässt.

Für diese Augenhöhe scheint mir es mir wichtig, die kulturell eingeübten Mechanismen zu erkennen und die uns nicht präsenten, aber vorhandenen blinden Flecken aufzudecken. Mein Wunsch: diese »Gesellschaft im Umbruch« ein Stück als eine »gemeinsame Gesellschaft für Männer und Frauen« voranzubringen. Wichtig erschient mir dabei, die Begrenzungen von Objektivität (»Es sind doch schon alle gleich!«) und Quantität (»Mehr Frauen machen bessere Abschlüsse.«) hinter mir zu lassen.

Ich habe mich deshalb entschieden, sehr persönlich zu schreiben. Die Fleißlüge liefert dafür als Motiv den roten Faden. Am Fleiß entlang definiere ich die typischen Rollen, die ich im Arbeitszusammenhang relevant fand, in ihren vielfältigen Dimensionen. Aber auch die Rollen selbst, ihre blinden Flecken und die Routiniertheit, mit der wir sie spielen, möchte ich zugänglicher machen und habe sie aus diesem Grund ausgebaut.

Subjektive Wahrheit statt Lösungen

Dieses Buch basiert auf meinen eigenen Erfahrungen mit Fleiß, mit Frausein und mit Karriere in der Wirtschaft sowie auf den Ideen, die aus diesen Erfahrungen entstanden sind. Erfahrungen drücken immer eine persönliche, eine subjektive Wahrheit aus. Das ist in unserer Gesellschaft nicht üblich, ja sogar eher verpönt. Wir lernen an unseren Schulen und Universitäten: Wahrheiten werden rational erzeugt und können auswendig gelernt werden. Sie sind objektiv.

Objektivität ist, näher betrachtet, nicht mehr (aber auch nicht weniger) als eine hilfreiche, interkulturelle Vereinbarung für Messbarkeit und alle quantitativen Verfahren. Ein Meter bedeutet in Deutschland genauso viel wie in China oder in Rußland. Wunderbar!

Ganz anders geht es mit unseren Leben und unseren Gefühlen: Was dem einen guttut, quält vielleicht dessen Nachbarn. Was ich als Kind erlebt und für wichtig gehalten habe, verblüfft möglicherweise meine Schwester, die doch in der gleichen Familie groß wurde. Was der Einzelne wahrnimmt, muss keineswegs objektiv sein. Im Gegenteil: Was ein Leben in seiner Komplexität ausmacht, das ist zutiefst individuell, oft irrational und gebunden an die direkte Sinneswahrnehmung. Wenn wir von Menschlichkeit sprechen, dann werden Gefühle und Eindrücke verhandelt. Hier gilt nur eines: Subjektivität.

Wie geht das aber, die eigene Subjektivität kennenzulernen oder tiefer zu ergründen? Die besten Mittel dafür heißen Anteilnahme, Innehalten und Nachspüren. Testen Sie es. Lassen Sie sich ein auf meine Erfahrungen und auf meine subjektive Wahrheit. Bleiben Sie emotional offen, nehmen Sie Anteil und überprüfen Sie die Tragfähigkeit meiner Aussagen für Ihr eigenes Leben. Eine solche Haltung und das Anerkennen der eigenen subjektiven Wahrheit verhilft automatisch zu wachsender Liebenswürdigkeit sich selbst gegenüber, zu Beziehungsfähigkeit mit anderen und inspiriert außerdem zu einem individuell passenden Alltag.

Die eigene Wahrheit führt uns zu uns und zu unserer (Mit-) Menschlichkeit. Sie führt uns geradewegs zu den großen und kleinen Prozessen, die sich eben nicht mit Rezepten und Lösungen befördern lassen. Wenn Sie an Lösungen interessiert sind, gehen Sie mit den folgenden Seiten allerdings ein Risiko ein. Ich schlage Ihnen vor: Wagen Sie es dennoch!

Stellen Sie sich diesem ergebnisoffenen Prozess, denn er weist zurück auf Sie selbst, auf Ihre ureigenen Fragen, auf Ihre individuelle Resonanz. Mit einer feinen Nebenwirkung: Sie erfahren mehr von sich. Und das geht am besten ganz ohne Fleiß.

1

Die Prinzessin –
der alte gesellschaftliche
Auftrag der Frauen

Was war Ihre Lieblingsrolle als Kind? Anders gefragt: Was war Ihr Wunsch im Karneval oder bei Spielen wie »Verkleiden«? Diese Frage stelle ich im Rahmen meiner Arbeit immer wieder. Und erhalte eine Vielfalt an Antworten: Die Bandbreite reicht vom gestiefelten Kater bis hin zum Musketier, von Pippi Langstrumpf bis zur Squaw. Frauen allerdings hat es offenbar besonders die Prinzessin angetan.

Das ging mir selbst ganz ähnlich. Ich war die Älteste von drei Kindern, wenig älter als die Schwester und fast dreizehn Jahre vor meinem Bruder geboren. Wir Mädchen waren die Prinzessinnen, gar keine Frage, und unsere Mutter war ebenso selbstverständlich die Königin. Sie verfügte über viel Macht, auch über Geld. So sortierte sie in verschiedenen Umschlägen Scheine und Münzen, die unser Vater mit nach Hause brachte. Zweimal gezählt, auf einem Notizzettel die Summe festgehalten, in ein Kuvert gelegt, dasselbe lose verschlossen – nach diesem spannenden Ritual verschwand der Schatz in einer Extraschublade im Kleiderschrank.

Wir Kinder durften bei dieser Arbeit nicht stören und auch nicht mitwirken, im Gegenteil: Hier gab es nur etwas für Erwachsene zu tun. Selbst der Blick auf die Scheine oder auf die handgeschriebenen Zettel war uns verwehrt und wurde strikt verweigert. Zugriff auf das Geld hatte ausschließlich unsere Mutter, unser Vater erhielt klare Anweisungen in ausgewiesenen Notfällen und nahm sich dann das Geld, wie vorgegeben. Die Haushaltsführung lag definitiv bei unserer Mutter. Sie war zuständig für den sorgsamen Umgang mit der zur Verfügung stehenden Geldmenge, die in unserer Familie knapp bemessen war. Wir Kinder bekamen von der finanziellen Enge und wirtschaftlichen Not sehr direkt etwas mit, es wurde nur selten Fleisch auf den Tisch gebracht, und Vater ging abends noch auf eigene Rechnung arbeiten. Alles nur für uns, hieß es.

Ab ins Zwergenheim

Statt mit Alltagssorgen wuchsen wir Kinder mit Grimms Märchen auf. Ich fühlte mich wie selbstverständlich als Schneewittchen. Wir kennen alle die erbarmungslose Antwort des Zauberspiegels auf die Frage, wer die Schönste im ganzen Land sei: »Frau Königin, Ihr seid die Schönste hier, aber Schneewittchen ist tausendmal schöner als Ihr.«[2]

Das Märchen *Schneewittchen* handelt von einer Prinzessin, die schon als Kind schöner ist als ihre Stiefmutter und deshalb sterben soll. Sie wird ausgesetzt, landet als emsige Haushaltshilfe bei den sieben Zwergen, führt dort ein isoliertes Leben und entgeht zwei Mordversuchen. Bei einem dritten mit einem vergifteten Apfelstück fällt sie in einen totenähnlichen Schlaf und liegt fortan in einem Sarg aus Glas. In diesem Zustand verschenken die Zwerge sie an einen in die Schlafende verliebten Königssohn.

Der lässt sie von seinen Leuten samt Sarg forttragen – ein Vorgehen, bei dem einer von ihnen so stolpert, dass das vergiftete Apfelstück Schneewittchen aus dem Hals springt. Sie ist zurück unter den Lebenden, der Königssohn heiratet sie, und im Märchen ist sie durch ihre Hochzeit die »junge Königin«.

Viele Analysen wurden zu diesem Märchen angestellt. Eine davon stammt von dem Psychoanalytiker Eugen Drewermann.[3] Er liest die Geschichte von Schneewittchen als die eines Mädchens, dem Mutter und Umwelt das Dasein vergiften und das so daran gehindert wird, eine Frau zu werden. Das Mädchen flüchtet, allerdings in die Anpassung, ins Zwergenheim. Erst die Liebe eines Prinzen befreit sie aus ihrem Gefängnis aus Glas und damit zugleich von ihrer Angst vor dem Leben.

Handelt es sich wirklich um die Angst vor dem Leben oder, etwas schlichter, mehr um die Angst vor der Bosheit der anderen (Frauen), ließe sich hier fragen. Schließlich hält, wer dazu erzogen wird,»gut« zu sein, Bosheit für gesellschaftlich geächtet – und dürfte einen echten Schock erleben, wenn diese doch möglich (und gar nicht so selten) ist. Das»echte Leben« leben heißt dann auch, den eigenen Erfahrungen zu trauen und mit ihnen weiterzugehen.

Viele Details, ob im Märchen oder in den Analysen, scheinen mir von Interesse gerade hinsichtlich des vermittelten Frauenbilds. Da wäre etwa die Rolle der Zwerge zu diskutieren: Gewähren nur andere, gesellschaftlich benachteiligte Menschen der ehemals Privilegierten Asyl und Unterstützung? Mehr noch, wird sie nicht auch dort weiterhin ausgenutzt, wird sie nicht zur Dienstmagd derer, die am untersten Ende der gesellschaftlichen Hierarchie stehen?

Mussten es unbedingt Männer sein, die hier in einer der ersten Männer WGs der Geschichte miteinander ihr Leben verbrachten? Männer deswegen, weil Frauen anderen Frauen so gut wie alles neiden, wie Schneewittchens Stiefmutter es bereits exemplarisch vorgemacht hat? Und lernen wir nicht auch zu guter Letzt, dass selbst eine »echt« adelige Prinzessin wie Schneewittchen bürgerliche Tugenden pflegt? Hinter sieben Männern herzuräumen und für diese mütterlich zu sorgen, das erfordert schon einiges an Überwindung, an Selbstaufgabe – und hier hilft ausgezeichnet das Standardmittel der Hausfrau: eine richtig hohe Dosis Fleiß.

Schneewittchen liefert verschiedene Optionen

Meine Schwester versteifte sich auf Dornröschen, und so waren wir beide wenigstens in dieser Sache einmal nicht Konkurrentinnen. Allerdings war sie auch die Hübsche, ich hingegen die Kluge. Sie glänzte mit Rehaugen und lockigem, weichem Haar, ich war lustig, aufgeweckt und zu einer Kurzhaarfrisur verdammt, denn mein Haar hing einfach gerade herunter. Heute sage ich: wie Seide. Damals hieß es: wie Sauerkraut.

Warum bloß sah ich mich als Schneewittchen? Wie konnte ich es riskieren, in einem Glassarg wegen meines Aussehens erlöst zu werden? Für mich war das damals keine Frage. Vielleicht – heute unvorstellbar – gab es eine Zeit, in der ich mich bedingungslos schön fand? Vielleicht stand dahinter auch einfach nur die Sehnsucht, so wie ich war, genau richtig zu sein? Die Gründe sind sicher umfangreicher als hier darstellbar.

Fest steht aber auch: Schneewittchen musste nicht nur schön sein, sondern auch anpacken, und zwar bei den Zwergen. Allerdings hatte diese Arbeit weder etwas mit ihren Talenten zu tun noch mit ihren Wünschen; davon wird gar nichts berichtet. Sie machte den Haushalt für die sieben Männer, die abends müde und vom harten Bergwerksleben erschöpft zurück an ihren

Tisch kamen, und tat also das, was jahrhundertelang die Frauen in unseren auf männliche Vorherrschaft ausgerichteten Gesellschaften so taten: Sie machte es den Männern zu Hause bequem.

Für diese auf den Mann ausgerichtete Tätigkeit im Mittelpunkt des eigenen Lebens ist Fleiß eine ausgezeichnete Unterstützung. Wer von sich als »fleißig« denkt, schafft sich so wenigstens ansatzweise Respekt für ein Tun, das aus sich selbst heraus uninteressant, langweilig, fade und täglich aufs Neue zu wiederholen ist. Hätte sich ein Mann ins Zwergenheim verirrt, würde ihm wohl niemand den Haushaltsjob zugemutet, aber auch nicht zugetraut haben. Männer sind woanders und auf andere Art fleißig – auch hier dürfte der Verdacht erlaubt sein: vor allem bei sinnfreien Tätigkeiten.

Ich hielt mich an Schneewittchen und lernte es genauso: nahm die Prinzessinnen-Rolle für mich an, wartete auf den Prinzen, ertrug mein langweiliges Los zwischen »im Haushalt helfen« und »mit kleinen Geschwistern spielen« mit mehr oder weniger Gleichmut und diente so meinen persönlichen Zwergen. Ich übte mich in dem, für das ich später möglicherweise auserkoren werden könnte.

Dazu gehörten ein liebenswürdiges Wesen sowie eine feine haushälterische Ader, wenn Verwandte und Nachbarn auftauchten. Dann wurde mein Geschick beim Bügeln ebenso gepriesen wie meine Fähigkeit, zu häkeln und zu stricken und so ganze Berge von Puppen meiner Cousinen und Schwester ständig in neue Gewänder zu hüllen. Mir wurde bescheinigt, beim Spülen und Abtrocknen fröhlich zu singen, lebhaftes Interesse an Kochrezepten an den Tag zu legen, und überhaupt: Meine Qualitäten als Tochter waren ziemlich klasse und auch hilfreich für »meine Vermarktung«. Davon mussten und sollten möglichst viele erfahren.

Das hört sich alles reizend an. Doch wer genau hinsieht, bekommt schon hier die Bahnung mit: Ich war fit in Haushaltsdingen, und ich war definitiv fleißig. Ich strickte und häkelte unentwegt. Was hätte ich auch sonst tun sollen? Also häkelte ich mit acht oder neun in den Sommerferien, zusammen mit der kleinen Schwester und einem jüngeren Nachbarsmädchen, Hüte für Toilettenpapierrollen, die damals in der Familienkutsche auf der Hutablage zur Normalausrüstung gehörten. Wir verkauften diese Handarbeiten meistbietend auf der Straße und spendeten anschließend das eingenommene Geld an eine wohltätige Einrichtung.

In einem anderen Sommer, eher schon mit fünfzehn Jahren, nähte ich für alle Frauen in der Familie zwei luftige Kleider; das waren immerhin zehn Exemplare. Jedes ein Einzelstück, einige davon aus Seide mit handrolliertem Saum, durchaus anspruchsvoll. Darauf hatte mich ein dreijähriger Nähkurs an der Schule vorbereitet.

In einem weiteren Sommer gehörte ich zum Organisationskomitee für eine Modenschau: Alte Kleider aus den Fünfzigerjahren von Müttern und Tanten wurden inspiziert, anprobiert, und wir hatten viel Freude daran, uns mit Petticoats und Hahnenfußkostüm zu inszenieren. Zuschauer: Eben jene Mütter und Tanten, die mit uns an ihren tollen Kleidern wieder Freude hatten und sehnsüchtige Seufzer nach »damals« zu Kaffee und Kuchen genossen.

Meine Mutter fand all diese Aktivitäten gut. Ich war so weg von der Straße – und viele Jahre war auch meine Schwester versorgt, die stets in meinem Windschatten mitlief. Ich machte zudem meine Hausaufgaben mit bestem Ergebnis: Einer, der mich nahm, konnte eine patente, weil handwerklich begabte, bescheidene bis unprätentiöse Frau erwarten, die hervorragend kochte und sogar mit einem vielfältigen Haushalt inklusive mehrerer Kinder ohne weiteres Personal zurechtkommen würde.

Und ich selbst? Die Rolle des Kindes wollte ich auf jeden Fall nicht allzu lange auf mir sitzen lassen. Ich erinnere mich, dass ich immer schon groß sein wollte. Schulkind war ein erstrebenswertes Ziel, als ich noch nicht zur Schule ging. Erwachsensein hielt ich für einen Machtgewinn. Und für das Nonplusultra an Freiheit. Erwachsene konnten sich die Zeit vertreiben, ohne sich in Grund und Boden zu langweilen. Als unterfordertes, gelangweiltes Kind schlug ich mir die Zeit bis dahin fleißig tot. Und manchmal spielte ich auch.

Die Art von Fleiß hängt am sozialen Status

Mit einer besten Freundin etwa: Dann waren unsere Fahrräder wilde Pferde, und wir jagten als Indianermädchen durch unser stilles Dorf, übten freihändig fahren und eine selbst ausgedachte indianische Sprache. Ich war Sonseearay, ein Name, von dem wir annahmen, er könnte »Sonnenaufgang« bedeuten. Wir schufen uns eine Fantasiewelt mit edlen Indianern, bei denen ich mich, ehrlich gesagt, nicht so gut auskannte, aber gern mitwirkte.

War das Wetter schlecht, überlegten wir, wie unser Wunschprinz aussehen, wie es mit ihm sein könnte, wie und wo er uns finden sollte und wie die vorhandenen männlichen Exemplare aus der Schule damit in Deckung zu bringen wären. Wenigstens in Ansätzen, zum Üben und um »ihn« zu erkennen, wenn er denn plötzlich auftauchte.

Wir diskutierten alle Jungen in der Klasse durch: auf Attraktivität, Cleverness, Klugheit, Zukunftsoptionen und auf Besitz. Wir verliebten uns ständig. Mit dreizehn, vierzehn waren wir diese Woche in den einen, nächste Woche in den anderen verknallt. Viele Freundinnennachmittage vergingen mit Spekulationen darüber, an was ein verliebter Junge zu erkennen sei und wie es dann weitergehen könne. Immer wieder kamen wir auf die Grundlage all dessen: Wir mussten einerseits etwas tun, um uns würdig zu erweisen, und zum andern sollten wir am besten so hübsch und so verführerisch wie möglich wirken.

Die eine Freundin lernte weniger Handarbeiten, stattdessen war Malen nach Zahlen ihr Favorit. Jede Menge Pferdeköpfe zeugten von hingebungsvollem Fleiß und hingen an den Wänden ihres Mädchenzimmers. Sie hatte wöchentlich Klavierunterricht, übte täglich und ging reiten für eine gute Körperhaltung. Alle meine Freundinnen waren irgendwie fleißig am Nachmittag: ein Instrument lernen, Ballett, aber auch Nachhilfe, um die schulischen Leistungen irgendwie auf Stand zu bekommen, das war ganz normaler Kinderalltag – auch damals schon.

All das kam für mich als Arbeiterkind nicht infrage, dafür war kein Geld da. Ich blieb also bei den Dingen, die sowohl zu Hause jeden erfreuten als auch mir halfen, Zeit totzuschlagen: Topflappen häkeln, Pullover stricken, Spielsachen kleinerer Geschwister reparieren oder Cousinen und Cousins unterhalten, mit ihnen lernen, ihre Spiele spielen. In der Schule tat ich mich leicht, Hausaufgaben machte ich mit links. Schließlich begann ich mit vierzehn, selbst Nachhilfe zu geben. Diese Aufgabe baute ich in den folgenden vier Jahren systematisch aus – fleißig, hilfsbereit und meistens auch gut gelaunt. Ich liebte Zahlen und Schule.

Mit achtzehn hatte ich eine richtige Struktur in diese Nebentätigkeit hineingebracht: Ich fasste Kinder aus gleichen Klassen zusammen, sodass sie zu dritt lernen konnten und weniger bezahlen mussten, holte mir von den Mathematiklehrern meiner eigenen Schule Hinweise, was »meine Kunden« am besten üben könnten – ich machte das Organisatorische sehr gern, den Unterricht meist ebenfalls. Auf jeden Fall strukturierte dieser frühe Gelderwerb sehr schön meine freie Zeit, die ich sonst hätte anders verbringen, ja sogar aktiv hätte gestalten müssen.

Was hätte mir wirklich Freude gemacht an diesen Nachmittagen? Damals wusste ich es einfach wirklich nicht. Mir persönlich graute meine gesamte Schulzeit über immer vor langweiligen Ferien, mir graute vor den Wochenenden ohne Schule, ohne Anregung, ohne Aufgabe. Ich hasste Langeweile. Und ich hatte keine Ahnung, was mir hätte helfen können.

Familie prägt fürs Leben

Ganz klar hatte ich eine deutliche Abneigung gegen einen langweiligen Alltag vor Augen, wie unser Vater ihn für mich lebte. Vater war Handwerker, Maler und Tapezierer und hatte, wie wir alle stets zu hören bekamen, einen harten Tag. Abends musste er geschont werden oder wahlweise im Mittelpunkt stehen. Dann waren wir Mädchen möglichst zauberhaft – Mutter inklusive.

Aber dass ich jemals als Kind sein Leben hätte spielen wollen? Daran erinnere ich mich nicht. Möglicherweise weil sein Tag eben hart und für mich nicht sichtbar war, wozu das führte – oder weil Väter eine zu ernste Aufgabe hatten und das mit kindlichem Spiel nicht in Deckung zu bringen war. Auch sie waren fleißig, jedoch auf eine nur schwer fassbare, bedeutungsvolle Art und Weise. Mein Vater war ja in der weiten Welt ungeschützt und ganz anderen Strömungen ausgesetzt als wir zu Hause.

Dagegen erlebte ich sehr konkret, wie mächtig meine Mutter war, die das Geld hütete, wie gern sie sang und lachte und durch ihren vollen Alltag sauste. Ja, auch sie war fleißig: Bei uns saßen in der Woche zwölf bis fünfzehn Personen am Mittagstisch – sie alle wurden von ihr versorgt. Meine Großmutter hatte den Garten unter sich und war mit Säen, Pflanzen und Ernten befasst, meine Mutter mit Speiseplänen, Einkaufen und Kochen, aber natürlich auch mit allen anderen Aufgaben des Haushalts.

Mutter war stets gut gelaunt, flott und flirtete unbekümmert mit den Mitarbeitern in der Schreinerei meiner Großeltern oder mit Nachbarn. Das sah alles immer leicht und locker aus. So definierte sie zum Beispiel das Wäscheaufhängen zur Gymnastik um und ließ sich auch das Spülen nicht nehmen. Niemand wusste so gut wie Mutter, was wir brauchten! Spülmaschinen füllen und leeren kostete viel Zeit und war weniger schön, als selbst zu spülen … Da half auch kein Protest von uns Kindern, die wir im Wesentlichen mit solchen Hilfsaufgaben befasst waren und darauf höchst selten Lust hatten.

Dagegen schien dieser abends auftauchende, von allen stets vorsichtig behandelte Vater fremd, seine Arbeit geheimnisvoll und sein Leben öde. Ist es also verblüffend, dass ich grundsätzlich voraussetzte, dass Frauen machtvoll sind und Männer es eher nicht so leicht haben im Leben? Ich nahm an, dass Geld und Macht einhergingen – und dass Männer den Frauen gern ihr Geld überließen, damit zugleich die Macht. Was für ein Irrtum!

Hoheitsgebiet von jeher: Haushalt, Gesundheit, Mode

Die einfache Zuordnung »Frau« und »Mann« und die ebenso simple Zuschreibung von »schwach« für die Frau und »mächtig« für den Mann reichte nicht aus, um die tatsächlichen Verhältnisse zu beschreiben. Im Gegenteil, ich erlebte beim genauen Hinsehen eine überraschende, doppelte Verteilung von Rollen quasi »über Kreuz«: Der Mann agierte nach außen hin als Vater, er sorgte materiell in allen Belangen für seine Frau und für, falls vorhanden, die Kinder; im Innenverhältnis gab er den Sohn, der seine Hemden gekauft und morgens seine Socken herausgelegt bekam.

Ähnlich verhielt es sich mit der Rolle der Frau: Sie fungierte an der Seite ihres Mannes nach außen als Tochter, dekorativ, attraktiv und frisch – er durfte stolz auf sie sein. Im Innenverhältnis drehte sich das um: Sie handelte zu Hause wie eine Mutter, die freudig für den Mann kochte, wusch, bügelte. Es gab in diesen Beziehungen stets ein Oben und ein Unten – mal dominierte sie, mal er. Mal war er »Kind«, mal sie, und der jeweils andere Partner übernahm ohne jede Absprache und ganz selbstverständlich die Elternfunktion. Die Rolle des »erwachsenen Menschen« kam in meinem Umfeld, auch bei den Freundinnen, überhaupt nicht vor. Wer bitte sollte das sein?

Die traditionelle Ehe mit ihren Kräfte- und Machtverhältnissen lässt sich auch so beschreiben:

Traditionelles Rollenverständnis	Mann	Frau
Nach innen (Ehe)	Handelt wie ein Sohn	Handelt wie eine Mutter
Nach außen (soziales Umfeld)	Handelt wie ein Vater	Handelt wie eine Tochter

Es gab also in der traditionellen Mann-Frau-Beziehung eine stillschweigend akzeptierte, ja völlig normale, wechselseitige Machtverteilung, abhängig vom jeweiligen Kontext und zusätzlich gefärbt von den unterschiedlichen Charakteren der ausführenden Personen. Sicher war eines: Mal war der Mann, mal die Frau vom jeweils anderen abhängig: Wie soll »sie« überleben, wenn er nicht arbeitet? Wie soll »er« zurechtkommen, wenn sie nicht für ihn sorgt und kocht? Das klassische Ergebnis: Eine starke Bindung – der eine kann ohne die andere nicht sein und vice versa.

Genau diese Sicherheit, die im jeweiligen Machtgefälle lag, wurde durch ständig neu und gegenseitig geschaffene Abhängigkeiten weiter ausgebaut und zementiert. Mein Onkel kaufte das neue Auto, meine Tante verzichtete auf den Führerschein – und kam ohne den Ehemann im ländlichen Raum kaum von der Stelle. Er blieb der »Große«, der sein Frauchen kutschieren musste.

Anders herum: Meine Mutter entschied, wann mein Vater zum Arzt und gegebenenfalls auch ins Krankenhaus zu gehen hatte, wann also die Diagnose ernst war – nämlich dann, wenn es ihr passte. Sie entschied, was und wie viel er zu essen bekam, und, im Zweifel, wie viel Gewicht er haben durfte. War er der gemütliche Bär (und damit dem Interesse unverheirateter Frauen erst einmal entzogen) oder löste sich gar die Mühe seines Alltags im Essen auf?

Faktisch kümmerten sich Männer um alle Lebensbereiche und erlaubten ihren Frauen Mitsprache – mit Ausnahme von Mode, Gesundheit und Haushalt. Hier hatten die Ehefrauen die Hosen an (damals allerdings nur bildlich). Sie entschieden, was gegessen und was angezogen wurde – die mütterliche Grundfunktion aufs Maximum erweitert, gedehnt und ausgebaut. Hier ist sie wirksam, die Macht am Herd!

Die gläserne Decke trennt und eint

Frauen waren in der gesellschaftlichen Anerkennung vollständig abhängig von der Funktion ihres Mannes und definierten sich entsprechend über ihn. Männer wiederum waren in persönlichen Bereichen ebenfalls abhängig von ihren Frauen, die sie als quasi erwachsene Söhne weiter mit mütterlicher Fürsorge bedachten. Hier sehe ich ein gesellschaftliches Oben und Unten: Die Frauen konnten oben verfolgen, was die Männer machten, waren aber nicht fähig, in dieses gesellschaftliche Leben einzugreifen. Glasdecke! Die Männer konnten unten erkennen, was ihre Frauen taten, nahmen das jedoch meist hin, selbst wenn sie sich zu Hause etwas anderes wünschten, als sie bekamen. Und auch hier: Glasdecke!

Das Ergebnis dieser gegenseitigen Abhängigkeit scheint mir eine für beide Geschlechter hilfreiche gläserne Decke zu sein, die Durchsicht erlaubt, aber keine Entwicklung. Jedes Geschlecht weiß vom anderen, welche Rolle ihm zusteht, und akzeptiert die damit verbundenen Abhängigkeiten. Wer arbeitet, das ist ganz offensichtlich, braucht einen Menschen hinter sich, damit der Rücken frei ist. Männer haben das über die Jahrhunderte so erlebt, Frauen haben diesen Zusammenhang nicht gesehen.

Jetzt, mit der Emanzipation erfahren wir das doppelte Drama: Einerseits sind Männer nicht mehr so wirksam und kraftvoll wie früher, weil ihnen ihre Frauen die bisherige Rückendeckung verweigern und stattdessen eigene Ambitionen entwickeln – was massiv kränkend und unverständlich für viele von ihnen ist. Andererseits können Frauen nicht wirklich mächtig werden, weil eine Topkarriere gerade eben den freien Rücken erfordert. Mithin begreifen plötzlich einige von uns, dass eine Topposition zwei Personen erfordert.

Überhaupt steht das altbekannte »Rückenfreihalten« urplötzlich in Gänze zur Disposition: Der Ehemann der Topmanagerin erfährt gesellschaftliche Abwertung, bestenfalls ist ihm eine Art sozialer Unsichtbarkeit sicher, so wie es der Ehefrau des Topmanagers ergangen ist, die sich (immerhin) über viele Jahrzehnte dieses Los mit anderen starken Frauen teilte und sich jetzt mit diesen in Charitykreisen wiederfinden kann.

Die gläserne Decke hat über lange Zeit die Geschlechter gut auf Abstand gehalten und zugleich dafür gesorgt, dass diese in vielfältigen Abhängigkeiten miteinander verbunden blieben. Erst jetzt, wo wir diese Abhängigkeiten gespiegelt sehen im Wechsel der Lebensbereiche, also aus dem familiären Kreis kommend und in die Wirtschaft gehend, erkennen wir Frauen die eigentliche Obszönität dieses Konzepts. Und was machen wir? Wir beschuldigen die Wirtschaft oder wahlweise die Männer, dieses gläserne Gleichgewicht extra gegen eine weibliche Machtübernahme in der Wirtschaft und also unseretwegen installiert zu haben.

Eine wirklich ganz reizende Idee mit befreiendem Charakter – schließlich wissen wir alle, dass Schuldzuweisung zunächst einmal emotional enorm entlastend wirkt. Indem ich auf einen anderen zeige, kann ich selbst durchatmen und auf neue Ideen kommen. Ich könnte dann eigentlich die Hilfskonstruktion wieder auflösen, die in der Schuldzuweisung liegt. Das allerdings ist bislang nicht geschehen.

Wer will schon eine Versorgerehe?

Ein Blick zurück lohnt: Was passierte denn früher, also etwa vor 1968, wenn Frauen diesen akzeptierten »weiblichen« Einflussbereich verließen? Wenn sie etwa Häuser geerbt hatten oder in Geschäften mitarbeiteten, sodass sie – oft genug aus Versehen, aus Liebe oder in der falschen Annahme, arm zu sein – nach »unten« geheiratet hatten? In Köln wurde das »rheinisches Matriarchat« genannt.

Konsequenz: Sie hatte das Geld, und er geriet damit leicht zum Pantoffelhelden. Er blieb nur anerkannt und respektiert, wenn er weiter Skat spielte, abends in Kneipen ging und also nachweislich über eigenes Geld und Entscheidungsfreiheit verfügte.

Für die Frauen verlief das weniger glimpflich: Dominierte die Frau ihren Mann, weil sie ihm etwa vorschrieb, was er zu tun und zu lassen hatte, so wurde das als schlechte Erziehung oder auch als Charakterfehler betrachtet – von Frauen wie von Männern, ein gemeinsamer gesellschaftlicher Konsens. Akzeptiert war, was der männlichen Dominanz diente. Damals. Die Frage, ob heute bloß akzeptiert ist, was dem Feminismus im Sinne von Geschlechtergerechtigkeit dient, ist bedenkenswert und sicher nicht leicht zu beantworten.

Zwar ist die traditionelle Versorgerehe heute nur noch für wenige jüngere Menschen eine echte Option. Jedoch die modernisierte Variante, die in Deutschland vorherrscht, stimmt nicht froh: Auch hier bleibt der Partner, der die Kinder betreut, vom anderen abhängig – selbst wenn er hier und dort etwas dazu verdient. Es fehlt an guten Rahmenbedingungen für Familien, wie etwa flexibel gestaltbare tägliche Arbeitszeiten und besonders die Chance, den Arbeitsumfang ohne langfristige berufliche Nachteile zu verändern.

Modelle, in denen beide Partner Teilzeit arbeiten und jeweils im Wechsel die Kinder betreuen, sind entsprechend selten und vermutlich nur sehr gut ausgebildeten, sprich: sehr gut verdienenden Paaren vorbehalten.

In der DDR mag das Doppelversorgermodell als solide Option angelegt gewesen sein, weil der Sozialismus die Überbewertung von Arbeit eindämmte. Heute birgt es eine doppelte Gefahr: Entweder wird die eigene Arbeit bis hin zur Selbstausbeutung in den Vordergrund gestellt, oder es werden aufgrund prekärer Arbeitsstellen zwei oder drei Jobs übernommen, um gesellschaftlich mithalten zu können.

Person und Rolle sind nicht dasselbe

Als der erste Mann mir einen Heiratsantrag machte, war ich empört. Er war überhaupt nicht so klug wie ich, nicht so tough wie ich, er hatte weder Geld noch Besitz, und er versprach auch nicht, beides irgendwann bei nächster Gelegenheit beibringen zu können. Was um Himmels willen wollte ich mit so einem?

Natürlich hatte ich mit ihm geflirtet, doch das tat ich mit vielen Männern. Und eigentlich hatte ich ja – im Glassargmodus sozusagen – darauf gewartet, dass sich einer in totaler Bodenlosigkeit in mich verguckte. Aber bitte ein Prinz! Und nicht irgendeiner mit einem abgebrochenen Schulabschluss, mit einer Aushilfstätigkeit und einem knallgelben Ford Capri!

Natürlich, mit der Prinzessinnen-Rolle lernte ich direkt und ohne jedes Hindernis, bestimmten gesellschaftlichen Erwartungen zu entsprechen – ich war bereit, mich auswählen zu lassen, und hatte dafür alles solide vorbereitet. Ich war sehr gut darin, diese Erwartungen zu erfüllen. Bloß musste auch ein Prinz auftauchen und nicht irgendein – Frosch!

Es ist leicht zu erkennen: Ich steckte mittendrin in dieser Rolle, und zugleich wusste ich überhaupt nichts von ihr und diesen Erwartungen. Die Rolle war mir mit meiner Familie, mit meinem Platz in der Gesellschaft mitgeliefert worden. Mehr noch, mir war überhaupt nicht klar, dass ich hätte trennen können zwischen der Rolle als Prinzessin und mir als Person. Im Gegenteil: Es schien mir völlig natürlich, dass beides zusammenfiel.

Erst heute ist mir bewusst, wie Rolle und Person zusammenhingen. Einerseits war ich mehr als nur eine Prinzessin, ich war als Person viel beweglicher und vielfältiger: Ich konnte erst die Prinzessin geben, drei Minuten später eine kichernde Vierzehnjährige beim Kirschenklauen sein oder am Abend eine Schülerin, die Mathe über alles liebte. Und all das glaubwürdig, passend und authentisch. Das heißt, wir lassen uns im Allgemeinen nicht auf eine Rolle reduzieren.

Andererseits sind Rollen konstanter und größer als die Personen, die sich in ihnen zeigen: Wenn ich die aufmerksame Schülerin war, verließ ich die Rolle der Prinzessin. Und zugleich existierte die Rolle der Prinzessin selbstredend weiter und konnte von anderen ausgefüllt werden. »Meine« Prinzessin bekam durch mein typisches Verhaltensmuster die ureigene »Handschrift«.

Dieses Rollenspiel beginnt im Laufe der Kindheit, bis sich dann aus den zunächst äußeren Ansprüchen innerhalb der Herkunftsfamilie mit der Zeit höchst individuelle Umsetzungen entwickeln, ja ganz eigene Verhaltensregulierungen, die der einzelnen Frau schließlich als eigener freier Wille erscheinen.

Schneewittchen lieferte die Folie hinter meinen zentralen Entscheidungen in Sachen Prinzessinnen-Rolle. Damals war es mir nicht klar, heute weiß ich, was ich mir unwissentlich ausgesucht und dann immer wieder neu ins Verhalten eingeschrieben habe.

Prinzessinnen performen, Prinzen reicht das Potenzial

Mein erster Heiratsantrag hatte gezeigt: Es halten sich auch Männer für Prinzen, die ich so gar nicht in diese Kategorie einsortiert hätte. Oder andersherum gesehen: Ich erwartete, dass automatisch nur ein adäquater Prinz auf mich reagierte, und entsprechend war ich empört, dass dieser Mann, der da vor mir stand und mit einem Ring drohte, so gar nicht zu meiner Idee von einem Prinzen passte. Wie kam der bloß auf die Idee, ich sei die geeignete Prinzessin für ihn?

Ganz sicher braucht die Prinzessin einen Prinzen. Sie ist ganz generell ohne ihn sinnlos, ja nicht vorstellbar. Schauen wir das auf anderer Ebene an, kommen wir zu den Spielregeln von Rollen. Sie treten oft mit einem Gegenpart auf: Die Rolle des Chefs gibt es nur für den, der einen oder mehrere Mitarbeiter hat. Einen Reiter ohne Pferd kann man sich schwer vorstellen, und einen Vorstand ohne Aufsichtsrat ebenso. Was will man mit einem

Lehrer, wenn weit und breit kein Schüler auftaucht? Bestenfalls denken wir an die weiteren Zuschreibungen der Rolle, an ihren Kontext. Der Lehrer »weiß es dann gern besser«, der Vorstand ist »ein mächtiger Typ«, und der Reiter hat eben eine »supergute Haltung«.

Ob mit Gegenrolle oder mit Bedeutungszuschreibung, wir dürfen davon ausgehen: Wenn eine als Prinzessin groß geworden ist und ihr diese Rolle für das Zusammenleben mit einem Mann vorschwebt, denkt sie den Prinzen immer mit.

Wird die Prinzessin ausgesucht, weil ihre Schönheit und ihre sonstige, pardon, *Performance* im Hier und Jetzt in Sachen Haushalt, Familie und Kinder stimmt, wie wird denn der Prinz erwählt? Vermutlich doch in Hinsicht auf seine zukünftigen Besitzverhältnisse, oder? Der Prinz wird genommen, weil er möglicherweise ein gut geheiztes Schloss erben oder eines beschaffen wird. Weil er zu Geld und an Macht kommen kann. Weil er Erbe ist. Weil er das alles *könnte*. Der Prinz ist also vor allem ein Versprechen; er wird gewählt wegen seines Potenzials. Die Prinzessin aber wird genommen für das, was sie schon zeigt – für Leistung. Prinzessin zu sein, ist auf pure Gegenwart gerichtet.

Spüren Sie diesem Unterschied nach! Prinzessinnen liefern jetzt, für Prinzen reicht die Verheißung.

Tausche Trümmer gegen Tanztee

In dieser Verheißung liegt für die Prinzessin so etwas wie Sicherheit – Sicherheit für die gewiss kommende Zukunft mit Kind oder Kindern. Dieses Programm hat evolutionär sehr gute Dienste geleistet, ist verinnerlicht und über Jahrhunderte sozial kodiert: Frauen können ohne Männer nicht oder nur in Ausnahmefällen überleben. Wie sonst Kinder zur Welt bringen, wie mit

Säuglingen durchkommen, Nahrung finden, Schutz, Hilfe? Frauen brauchten Männer, wenn sie Kinder wollten.

Das stimmte früher. In einer Welt ohne die Errungenschaften der Zivilisation ging es um die nackte Existenz. Die zu sichern, beruhte auf der einen, alles entscheidenden Basis: Ein Mann musste her, koste es, was es wolle. So oder ähnlich lässt sich die jahrhundertelange männliche Vorherrschaft erklären. Wie stark dieses Programm zur Selbstverständlichkeit geworden ist und in vielen Frauen arbeitet, lässt sich plakativ am Phänomen der Trümmerfrauen nach Kriegsende zeigen.

Sie, die mutig und tüchtig die Trümmer wegschafften; sie, die meist ohne Männer ein selbstbestimmtes, aber auch selbstverantwortliches Leben führten; sie, die mit dem Großziehen ihrer Kinder beschäftigt waren, jedoch ebenfalls mit den ersten Orientierungsmaßnahmen in den Städten – genau diese Frauen verschwanden mir nichts, dir nichts wieder von der Bildfläche des öffentlichen Raums.

Denn: Die Männer waren zurück. Gefühlt am nächsten Tag traf man die gleichen Frauen, die noch gestern so kraftvoll und selbstverständlich angepackt hatten, gut gestylt trotz allen Mangels mit wippenden Petticoats unterm Rock beim Tanztee. Mit genau einem Ziel: sich einen der wenigen freien Männer zu kapern. In den bekannten Filmen mit Heinz Rühmann oder Magda Schneider sehen wir in rührendem Schwarz-Weiß, wie erwachsene, starke Frauen zu einer Schar schnatternder Gänse regredieren.

Die Männer waren zurück, jedenfalls die, die den Krieg überlebt hatten. Viele von ihnen lädiert, manche körperlich, viele psychisch, fast alle traumatisiert. Aber es blieben Männer. Diejenigen, die frei waren, waren selten – ein knappes Gut für eine erwachsene Frau im Nachkriegsdeutschland. Vergessen war die Selbstständigkeit, vergessen die Freiheit, so zumindest wirken diese alten Bilder auf mich.

Die Männer waren wieder da, und die Frauen kehrten mehr oder weniger klaglos zurück in ihre alten Rollen. Die Glasdecke griff wieder, das tradierte Konzept sorgte für die altbekannte und so schmerzlich vermisste Sicherheit. Die Glasdecke war zurück und damit auch das erprobte, bewährte Parkett für alle Beziehungstänze. Frauen überließen Männern erneut das Regieren, die Macht, das Kommando über ihre Leben, ihre Kinder, ihr Land. Der Mechanismus: evolutionär erlernt. Die Zeit: damals noch nicht reif für etwas anderes?

Mit der Rückkehr der Männer wich für die Frauen der tägliche Ernst der Trümmersituation zunehmend der nachlässigen Belanglosigkeit weiblicher Alltagsfragen. Und der zentralen Grundsatzfrage: Wie bekomme ich ein möglichst heiles, möglichst hilfreiches Exemplar dieser Gattung Mann? So haben wir uns als Kinder mit dem Thema »Mann« befasst. Und so war es auch »im echten Leben« in Nachkriegsdeutschland üblich. Mit einer zentralen Folge: Auf diese Weise blieb neben der Beschaffung von Essen, angesichts eines nagenden, ja überbordenden Mangels an allem und jedem, doch Raum für Schönheit.

Von nun an beschäftigten sich Frauen abermals und ernsthaft mit dem am Mann ausgerichteten, ewig-irdischen Frauenthema. Als Erstes natürlich mit der Frage: Was ziehe ich bloß an?

Singulär, schön, ohne eigenen Willen

Die Prinzessin ist gut angezogen, und natürlich hat sie schön zu sein. Das lehrt uns die Alltagserfahrung ebenso wie das Märchen – selbst wenn das, wie bei Schneewittchen, bei anderen Frauen nicht auf Gegenliebe stößt. Im Märchen reicht die Schönheit der Prinzessin so weit, dass der Prinz sich sogar noch im Glassarg in sie verliebt. Genug, um sie schließlich mit nach Hause zu nehmen. Es ist auch nichts davon zu hören, dass er vorhatte, sie zu heilen oder zu therapieren – nein, ganz im Gegenteil: Es geht nur um die Schönheit der jungen Frau. Sie reicht aus, um einen Prinzen in größtmöglichen Aufruhr zu versetzen. Eine Prinzessin ist eine singuläre Erscheinung, weil herausgehoben aus des Volkes schierer Masse. Sie ist einzigartig. Und sie ist natürlich unverheiratet und gehört dem König, der mit ihr nach Belieben verfährt. So dient die Königstocher hauptsächlich dem politischen Interesse. Entsprechend wird sie günstig verheiratet, um Macht- oder Territorialansprüche zu befrieden und zu stabilisieren. Hier gilt die bekannte Weisheit: je attraktiver der Köder, umso besser der Fang für den Angler – sprich: Eine schöne Tochter eröffnet mehr Optionen für ihren königlichen Vater.

Alternativ wird die Prinzessin im Märchen versteckt, bedroht, geraubt und oft genug als Preis für Heldentaten ausgelobt. Während von anderen über sie entschieden wird, spielt sie etwa mit goldenen Bällen. Am liebsten trägt sie schöne Kleider und dazu keinerlei Verantwortung. Sie hat zwar überhaupt keine Macht über die Verhältnisse, aber dafür große Macht über einzelne Männer.

Das muss nicht unbedingt der Gatte sein. Meist findet sich jemand, ein Ritter oder Minnesänger, der sich fast zwangsläufig in ihre Schönheit, ihren Liebreiz und ihre Anmut verliebt, ihr den Hof macht und dafür sorgt, dass ihr Leben nicht ohne Widerhall verblüht.

Was macht uns attraktiv?

Sibylle Berg, schonungslos klare Schriftstellerin mit unverstelltem Blick auf die Realität, und schonungslos auch in eigener Frauensache, verweist auf die Musikindustrie[4]: Diese lieferte nebenher, als reizendes Gimmick zu den aktuellen Trends, die perfekte Erziehung von Frauen zum richtigen Modegeschmack. In ihren Videos würden uns die Akteurinnen in Haupt- oder Nebenrollen zeigen, wie wir auszusehen haben.

Ich bin Sybille Bergs Vorschlag gefolgt und habe mich mit Musikvideos befasst, um festzustellen: Ja, gerade hier wird Schönheit zwangsläufig geweitet, wenn nicht gar ersetzt; es ist schließlich nicht jede (mit Stimme) schön. Und so kommen die weiteren Talente von Frauen zum Tragen: Ob spärlich bekleidet, ob in gothic-schwarzen Umhängen – möglichst erotisch muss es sein.

Auf der Bühne auch gern etwas obszön wie Madonna, als deren Überinszenierung Lady Gaga die Show auf die Spitze treibt. Extrem darf es sein, dann ist selbst Schönheit nicht so wichtig. Nur so kommen Ausnahmen wie die gewichtige Beth Ditto, Sängerin der Band Gossip, zum Zuge – das Extrem ist okay, das Normale verpönt. Damit ist keine Aufmerksamkeit zu erhaschen.

Und: Sex sells. Unter diesem ebenso simplen wie abgedroschenen Motto liefern uns Videoclips und Fernsehshows weitere Rahmenbedingungen fürs Äußere. Hier ist oft guter Rat teuer für Stars, die im echten Leben gut aussehen. Denn die Fernsehtechnik respektiert das »normal gute« Aussehen nicht; sie lässt uns älter und schwerer aussehen, als wir sind. Daumenregel: zehn Jahre älter, fünf Kilo schwerer. Wer sich bei Skype sieht, der bekommt einen Eindruck von diesem Effekt. Wer einmal in Berlin im SoHo-House, dem In-Ort der Medienszene, zu Gast ist, der erschrickt angesichts von vielen fremd, ja mager ausschauenden Schauspielern. Und immer wieder stellt sich die Frage: Ist das, was ich wahrnehme, eine Essstörung?

Frauen und Männer, die auf dem Bildschirm normal wirken sollen und des Jobs wegen dünner sein müssen als Sie und ich, machen uns die Mode vor. Sie liefern uns eindeutige Vorgaben, zeigen uns klipp und klar: So sehen Frauen heute aus! Das sind die neuen Rollenmodelle. Jedenfalls für die Größeren.

Bei den Kleineren hilft die Idee der geschlechterspezifischen Rollenvorbilder vor allem dem Produktabsatz. Dasselbe Buch für Jungs und Mädchen? Ja, aber gern mit anderen Farben und Zuschreibungen. Mädchen, so sollte man glauben, haben Anspruch auf Pink und Jungs auf alles, was monsterartig daherkommt. Auf jeden Fall steigert es den Umsatz, wenn die Zielgruppen spezifisch erreicht werden. Dabei hilft Lillifee, allerdings kaum den kleinen Prinzessinnen.

Sexyness bis zum Totalschaden

Zurück zu den erwachsenen Frauen. Was zeigen uns die Videos über die Art der Kleidung hinaus? Sie zeigen uns Gesten, Mimik, Verhalten. In erster Linie die Botschaft:»Sei sexy, sei verführerisch.« Pralle Lippen, der Mund am besten immer etwas offen, kesser Blick, wahlweise auch auf Schlafzimmer getunt. Muss ich noch erwähnen, dass Busen Pflicht ist? Und Oberarme wie Michelle Obamas ein Must-have sind?

Und, der Vollständigkeit halber sei es hier geschrieben: Dünn ist selbstverständlich die allerallererste Voraussetzung. Das hilft auf die Sprünge für weitere Anregungen: So finden sich Frauen gern auch in Gruppen vor dem Fernseher zusammen, um gemeinsam *Germany's next Topmodel* zu sehen. Hier erleben wir das volle Programm mit Erläuterung und Verschärfung: leere Blicke, Körperformen an der Grenze zum Untergewicht und ganz sicher das alte Kindchenschema. Die Stimme! Der Blick! Die Geste! Die alten Muster funktionieren, und sie funktionieren machtvoll.

Denn was sehen wir im Einzelnen? Junge Frauen mit hoher Stimme, die sicher niemals mit Männern konkurrieren, sondern bestenfalls mit anderen Frauen, allerdings gern um Männer. Junge Frauen, deren Kopf und deren Blick sich senkt angesichts von Macht. Junge Frauen, deren Gesten bestenfalls kokett sind und deren Koketterie in diesem Gewerbe definitiv als professionell bezeichnet werden muss.

Was lernen wir als Zuschauerinnen? Wissen wir nachher mehr von uns? Denn es liegt auf der Hand: In der Verhandlung mit einem Bankberater über die günstigsten Konditionen eines Kredits etwa können das altbekannte mädchenhafte Neigen des Kopfes oder die hohe Stimme der Prinzessin ihr entweder einen Strich durch die Rechnung machen oder eben Väterlichkeit erzeugen. Die ältere Prinzessin darf auf Letzteres aber nicht unbedingt vertrauen.

Wir wissen, dass diese Muster (verheerend) wirken: Sie führen, wenn sie uns unbewusst überfallen, in der jeweiligen Situation sofort und direkt zum Totalschaden, also zum Verlust der Würde einer erwachsenen Frau. Körpersprache schlägt verbale Kommunikation. Wollte die Prinzessin das? Es wäre an dieser Stelle klug, mehr von sich selbst zu erfahren: Wie mache ich das bislang mit dem Kindchenschema? Habe ich eine Mimik oder Gestik an mir, die mich hilflos oder klein erscheinen lassen – obwohl ich eine ganz andere Wirkung erzielen will? Wir dürfen hoffen, dass beim gemeinsamen Fernsehen von *GNTM* auch die Reflexion dieser gesellschaftlichen Realität anfällt.

Was aber hat es mit den Gesten, dem Kopf, dem kessen Blick von der Seite, dem nach vorne geschobenen Becken auf sich? Die Antwort erhielt ich selbst einmal, als ich zu Beginn meiner Karriere einen Wochenendkurs »Körpersprache im Management« besuchte. Interessanterweise dachte mein Vorgesetzter, der dieses Seminar für mich gebucht hatte, ich käme mit reduzierten Gesten zurück und würde nicht mehr so viel Raum fordern. Weit gefehlt. Ich lernte an diesem Wochenende in Rollenspielen ganz anderes.

So geht's nun auch wieder nicht!

Wie die anderen Teilnehmer an dieser Weiterbildung – es handelte sich um eine andere Frau und eine Handvoll Männer – bearbeitete ich meine Alltagsthemen. Mein Anliegen war es, besser zu verstehen, warum ich in mündlichen Verhandlungen zunächst erfolgreich war, meine Verhandlungspartner aber anschließend oft »umfielen«, sodass selbst schon gezeichnete Verträge nicht mehr galten.

Ich lernte drei wesentliche Dinge:

1. **Erfolgsmotor: Verführung**
   Das Ergebnis im Rollenspiel war – zunächst – denkbar gut: Ich setzte Preiserhöhungen durch mit tollen Rückmeldungen der Männer. Die Videoarbeit brachte es an den Tag: Meine größten Verhandlungserfolge erzielte ich über Flirt- und Verführungstechniken. Sowohl oberhalb der Gürtellinie, also mit Mimik und Gestik der Hände, als auch unter dem Tisch mit der Bewegung der Füße, wenngleich ohne jedes Füßeln, benahm ich mich wie eine Frau, die einen Mann für sich gewinnen wollte.
   Natürlich hätte ich das Gegenteil geschworen. Ich war mir sicher, ganz neutral und nüchtern, jedoch gewinnend und freundlich zu argumentieren. Weit gefehlt.

2. **Verführung: ist gemein**
   Ich war also zunächst erfolgreich. Aber dann kippte die Sache. Denn kaum war das Gespräch gelaufen, fragten sich die Männer, was sie mir da eigentlich zugesagt hatten. Anders formuliert: Der Verstand kehrte zurück und damit die legitime Frage: Wie bloß dem Vorgesetzten eine handfeste Preiserhöhung mit geradezu skandalösen Folgen erklären?

Kommando zurück: Die gerade noch so entschlossen »Ja« sagenden Männer diskreditierten mich anschließend: unseriöse Methoden, unlautere Mittel!

3. Gemeinheit: gilded nicht

In Sekundenschnelle änderte sich die Stimmung. Die anwesenden Männer kamen zu dem Schluss, dass sie es mit einer Sirene zu tun hatten. Ganz konsequent befreiten sie sich schnell und formlos von jeder Verantwortung, indem sie mir die Schuld zuschoben. Schließlich waren sie mir ja auf den Leim gegangen.

Das wiederum konnte ihnen verziehen werden, denn:
a) ihre Chefs waren Männer,
b) unter Männern gibt es Solidarität und Gemeinschaftsgeist,
c) im Krieg und bei Frauen halten Männer zusammen.

Was bedeutete das? Ich konnte offenbar auf der Beziehungsebene mit den Mitteln der Verführung – und damit unlauter – Erfolge einfahren, die im Geschäft, also auf der Sachebene, den Männer wirklich wehtäten. Genau! Es ging eben nicht um ein weiteres Kleid. Ich war offenbar fähig und außerdem naiv genug, die für den privaten Gebrauch vorgesehenen Mittel von Flirt und Aufmerksamkeit für den beruflichen Bereich zu »missbrauchen«. Konsequenz: Meine Gesprächspartner fühlten sich nicht an ihre Zusagen gebunden, die waren schließlich »erschlichen«.

Interessant, oder? Die Verantwortung für die volle Zurechnungsfähigkeit meines Gegenübers lag damit offenbar bei mir. *Cherchez la femme.* Ich lernte also an diesem Wochenende in Österreich nicht nur mehr über Körpersprache, sondern etwas ganz anderes. Etwa dass ich gut flirten konnte. Verdammt gut. Und auch noch, dass Männer genauso an ihren blinden Flecken hängen wie Frauen.

Aber wie sollte ich bitte eine professionelle Gesprächsebene herstellen, wenn ich a) diese Muster nicht weiter nutzen und mich b) eben nicht als Mann verkleiden oder benehmen wollte? Bevor es zu Lösungen kam, kam es erst mal noch schlimmer. Denn ich hatte verführt, ohne meine Kleidung einzusetzen. Ich war seriös angezogen gewesen, zugeknöpft, adrett. Andere machen es da ganz anders. Wie lässt sich der Körper nun zusätzlich zu den vorhandenen Mustern einsetzen?

Mein Körper bin ich?!

Für Antworten auf diese Frage gehe ich noch einmal zurück zur Modelsendung *GNTM*. Wie sieht die Zurichtung der Frauen nun aus? Zunächst kristallisiert sich problemlos heraus, dass Bildung, Herzlichkeit oder Wärme vollständig überflüssig, ja geradezu überbewertet sind. Im nächsten Schritt geht es dann darum, Normalität und Natürlichkeit aufzugeben. Das zukünftige Model lernt, wie wichtig ihr Körper und ihr Gesicht sind.

Es lernt allerdings nicht, wie es mit sich selbst in Kontakt kommt – was rede ich! Ganz im Gegenteil. Frauen brauchen doch gar keinen Kontakt zu sich und ihrem Körper, Frauen sind ihr Körper. Halleluja.

Nicht mehr, nicht weniger. Keine Gefühle, kein Verstand. Und keine Probleme außer dem einen: den Standard zu halten. Den Körper im Griff zu haben. Das Altern zu verhindern. *Forever young and beautiful.* Schneewittchen im Glassarg. Die totale Kontrolle. Wie sich das für Frauen zeigt, das macht uns die Chefin der Veranstaltung vor: Sie ist selbstverständlich ganz ihr Körper.

Dafür tut sie eine Menge. Nach den jeweiligen Mutterschaften legte sie außerordentlichen Fleiß an den Tag, um den »alten«

Körper zurückzuerhalten. Täglich viele Stunden im Fitnessraum, angetrieben und auf Zack gehalten vom Personal Trainer, der für die möglichst optimierte Zurückformung des Körpers zuständig war. Es hörte sich für mich nach ziemlicher Qual an, über Wochen hinweg täglich mehrere Stunden zu trainieren. Hilfreich bei solch endlosen, sinnfreien Wiederholungen ist sicher das Umschalten von »Wahrnehmung« auf »Fleiß« und »Disziplin«, auf gute deutsche Tugenden.

Das Ergebnis jedenfalls spricht – wirtschaftlich gesehen – für sich: Der Körper von Frau Klum sieht so gut aus, dass er trotz einiger Mutterschaften auch als Modelkörper für Unterwäsche super funktioniert und sie damit nach wie vor ein sensationelles Geld verdient. Wir lernen also erstens: Fleiß und Disziplin machen es möglich, man erträgt sogar das elende Leben mit den Fitnessmaschinen. Und zweitens: Das Ziel ist es offenbar wert, denn die radikale Wahrheit des »Mein Körper bin ich« gibt Überlegenheit! Überlegenheit über das größte Rätsel überhaupt: über mich selbst.

Und über Männer, aber auch: über andere Frauen. Wie das? Indem ich als Person kontrolliere, was mir die größtmögliche Anerkennung von außen einbringt, bin ich Herrin des Verfahrens. Indem ich meinen Körper kontrolliere, sein Gewicht, sein Aussehen, die Makellosigkeit, die Bewegungen, sichere ich mir die Zuwendung von außen. Herr, gib mir meine tägliche Portion an Anerkennung, auf dass mein Selbstwert stabil bleibe!

Oft verlieren Frauen dabei Lebendigkeit und Freundlichkeit – gerade dann aber droht ein Problem mit dem Selbstwert. Ursprünglich ging es bei dem Konzept »Mein Körper bin ich« darum, sich im eigenen Körper vertraut und zu Hause zu fühlen. Als Babys erleben wir diese Phase und sollten sie eigentlich voll und ganz genießen. Im nächsten Schritt lerne ich, dass ich mehr bin als mein Körper. Und natürlich verweist dieses Konzept auf

Endlichkeit: Der Körper lässt sich nicht so kontrollieren, dass er dauerhaft aussieht, wie ich es mir wünsche – Alterung, Reife, Krankheiten, das Leben selbst spielen da nicht mit.

Was immer bei der einzelnen Frau dahinter verborgen sein mag – der eigene Körper ist für viele Frauen oftmals das Einzige, was sie überhaupt unter Kontrolle zu haben scheinen. Die Autorin Jutta Heinrich beschreibt in ihrem Sammelband *Alles ist Körper* dramatisch, wie etwa Ess- beziehungsweise Magersucht Menschen auf ein solches Selbstbild reduzieren können. Für mich die zentrale Erkenntnis aus dieser Lektüre: Durch Essen beziehungsweise Hungern lassen sich definitiv Gefühle unterdrücken.

Entweder sie werden mit dem Essen heruntergeschluckt oder sie bleiben, wie der Hunger, unterdrückt. Gefühle werden schließlich in unserer Gesellschaft immer noch als zum schwachen Geschlecht gehörig abgewertet. Das bedeutet vor allem eines: Weder Frauen noch Männer können mit ihren aggressiven Gefühlen umgehen, doch Frauen ist es immerhin erlaubt, mit Krokodilstränen und anderen instrumentalisierten Gefühlen zu manipulieren. Werbefachleuten, ja, denen stehen diese Manipulationen ebenfalls offen – aber sonst?

Wir haben kaum gelernt, wie mit Gefühlen anders, wie mit ihnen erfolgreich umzugehen ist. Emotionale Kompetenz wäre eine Lösung. Nur ist eine solche Kompetenz wirklich »sicher«? Das wissen vielleicht Neurowissenschaftler oder Forscher, das wissen vielleicht reife Frauen, die etwas vom Leben verstehen – im Mainstream ist das bislang nicht angekommen. Für alle anderen gilt: Zähne zusammenbeißen, Disziplin zeigen, mehr noch: bitte fleißig an der eigenen Baustelle arbeiten!

Typisch deutsch: genormt und abgehakt

Natürlich ist die allererste Voraussetzung für eine Teilnahme am Wettbewerb um »den Mann«, dass die Frau den grundlegenden Standards entspricht. Hier liegt eine generelle Hürde und ein erstes Problem vor: Wo ist Wohlbefinden, wenn eine Frau dem Standard nicht genügt? Wie können Sie sicherstellen, dass es Ihnen gut geht, wenn Sie außerhalb der Standards stehen? Wie kann ich es hinbekommen, dass es mir gut geht, auch wenn ich nicht in der Norm bin?

Es ist nicht leicht, zu so etwas wie einem persönlichen Wohlfühl zu gelangen, wenn die Standards andere sind und eine Frau davon abweicht. Aber es ist auch nicht leicht, wenn die Standards bekannt sind – weil bekannte Standards schnell zu großer Ähnlichkeit und zu einem Verlust an eigenem Gesicht führen. Bei *Germany's next Topmodel* sehen wir Schritt für Schritt und ganz praktisch, wie die Individualität junger Frauen eingeebnet wird durch Schönheitsstandards. Wie wollen wir all diese hübschen langbeinigen Frauen noch auseinanderhalten? (Wollen wir gar nicht?!)

Doch es sind nicht nur die Standards der Modebranche, die hier sichtbar werden. Es sind ebenso – vielleicht überzeichnet – die Standards unserer Gesellschaft. Es ist, wie es immer war: Ein aktueller Schönheitsbegriff beschäftigt die Frauen derart, dass die eigene Individualität dahinter zurückfällt. Die eigenen Bedürfnisse werden gerade von jungen Mädchen oft kaum gespürt. Wichtiger scheint es, den Standards zu genügen – viel wichtiger, als wahrzunehmen, wer der Mensch ist, der da so schön sein will, die Frau, die da so schön sein möchte.

Ob diese Modelshow auch Männern gefällt? Harald Schmidt, begnadeter Kenner deutschen Wohnzimmermiefs, unkte zu Beginn der Show sinngemäß, dass »sich Pappa mit der Show den Kauf von Softpornos spare«.[5] Aber sind die Zuschauer nicht vor allem Frauen? Als Protagonisten sind Männer vernachlässigbar – es muss zwar einen oder zwei weitere Juroren geben, doch zur Not findet sich sicher irgendwo eine Frau, die mitmacht. Wer interessiert sich schon für eine solche Art von Perfektion, Standardisierung und verfügbarer Modelschönheit? Der, der sonst für die Peepshow am Bahnhof zahlt?

Schönheit allein hilft der Prinzessin nur aus dem Glassarg, greift aber insgesamt zu kurz. Bei den Models geht es ebenfalls zuerst um Schönheit, dann allerdings ganz unbedingt um erotische Stimulanz. Erst hier zeigt sich, was oder eher noch: wer wirklich auf dem Marktplatz der Mode etwas wert ist.

Erotisch stimulierend ist total nötig

Irgendwann zappte ich durchs Fernsehprogramm und landete in einem typischen Samstagskrimi[6] der öffentlich-rechtlichen Sender, und zwar justament in ungefähr folgendem Dialog:

Der schicke Zuhälter, maulig, zur Prostituierten, die er für sich auserkoren hat und mit der er fein Essen gehen will: »Kannst du dich nicht mal hübsch machen? Du siehst aus wie eine Nutte nach Feierabend.«

Sie antwortet: »Ich bin eine Nutte, und ich habe Feierabend.«

Wie dieser kurze Wortwechsel zeigt, reicht es für eine Frau nicht, einfach nur professionell zu sein. Das Hübschmachen ist für den Mann etwas anderes –und offenbar wichtig, selbst wenn dieser von dem lebt, was ihm die Frau täglich einbringt. Vielleicht wäre es besser, so zu formulieren: Er ist unzufrieden, weil sie ihn darauf hinweist, dass sie die Arbeit macht und also nicht Zierde sein will.

Aber warum eigentlich soll sie noch Zierde sein? Der weitere Verlauf des Krimis macht klar, dass ihr Zuhälter natürlich ein erotisches Interesse an dieser Frau hat. Ein Interesse, das ihn stärkt und ihn in seiner Männlichkeit bestätigt – die sehr junge und sehr dekorative Frau ist ihm Quelle für Ego und Selbstwert, und sie ist ihm zugleich Erfrischung.

Die vertrackte Situation zeigt, wie widersprüchlich, sogar paradox die Beziehung ist, die psychologisch auf einem Double-Bind-Syndrom basiert: Einerseits will der Mann die Frau ausbeuten, weil er von ihrer Arbeit gut lebt. Andererseits sucht er sie als Bestätigung seines Egos, seines Selbstwerts und also als Erweiterung seines Selbst. Sie ist ihm Jungbrunnen, liefert im Vitalität und Lebendigkeit, verschafft ihm Orgasmen und ermöglicht es ihm, sich gut zu fühlen.

In der Fantasywelt heißt so etwas Vampirismus.

Damals, als wir Frauen noch an den *Hite Report* glaubten und an die Erkenntnisse des Kinsey-Reports, war das relativ einfach: Damals täuschten – gemäß dieser amerikanischen Studien – die meisten Frauen in Beziehungen einen Orgasmus vor. Das erschien ihnen erfolgreicher, oft einfacher als die Wahrheit. Heute ist das sicher nicht mehr so, denn wenn sich etwas geändert hat, dann ist es die Freiheit der jüngeren Generationen, mit dem Thema Sexualität und »dem (anderen) Geschlecht« umzugehen.

Die Prinzessin wird mächtig: als Mutter

Schönsein, das haben wir gelernt, ist durchaus Arbeit. Selbst wenn es sich nicht um einen solchen Knochenjob handelt wie das Modelleben, Mühe machen die Projekte »Dünn sein« und »Sich optisch innerhalb der Standards bewegen« allemal. Da hilft nur fleißig dranbleiben, nicht ablassen, nicht verzagen! Mit Fleiß überwinden wir die Macken der Natur auf dem Weg zu einer passablen Form. Und dabei löscht man noch ganz nebenher so unprinzessinnenhafte Programme wie »Ich bin, wie ich bin«.

Wie aber komme ich nun als Prinzessin – nach den Mühen des Schönseins, der erotischen Stimulanz mit dem Ziel des Auserwähltwerdens – zu Macht? Relativ einfach und fast selbstverständlich dadurch, indem sich das Frausein in ein Muttersein verwandelt. Die gesamte Gesellschaft scheint zwar einerseits darauf ausgerichtet, die Frauen, ihre Talente und beruflichen Optionen andererseits jedoch nicht. Beginnen wir mit der Wandlung.

Den Prinzen zu finden, das erfordert gegebenenfalls harte Arbeit. Die Hochzeit verlangt entsprechend dem großen Einsatz mindestens einen vorherigen Heiratsantrag mit Brimbamborium, am besten auf dem Tafelberg oder an einem ähnlich imposanten Ort. Das zeigt auch nach außen, dass die Arbeit anerkannt wird und der Auserwählte weiß, was sich heute gehört.

Richtig machtvoll wird eine Prinzessin dann mit dem ersten Kind. Sobald der Prinz sowie die restliche prinzliche Familie glücklich um den Nachwuchs herumschwirren, hält die frischgebackene Mutter ein echtes Machtmittel in der Hand. Hat sie die Hoheit über das Kleine, dann wehe dem, der sich ihr in den Weg stellt! Die Mutter als Bewahrerin und Hüterin der Kindesinteressen, das ist für die Prinzessin eine echte Chance. So lässt sich über den Nachwuchs Macht ausüben. Denn sie weiß: Macht der Prinz alles richtig, also nach dem Wunsch seiner Frau, dann geht es dieser ebenfalls gut.

Sie meinen, das ist krass überzeichnet? Stimmt. Auch. Und Sie wissen sicher, wovon ich rede: Von einem Leben mit Pflichten, aber ohne Verantwortung.

Natürlich würde keine Frau, erst recht keine Prinzessin, sich sagen lassen, sie trüge keine Verantwortung oder würde sich vor derselben drücken. Im Gegenteil. Leider hat dieses Wort eine gewisse Sinnleere bekommen, eine schnell benutzbare, dabei hohle Fassadenhaftigkeit. Um ihm wieder die ihm gemäße Bedeutung zu geben, lassen Sie mich hier eine kurze Tiefenbohrung vornehmen:

Das Wort »Verantwortung« wird oft genug mit Schuld, auch mit Pflicht verwechselt – häufig bewusst und wissentlich, schließlich klingt es moderner und besser in den Ohren als seine beiden »Geschwister«. Um die drei Begriffe einmal zusammenzubringen: Wer schuldig wurde, kann Verantwortung übernehmen und seine Schuld wiedergutmachen. Wer eine Pflicht hat, trägt die Verantwortung dafür, diese nach bestem Wissen und Gewissen zu erledigen.

Die Prinzessin verweigert sich in vielen Situationen einer Verantwortung. Etwa beim Froschkönig: Sie erinnern sich, erst fällt ihr die Kugel in den Brunnen, dann macht sie dem Frosch für seine Unterstützung verschiedene Zugeständnisse. Im Detail betrachtet, übernimmt sie zunächst nicht die Schuld – obwohl ihr die Kugel in den Brunnen gefallen ist. Wir ahnen es, sie konnte gar nichts dafür und kommt ihrer Pflicht zur Einhaltung ihrer Versprechen nicht ohne Ermahnung des Königs nach: Er zwingt sie, mit dem Frosch an einem Tisch zu essen und ihn anschließend mit in ihr Zimmer zu nehmen.

Sie weiß nichts von dem, was sie tut. Bitte keine Frage nach ihren Beweggründen! Sie übernimmt keine Verantwortung. Im Gegenteil. Die Prinzessin reagiert patzig auf eine solche Zumutung.

Arbeiten gehen: Männer, Frauen und Mütter

Letzten Sommer saß ich auf einem rein weiblich besetzten Podium; die Moderatorin stellte uns Teilnehmerinnen vor. Sie selbst war Mutter eines noch kleinen Kindes – es wurden nämlich sämtliche Frauen nicht nur mit ihrer Profession präsentiert, sondern bei allen wurde auch die Zahl ihrer Kinder genannt. Rechts von mir saß eine selbstständige PR-Beraterin, gleichzeitig Mutter von fünf Kindern. Sie lieferte sich lächelnd und großzügig mit der links von mir sitzenden Social Entrepreneurin mit immerhin vier Kindern einen kleinen Dialog über die schiere Menge ihrer Kinder.

Was sich hier zeigte, erlebe ich oft: Frauen ohne Kinder kommen gesellschaftlich nicht vor – außer als Models oder auszuwählende Prinzessinnen. Frauen ohne diese Attribute sind gesellschaftlich nicht relevant und werden dabei gern von Frauen selbst ausgemustert. Bekommen Frauen dann Kinder, verschwinden sie erneut komplett von der Bildfläche. Sie sind unsichtbar.

Erst in dem Moment, wenn Frauen Kinder haben und wieder arbeiten, werden sie glorifiziert – und jedes Kind mehr führt zu einem Zacken in der Krone. Auch hier treffen wir erneut auf das urdeutsche Phänomen: Fleiß wird eben belohnt! Und sei es bei der Reproduktion – viele Kinder, viel Ehr. Vom Mutterkreuz aus Hitlers Tagen bis heute, mitten hinein in unsere demokratische Gegenwart! Ursula von der Leyen lässt grüßen.

Ob Männer Väter sind oder nicht, ist dagegen kein Thema – Männer treffen schließlich unter sich keine Unterscheidung. Das ändert sich jetzt langsam, wenn sie in Elternzeit gehen. Sie zeigen damit einerseits Flagge für Familie und Kind, andererseits übernehmen sie die Verantwortung sogar für ganz kleine Kinder – und damit ist der Grundstein gelegt für die zukünftige Akzeptanz von Männern wie Frauen, die das ebenfalls tun.

»Der CEO hat im letzten Townhall-Meeting von seinen beiden Söhnen gesprochen, das war richtig reizend. Ich dagegen ...«, die erfahrene Führungsfrau, die ich in der Cafeteria des DAX-Konzerns treffe, ist reflektiert genug, um sich nicht selbst belügen zu müssen, »ich spreche fast ausschließlich schlecht von meinen Kindern. Immerhin habe ich während meiner Arbeitszeit ständig mit Engpässen zu kämpfen, wenn es um die beiden geht. Dabei bin ich wirklich glücklich, sie zu haben.«

Es ist keiner Frau mit den Übermüttern gedient. Wir alle brauchen mehr Aufrichtigkeit, mehr Wahrhaftigkeit – zum Beispiel von Frauen. Es geht etwa darum, von anderen Frauen und Männern zu lernen, wie sie Engpässe mit Kindern bewältigt haben, was ihnen half und wie sie es immer wieder schaffen, die große Belastung durch Beruf und Familie nicht nur als Selbstausbeutung zu begreifen, sondern als echte Bereicherung – als einen wesentlichen Beitrag für ein gutes Leben.

Die jungen Väter kommen ebenfalls in die Spur. Wie lösen Väter in Zukunft das Problem, dass die Priorität auf dem Kind liegt, das – wenn es zum Beispiel krank ist – nicht warten kann bis nach der wichtigen Kundensitzung? Hier dürfen wir gespannt sein und mit Männern gemeinsam lernen. Die Einsicht, das Verständnis, ja das Begreifen muss von den Frauen aufgegriffen werden.

Mutterschaft, ein deutsches Sonderkapitel

Die Prinzessin erlangt Macht durch Mutterschaft. Schwingt das bei uns allen im Hintergrund mit, wenn der Wunsch nach einem Kind laut wird? Oder gibt es noch andere Gründe? Ist es die eigene Mutter, die Druck macht? Ist es die panische Angst vor der biologischen Uhr? Würden Frauen etwas, was nur jetzt möglich ist, später nicht bereuen?

Ist es wirklich so, dass jede von uns unbedingt Kinder in die Welt setzen muss? Ich glaube das definitiv nicht. Und wenn, dann sollte es jede zu ihren Bedingungen machen. Sprich: Lieber eigene Eizellen einfrieren, wenn der Richtige nicht in Sichtweite ist, als sich von biologischen Endspurtsituationen mental in eine Sackgasse bringen zu lassen.

Ich höre schon den Protest, während ich diese Zeilen schreibe. Meine Erfahrung lautet: Mutterschaft ist in Deutschland eine echte Spezialität, eine Sache für sich. Denn Frauen, die Karriere machen, werden immer (noch) gefragt, ob sie auch Mutter sind. Aus meiner Sicht gibt es derzeit keine Rolle, die »nur Karriere« oder »nur Mutterschaft« als gesellschaftlich gelingend ermöglicht.

Mein Verdacht: Hängen wir da vielleicht weiterhin im Schlepptau von Johanna Haarer, der Autorin des Ratgebers *Die deutsche Mutter und ihr erstes Kind*?[7] Haarer hatte ihren Bestseller auf Basis von Hitlers Erziehungsempfehlungen in *Mein Kampf* verfasst und erschien weiter bis 1996, mehrfach überarbeitet, unter dem Titel *Die Mutter und ihr Kind*.

Kopfschütteln allein reicht da nicht. Dieses Standardwerk diente als Handbuch in den deutschen Fach- und Haushaltsschulen und wurde insgesamt 1,2-millionenmal verkauft. Die Ursachen sind nachvollziehbar. Es gab in der Nachkriegszeit nicht sofort adäquaten Ersatz, und so konnte – wie es in anderen Bereichen auch geschah – das alte Naziwerk leicht modifiziert zum Klassiker der Folgejahre werden.

Das Mutterbild des Dritten Reichs war auf Fleiß, Disziplin und Drill getrimmt, es ging in erster Linie um eine distanzierte, den kindlichen Bedürfnissen nicht nachgebende Haltung. Aus politischer Warte erleichterte eine solche Erziehung die »Produktion von Kanonenfutter«[8] mit Ratschlägen wie: »Versagt auch der Schnuller, dann liebe Mutter, werde hart! Fange nur nicht an, das Kind aus dem Bett herauszunehmen, es zu tragen, zu wiegen, zu fahren oder es auf dem Schoß zu halten, es gar zu stillen.«[9]

Kinder zur Härte zu erziehen, dabei gegen sich selbst unerbittlich zu sein, das eigene Mitgefühl zu unterdrücken und bloß nicht emotional auf das Kind zu reagieren, das war das Grundrezept der haarerschen Kindererziehung. Es ging darum, die sich neu entwickelnden, moderneren Strömungen in der Pädagogik zu verhindern, die das Kind als eigenständiges und fühlendes Wesen ansahen. Dem gebot Haarer Einhalt. Und das mit langem Nachhall bis hinein in die Geburtsjahre all derer, die heute volljährig sind.

Ist es also ein Wunder, dass wir in Deutschland etwa den skandinavischen Ländern hinterherhinken, wenn es um das Mutterbild geht und um einen unaufgeregten Umgang mit Müttern?

Tief verankert: Beziehungsunfähigkeit

Müssen wir, unterschwellig nach wie vor dem Führer zur Ehre, deshalb alle Mütter werden? Das gehörte schließlich damals zum Konzept: Das Mutterkreuz für viele Kinder, alle für Volk und Vaterland. Inwieweit auch dieses Gedankengut noch mitspielt im nach dem Krieg bereinigten Ratgeber von Johanna Haarer, ist nicht untersucht. Sicher ist, dass wir in Deutschland Schaden genommen haben, und das bis zum Ende des letzten Jahrhunderts. Bitte schauen Sie in den Spiegel! Frauen, die bis 1996 geboren wurden, gehören zur Gruppe derer, die auf derartige Weise »kontaminiert« aufgewachsen sein könnten.

Haarer ging es offenbar auf einer abstrakteren Ebene darum, den faschistischen Menschen aufzuziehen. Was wir darunter zu verstehen haben, das ergaben die Forschungen von Sigrid Chamberlain. Die Sozialpädagogin hat sich auf die Spur des Menschenbilds von Haarer gemacht und kam zu folgendem Ergebnis: »Ich halte die These für belegbar, dass nationalsozialistische Erziehung oder auch ,Aufzucht' des Kindes den beziehungsgestörten oder sogar den beziehungsunfähigen Menschen hervorbringen sollte. Das verändert auch die Definition des faschistischen Charakters, dieser wäre dann nicht mehr die autoritäre, sondern die im Kern beziehungsunfähige Persönlichkeit.«[10]

Lassen wir uns das auf der Zunge zergehen: Es geht um die beziehungsunfähige Persönlichkeit! Kommt Ihnen das bekannt vor? Oder tun Sie sich ganz leicht mit Beziehungen? Ich jedenfalls hing oft genug zwischen Baum und Borke, wenn es um meine eigene Beziehungsfähigkeit ging. Als junge Frau nahm ich an, das würde sich entwickeln. Als reife Frau weiß ich heute: Meine jetzige Beziehungsfähigkeit ist richtig hart erarbeitet.

Über diese Erkenntnis hinaus zeigt sich: Dadurch wird die Mutter bei Haarer zur Zuchtperson, alles andere ist Dekor. Zur Zucht gehört der Fleiß, bitte behalten Sie das im Hinterkopf. Dass uns heute der Zuchtgedanke latent in den Knochen steckt, erklärt möglicherweise ein verblüffendes Verhalten: Weshalb drängen sogar heute Mütter ihre Töchter dazu, selbst Kinder zu bekommen? Evolutionär bedingt wohl, damit die Sippe nicht ausstirbt. Sicher geht es ebenso darum, das eigene Lebensmodell durch die Tochter legitimiert und positiv bestätigt zu sehen. Und ein kleines bisschen Auftrag »für Volk und Vaterland« könnte ebenfalls in der Melange enthalten sein.

Wenn wir uns diese Dinge nicht bewusst machen und sie nicht reflektieren, werden wir unsere eigene Wahrheit nicht erfahren. Sprich: Wir werden Genaueres von uns selbst dazu nicht wissen. Wer aber nichts von sich weiß, kann sich auch nicht ändern.

Reproduktion für Vaterland und Kapital

Dieses Ringen um Kinder und Enkel ist für uns heute schwierig. Wir sind doch so frei! Was von dem Bedürfnis, ein Kind zu bekommen, ist sozial vorgegeben beziehungsweise gelernt, was davon ist ein wirklich eigenes Bedürfnis? Beim Thema Mutter wird so gern heroisiert, stilisiert, übertrieben.

Und selbst kluge Frauen sind verunsichert: Müssen sie nicht das Abenteuer unter allen Umständen eingehen, solange sie es können? Wer ein sensationelles Diplom hingelegt hat, damals, oder eine klasse Promotion, wie kann die dann vor der Mutterschaft zurückschrecken? Nichts ist schrecklicher als Reue. In meinem Freundinnenkreis ist die Frage, Kind ja oder nein, bis hin zum Fünfzigsten virulent.

Natürlich gehört zur Prinzessin, dass sie Kinder in die Welt setzt. Warum sonst habe ich stets die jüngeren Kinder im Hause beaufsichtigt, meine Fähigkeiten als Kindergärtnerin und Erzieherin erprobt? Was sonst sollte diese ganze »Einführung in die Pflichten einer Frau« als Prinzessin?

Wenn eine Frau die Entscheidung trifft, sich nicht weiter fortzupflanzen, trifft sie damit zugleich die Entscheidung, dieser Gesellschaft keine Arbeitskräfte zur Verfügung zu stellen. Das aber gerade gehört zu unserer Gesellschaft wie nichts anderes dazu: Die Bereitschaft zur Reproduktion ist traditionell Pflicht. Für sozial schwache Familien, weil unterstellt wird, dass die Kinder mitarbeiten können und so den wirtschaftlichen Mangel mindern. Für begütertere Familien, um die Güter zu mehren, reiche Heiraten zu tätigen und den Ruhm, das soziale Ansehen, die wirtschaftliche Macht der Familie zu vergrößern.

Meine Familie erwartete von mir einiges. Als ich allerdings Abitur machte, sanken die Erwartungen kommentarlos. Je mehr eigenen beruflichen Erfolg ich anhäufte, umso wegwerfender wurden die Gesten. Die Fragen zu Hause lauteten zwar immer noch, wie es denn aussehe mit einem Mann. Ich unterstellte damals Interesse an meinem persönlichen Glück; heute weiß ich es anders. Es schwang immer mit, dass so die Familie ebenso wie mein Alter abgesichert würde.

Natürlich erlebe ich, wie viele andere Frauen ohne Kinder, dass ich meine Kinderlosigkeit wahlweise entschuldigen, erklären oder zumindest zu anderen (nämlich Frauen »mit Kindern«) aufschauen sollte. Neid wird mir oft genug per se unterstellt – interessant ist es da, wo Neid quasi gefordert wird.

Wettbewerbsideen für Frauen: Mütter-Battle und Zickenkrieg

Im Kreise meiner Freundinnen werde ich ab und an darauf hingewiesen, dass ein Leben mit Kindern einen Unterschied macht. Ja, stimmt. Gibt es eine kinderlose Frau, die das je vergessen würde? Allerdings: Ein Leben mit roten Haaren macht ebenfalls einen Unterschied. Oder ein Leben als Physikgenie.

Ob wir Kinder haben oder nicht: Wir unterscheiden uns von anderen Frauen. Oft genug wird das Fehlen von Kindern als Mangel gewertet. Durch diese Abwertung gibt es eine Möglichkeit, andere Frauen aus dem Wettbewerb (um einen Mann, einen Job, eine Anerkennung) zu nehmen und sich ihnen gegenüber (positiv) abzugrenzen. Ein Mütter-Battle?

Dieser »Ausschluss aus dem Wettbewerb« wird von jüngeren Frauen, also vor einer Mutterschaft, in einer bekannteren Disziplin ausgetragen: im sogenannten Zickenkrieg. Wir wissen nicht, ob es sich bei diesem Begriff um eine Erfindung der Medien handelt. Ohne es nachgeprüft zu haben, drängt sich mir dennoch der Eindruck auf: Sobald Frauen untereinander streiten, heißt die Veranstaltung Zickenkrieg.[11] Wir denken dabei an schöne Frauen, die eine Auseinandersetzung – vorzugsweise eines Mannes wegen in der Boxengasse beim Formel-1-Rennen – zunächst verbal, dann auch handgreiflich austragen. Dabei werden die Stimmen schrill, gequetscht und hoch – vielleicht erinnerte das irgendwann einmal ans Haustier.

Ein Zickenkrieg ist emotional begründet und hat, selbstverständlich, keine sachlichen Ursachen. Letztere aber sind Grundlage für Kriege, wie sie (bislang meist) Männer anzettelten. Der Verdacht liegt für mich nahe, dass Frauen mit diesem Begriff ebenfalls als kriegerisch dargestellt werden sollen. Es sind gar nicht nur die Männer … Und zugleich werden sie der Lächerlichkeit preisgegeben: Was ist das bloß für ein Krieg, den da die Zicken ausfechten?

ZDF – Zahlen, Daten, Fakten sind die Belege für Krieg. Wird er davon besser? Nein. Sieht aber besser aus. Die wenigsten Frauen wollen allerdings Kriege führen, weder gegen Frauen noch gegen Männer.

Beste Freundinnen

Dafür sind uns unsere Freunde und Freundinnen meist doch zu wichtig. Dabei unterscheiden sich die Geschlechter durchaus in der Art ihrer Beziehungen: Frauen haben vielfach mehr und engere Eins-zu-eins-Beziehungen als Männer. Wir kennen alle die beste Freundin. Aber welcher Mann hat schon den besten Freund?

Es scheint sogar so zu sein, dass Frauen engere Beziehungen zu nur einer Person pflegen. Wenn dann mal was nicht stimmt, wenn die eine keine Zeit hat oder die andere versetzt wurde, hat das gleich eine stärkere Wirkung. Wenn zwei Frauen streiten, sind zwei Frauen einsam.

Männer dagegen haben verschiedene Freunde. Wenn der eine nicht kann oder will, dann geht eben der nächste mit. Die Beziehungen sind nicht so eng, es gibt mehr Wahlfreiheit und Bereitschaft, sich auf jemand anderen einzulassen.[12] Der Journalist Sebastian Herrmann trug in der *Süddeutschen Zeitung* dazu folgende Materialien vor allem einer Bostoner Forschergruppe zusammen, die ich hier aufgreifen möchte:

Demnach scheint bei Frauen die emotionale Bindung fokussierter und größer. Sprich: Wenn die eine beste Freundin nicht kann, sind sofort alle Optionen flöten. Und entsprechend kränkt das oder verletzt mehr. Männer dagegen sind eher in der Lage, so etwas sportlich zu nehmen, suchen sich Alternativen und erweitern einfach ihr Bezugssystem. Vieles spricht dafür, dass an dieser These etwas dran ist.

Wie sieht unter dieser Prämisse dann der Streit innerhalb der Geschlechter typischerweise aus? Offenbar konkurrieren beide auf unterschiedliche Weise miteinander. Männer ziehen offene, verbale Aggression und physische Gewalt vor, Frauen schädigen den Ruf ihrer Gegnerin, manipulieren oder versuchen, andere aus der sozialen Gruppe auszuschließen. Hört sich ein bisschen nach Steinzeit an, ist aber aus diesem Jahrzehnt.

Wo jedoch liegt der Grund dafür, dass Frauen ab und zu hinter dem Rücken selbst der besten Freundin über diese lästern oder schlecht von ihr reden? Dass sie wenig loyal untereinander sind und an einer anderen eher etwas zu kritisieren finden, als sie zu bewundern? Die Frauenzeitschrift *Petra* ließ das 2013 in einer Umfrage durch das Hamburger Institut Gewis erforschen: »Warum sind wir Frauen nur so kritisch mit anderen Frauen? Die Antwort lautet: weil sie es mit sich selbst sind. Die Ideale, an denen wir uns messen, legen wir auch bei der Sitznachbarin in der Straßenbahn an. Genauso wie wir uns selbst begutachten, beäugen wir auch die andere und klopfen ihr Erscheinungsbild gnadenlos auf Makel und Vorzüge ab.«[13] Da sind sie wieder, die vertrauten Motive: Schönheit. Hohe Ideale. »Ich bin mein Körper« – der Wettbewerb um den Prinzen. Der hat natürlich einen zentralen, schon erwähnten evolutionären Grund: das Versorgtwerden. Sonst geht ja kein Kind!

Versorgt zu werden, hat sich eben bewährt

Darum all dieser Wettbewerb untereinander. Darum Missgunst, Neid und Nicht-gönnen-Können gegenüber anderen Frauen: Wir wollen einen finden, der uns versorgt, und haben wir ihn gefunden, müssen wir ab sofort nicht mehr für uns selbst sorgen. Wir dürfen, ja müssen sogar Kinder bekommen – und können insgesamt endlich die Unbilden des äußeren Lebens vergessen, alle Abenteuer, Anstrengungen und Mühen. Jetzt verlassen wir uns ganz auf unseren brav gelernten Fleiß, machen ein Heim gemütlich, ziehen Kinder groß und geben die kluge Frau, die hinter ihrem erfolgreichen Mann steht. Dieser Mann, das uns versorgende Wesen, hat sich seine Prinzessin erobert und ist damit ab sofort in der Pflicht.

Noch sehr genau erinnere ich mich an die Not meiner Mutter, als ich einen Ruf als Professorin erhielt. Dass ich eine erfolgreiche Frau war, interessierte sie nicht. Die Not hieß: Ich würde so nun wirklich keinen Mann mehr abbekommen. Denn wer bitte nimmt eine Professorin? Das müsste dann schon ein amerikanischer Präsident oder ein Nobelpreisträger sein – und die sind wahrlich nicht so häufig.

Ich war damals vierunddreißig, meine Mutter siebenundfünfzig – so alt bin ich heute. Es ist also noch gar nicht lange her, dass das Konzept des »Nach-oben-Heiratens« fester Bestandteil des weiblichen Lebensmodells war. Der Mann versorgt evolutionär, bis heute. Und im alten Konzept der männlichen Vorherrschaft definiert er auch die Rolle seiner Frau. Besser gesagt: Sie definiert sich über ihn.

Lassen Sie mich durch, mein Mann ist Arzt[14]

Als mein Vater starb, wurde ich als Älteste der neue Haushaltsvorstand. Das war mir überhaupt nicht klar. Ich dachte, die Position würde an meine Mutter weitergehen und ich käme erst nach ihr. Weit gefehlt. Ich war diejenige, die im äußeren, im gesellschaftlichen Leben Status und Ansehen erworben hatte. Ich folgte in der Familienhierarchie.

Mein Vater starb, und fortan benutzte meine Mutter nicht mehr meinen Vornamen, wenn sie von mir sprach: »Morgen kommt Frau Professor Doktor«, so erzählte mir die Bäckersfrau von gegenüber durchaus gelassen von dieser merkwürdigen Wandlung. Ich wurde gleichsam befreit von meinem Tochterdasein. Stattdessen wurde mein gesellschaftlicher Status wichtiger als die Tochter, die ich war.

Verblüffend. Leider habe ich das überhaupt nicht begriffen, sondern war ratlos, sogar unangenehm berührt und bin darüber hinweggegangen. Dabei sind die Zeiten noch nicht allzu lange her, dass die Ehefrau des Professors mit »Frau Professor« angesprochen wurde. Bis zum Tod ihres Mannes war meine Mutter die Frau von … Jetzt erhielt sie ihre gesellschaftliche Stellung durch meine gesellschaftliche Position. Das ist für uns als jüngere Generation anders, könnte man meinen.

Ist es aber scheinbar nicht: Denn schauen wir uns die Frauen erfolgreicher Männer an, dann nutzen sie durchaus den Bekanntheitsgrad ihrer Ehemänner, um sich selbst mit ihrer Vorstellung von Leben und Arbeit zu verwirklichen und dafür die nötige Berühmtheit zu erreichen. Kluge Frauen! Machen wir uns nichts vor: Prominenz ist die Währung, mit der gute Geschäfte aufzubauen sind. Dagegen wirkt akademischer Rang wie »überholter Adel«.

So lesen wir heute von Joschka Fischer fast eher im Zusammenhang mit seiner Frau Minu Barati, beispielsweise in der *Welt* als »angehende Filmproduzentin« tituliert.[15] Oder von Gerhard Schröder gern im Zusammenhang mit seiner Ex-Frau Doris Schröder-Köpf, die in den Niedersächsischen Landtag ging und einen eigenen politischen Kopf zeigte. Sicher ist, dass beiden Frauen ihre Medienpräsenz nützt. Der angehenden Produzentin dient die Aufmerksamkeit für ihr kommendes Produkt als Werbung, der Landtagsabgeordneten vor der Wahl half der Ex-Ehemann zweifelsohne.

»Die Frau von« gilt also immer noch als wesentliche Zuschreibung. Vielleicht gehört Hilary Clinton zu denen, die raus sind aus dem Gatten-Schatten, und sicher wird von Christine Lagarde, Französin und Chefin des Internationalen Währungsfonds, vor allem im Zusammenhang mit Währungsfragen berichtet. Die deutsche Kanzlerin ist auch ganz selten die Frau von Herrn Professor Sauer, versteht sich. Diese Frauen haben sich aus dem alten Rollenbild »die Frau an seiner Seite« herausgearbeitet und machen uns jetzt vor, wie es gehen könnte.

Doch es sind nicht nur die hochgeachteten, sondern ebenfalls die »normalen« Frauen, die den Ehemann oder den »Ex« für die eigene Entwicklung nutzen. Wer wäre Verona Pooth, ehemals Feldbusch, ohne ihre Skandale, die die Beziehung mit Dieter Bohlen mit sich brachte? Was wüssten wir von Victoria Beckham und anderen Spielerfrauen, wären sie nicht eben genau das? Wer einmal aus der Masse der Namenlosen und Unbekannten, sprich: dem Volk, herausgeschaut hat, dem fällt Sichtbarkeit, Bekanntheit, Berichterstattung auch in Zukunft leichter.

Ist es also nicht bloß zeitgemäß, sondern in Zeiten von großer Medienöffentlichkeit geradezu eine akzeptierte Strategie, der eigenen Karriere einen Schub zu geben und die Versorgung mit und ohne Ehemann zu sichern, indem man sich einen öffentlich bekannten Prinzen, na besser noch: einen König schnappt? Es sieht so aus. Denn nach wie vor heißt es in erster Linie: die gut aussehende Frau an seiner Seite.

Und was, wenn Frau älter wird? Was, wenn die Prinzessin altert?

Alter schützt vor Torheit wenig

Letztens besuchte ich ein Konzert in der Berliner Philharmonie und traf auf einen Kollegen mit seiner Begleitung. Der Kollege, etwa Ende siebzig, Anfang achtzig, klein, tattrig, freundlich, schaute fröhlich zu mir hoch und erwiderte mein Lachen. Das führte in Sekundenschnelle zu einer veränderten Positionierung seiner – wie sich herausstellte – aktuell dritten Ehefrau. Diese Dame, etwa in meinem Alter, also Mitte fünfzig, schob sich zur Hälfte knapp vor ihren Mann, reckte mir ihr Kinn streitbar entgegen und zischte mich an. Statt eines freundlichen Grußes wurde mir die Information zuteil, dass man an anderer Stelle erwartet werde.

Aha. Ich bin eine ziemlich normale Frau und offenbar doch: Wettbewerb. Was sonst veranlasst eine mir unbekannte Person, sich in der Situation eines zwanglosen Kennenlernens so zu benehmen? Erlauben Sie mir eine mögliche, wenn auch recht schlichte Schlussfolgerung:»Er« hatte seine Frauen bislang zweimal ausgetauscht, möglicherweise aus den bereits aufgeführten Gründen: weil der bisherige Jungbrunnen alt geworden war, weil die erotische Stimulanz des Gegenübers die eigene Schwächung durch Alter und Gewöhnung nicht mehr aufheben konnte, weil die Vitalität der Frau nicht mehr abfärbte auf den Ehemann – um nur die erstbesten drei zu nennen.

Da wird jede einzelne Frau zur Bedrohung. Weil Frauen, die nach wie vor ein schlechteres Einkommen haben als Männer, weiterhin die Altersversorgung im Blick behalten bei der Partnerwahl. Weil – gerade im höheren Alter und mit Verlust der eigenen Wirkungskraft sowie der Freude am gemeinsamen Leben – der Blick der Gattinnen starr auf Rente, Lebensversicherung und Erbe gerichtet ist. Ja, aus dieser Sammlung wird etwas passen.

Ich bin eine Frau. Ich hatte solche Gedanken jedenfalls schon – wenngleich noch keinen Ehemann.

Gegen die eigene Unsichtbarkeit

Um andere Frauen fernzuhalten vom Objekt der Versorgung, lohnt es sich ganz sicher, andere Frauen zu diskreditieren, über sie zu tratschen und sie zu verleumden, wenn es strategisch sinnvoll scheint. Wir sind es ja gewohnt und verfahren gern ebenso. Da zahlt es sich aus, sich als Frau über Frauen insgesamt lustig zu machen und ihre Schwächen, etwa im Alter, in ganz, ganz lustigen Filmen zur Schau zu stellen, wofür etwa Regisseurin Doris Dörrie so gefeiert wird.

Kein Wunder, dass niemand widerspricht, wenn die Werbung ein total ramponiertes Frauenbild zeigt, gerade von Frauen mittleren und höheren Alters. Natürlich, auch Männer haben Lackschäden und brauchen Mittel gegen nächtlichen Harndrang. Aber wir? Wir stehen eher vorm Totalschaden: Der Magen tut es nicht, der Darm ebenso wenig, wir sind vergesslich, haben viele Arten von Kopfschmerzen, sind schrecklicherweise in den

Wechseljahren und schwach oder haben, oje, noch unsere Periode, oops – schnell Tampon oder Binde und am besten für alle Tage was ins Höschen.

Gibt es irgendwo ein gutes Bild von Frauen? Gehen Sie einmal in Gedanken die Werbung durch: Wir können nur als Mütter verantwortlich handeln, indem wir Produkte von Oetker, Maggi und Kinderschokolade in die Kühlschränke einfahren und uns ansonsten vom Stress erholen, selbstverständlich gut gelaunt. Als berufstätige Frau mittleren Alters kommen wir mit massiven körperlichen Fehlern vor, bestenfalls mit Schlafstörungen, schlimmstenfalls depressiv und inkontinent.

Solange es immer noch Menschen gibt, die uns erzählen, welche Frisur eine Frau mit über fünfzig nicht mehr tragen kann – ich weiß aus eigener Erfahrung, dass lange Haare gar nicht gehen –, gibt es vermutlich die Pflicht zur Helmfrisur. Früher hatten verheiratete Frauen solche Frisuren; das nimmt sich ja wunderbar aus im Wettbewerb mit anderen und zeigt, dass wir unter der Haube gelandet sind. Haben wir denn immer noch nicht begriffen, dass Frisuren nicht bloß »Werbematerial« sind, sondern uns selbst auch Freude bereiten?

Wenn nicht, dann ist es vielleicht an der Zeit, Oma zu werden, sich die Haare kurz zu locken und sich ansonsten ins Tapetenmuster aufzulösen. Altwerden ist für viele keine gute Idee.

Equal Pay oder Altersarmut

Das ist ein Signal, keine Frage: Eine Untersuchung des Deutschen Instituts für Wirtschaftsforschung (DIW), die im Frühjahr 2014 publiziert wurde, machte klar, wie groß die Unterschiede zwischen den Geschlechtern in traditionellen Ehen sind.[16] In 52 Prozent der Ehen (heterosexuelle Paare, die zusammenleben) verfügt der Mann über mehr Geld als seine Frau, durchschnittlich 92 000 Euro p.a. In nur 19 Prozent der Fälle gab es einen Gleichstand, und in 29 Prozent der Ehen verdiente die Frau mehr – hier lag das durchschnittliche »Mehr« bei 48 000 Euro p.a. Aber über die Signalwirkung hinaus hat das finanzielle Ungleichgewicht Konsequenzen in der Altersversorgung, die heute offenbar viele weiterhin nicht auf dem Radar haben. Denn die Differenzen im Einkommen müssen über individuelle Lösungen bei der Vorsorge für eine angemessene Rente ausgeglichen werden. Sonst droht Altersarmut. Für viele nicht vorstellbar?

Ein Frauennetzwerk macht sich stark für ein anderes Thema: Das BPW[17] hat in den letzten Jahren wiederholt zur Demonstration im März aufgerufen. Da Männer dem Statistischen Bundesamt zufolge 22 Prozent mehr verdienen als Frauen[18], könnten sie theoretisch entsprechend neunundsiebzig Tage pro Jahr nach den Frauen das Arbeiten beginnen, um insgesamt das gleiche Gehalt zu bekommen wie wir. Rechtzeitig zu Frühlingsbeginn also müssten die Männer aus dem Winterschlaf erwachen und ihre Geschäfte aufnehmen; Frauen hätten dann allerdings bereits ab dem 1. Januar fürs gleiche Geld gearbeitet.

Leider suggeriert das Konzept des *Equal Pay Day* eher unterschiedlichen Lohn bei gleicher Arbeit. Es werden alle Gehälter betrachtet, und solange Frauen nicht in den Toppositionen der Wirtschaft sitzen, gibt es diese Einkommensdifferenz. Aber ist sie, außer zur Polarisierung, für etwas gut?

Vielleicht ja. Macht uns der *Equal Pay Day* doch darauf aufmerksam, dass noch lange nicht alles stimmt. Dass Frauen mit Kindern das größte Armutsrisiko eingehen, das in unserer Gesellschaft existiert. Dass die meisten Frauen, in Ost wie West, von Altersarmut betroffen sein werden. Dass die Schere zwischen Männern und Frauen in der Zukunft weit geöffnet sein wird – da aber brennend, massiv und schmerzhaft.

Zwischenfazit:
Was die Prinzessinnen-Rolle uns lehrt

Ich wünschte, ich könnte jetzt eine Geschichte erzählen von einem gelungenen Projekt, in dem Frauen heute ohne Prinzessinnen-Rolle auskommen und man von guten Ergebnissen hört. Das kann ich jedoch leider nicht, schon gar nicht in Zeiten, in denen Prinzessin Lillifee deutsche Mädchenkinderzimmer fest im Griff hat.

Deshalb beginne ich mit dem Rollenkonzept. Klar ist, Rollen helfen uns auf unserem Weg, besonders dann, wenn wir jung sind. Sie geben uns Orientierung und liefern uns Leitplanken im Dickicht gesellschaftlicher Praxis. Die Prinzessin ist eine der Standardrollen patriarchaler Erziehung und weiblichen Selbstverständnisses im Patriarchat. Zur Prinzessin gehört unweigerlich ein Prinz. Ob er nun bloß gedacht wird, wir also »auf ihn zuleben« oder wir tatsächlich einen finden und heiraten, ist dabei unerheblich.

Eine Frau führt gemäß dieser Rolle vor der Ehe ein singuläres Leben mit wenigen engen Freundinnen. Das Dreigestirn, »überzeugende Leistung in Haushaltsfragen«, »gutes Aussehen« gepaart mit »erotischer Stimulanz«, ist der Schlüssel, um vom Prinzen auserwählt zu werden. Ziel der ganzen Suche: Sicherung des Unterhalts für die kommenden Kinder.

Die Haushaltskompetenz wird genau dann erforderlich, wenn das Schloss kein Schloss, sondern ein übliches Zuhause ist. Für die meisten von uns also: immer. So kann uns der Prinz an dem erkennen, was wir jetzt und hier anzubieten haben. Und dann wird – rollenkonform – geheiratet.

Der gesellschaftliche Auftrag für Frauen nach der Eheschließung lautet: Bitte weiter so! Haushaltskompetenz zeigen! Fleißig sein! Dazu kommt: Bitte schön bleiben! Schließlich braucht der

Mann einerseits für sich die erotische Stimulanz, die ihn erfreuende hübsche Hausfrau daheim, andererseits müssen natürlich auch das Dekor, die Frische und die gute Wahl der attraktiven Gattin im gesellschaftlichen Leben gezeigt werden.

In diesen Aufträgen wiederum finden Frauen Machtmechanismen für sich vor: Erotische Stimulanz etwa ist machtvoll. Ist es also ein Wunder, dass Frauen viel Arbeit, Ärger und auch Schmerz auf sich nehmen, um erotisch mitspielen zu können in einer durch und durch sexualisierten Gesellschaft? Oder anders gefragt: Dürfen Frauen, die in der Prinzessinnen-Rolle ihre Realität vorfinden, eigentlich altern, reifen, Falten bekommen? Es sieht nicht wirklich danach aus.

Die eigene erotische Ausstrahlung steht zurück hinter einem noch größeren Machtmittel: Das sind die Kinder, die die Familie vervollständigen. Die Mutter hat, während sie klein sind, Deutungshoheit über ihre Gestik, ihre Mimik, ihr Glück und ihr Leid. Der Mann kann, wenn er darf, sich dran erfreuen. Kinder stärken die Prinzessin zunächst enorm; doch werden sie bekanntlich schnell groß. Hier enden die außerordentlichen Machtmöglichkeiten der Prinzessin.

Je weniger Gemeinsamkeiten Prinzessin und Prinz als Paar finden, umso zwangsläufiger erleben wir die Frau zurückgeworfen auf die Pflege des Haushalts, auf das Aufrechterhalten der Familiengesundheit sowie auf die modische Ausstattung von Mann und Kindern. Dabei kann und oft genug wird sie auch ihre Selbstverwirklichung finden: als Topperformerin der Hausfrauen etwa.

Fleiß, so könnten wir meinen, hilft eben doch! Hier entwickeln sich bei mir gemischte Gefühle. Durch übermäßiges und erfolgreiches Tun stellt die Prinzessin für sich selbst vor allem eines sicher: dass sie die real existierende Ungleichheit zwischen Mann und Frau gar nicht so recht spüren muss. Fleiß ist eben kein Talent, sondern aus gutem Grund »nur« eine Tugend.

Was wird nun aus der Prinzessin, wenn sie einen Beruf ergreift? Das Auserwähltwerden ist für Frauen zu Beginn einer beruflichen Karriere oftmals leichter als der umgekehrte Weg, nämlich der, selbst zu wählen. Männer sind hier mit der Frage konfrontiert: Zu welchem Unternehmen passe ich wohl? Frauen beantworten diese Frage sehr vage. Und einmal geübt als Prinzessin, adrett und hübsch beim Vorstellungsgespräch, lässt sie sich auswählen. Und der potenzielle Chef? Wird sicher lieber eine attraktive gute, als eine gute, aber weniger hübsche Mitarbeiterin engagieren.

Selbstverständlich sind die genannten weiblichen Machtzirkel von Gesundheit, Haushalt und Mode genau die Bereiche, in denen Frauen traditionell Kompetenz zugeschrieben bekamen, also auch in der bisherigen Rollenausübung. Sie haben hier nicht bloß einen gewissen Fleiß entwickelt, sondern bleiben selbst heute noch beruflich in diesen Feldern bevorzugt stecken: Im Gesundheitssektor dominieren Krankenschwestern, Altenpflegerinnen, Erzieherinnen.

Das passt zu einem erweiterten Haushaltsbegriff in den Unternehmen. Betrachte ich dieses als »mein Reich«, dann kann die Betriebswirtin hier ebenso brillieren wie die Reinigungskraft – gekonnt ist gekonnt. Auch Mode ist für etliche Männer immer noch ein Buch mit vielen Siegeln; hier sind Frauen nach wie vor in der Beratung erwünscht, sogar beim Kleidererwerb.

Entsprechend das Fazit der Hochschulen: kaum Forscherinnen, wenig Professorinnen, wenig Frauen in den MINT-Fächern Mathematik, Informatik, Naturwissenschaften und Technik. Die patriarchalen Wurzeln sind noch lange nicht gekappt – und wenn wir sie gar nicht erst erkennen, dann werden wir sie selbst in den nächsten Jahren nicht ausgerissen bekommen.

Auf welchem Parkett auch immer, Frauen werden mit den gleichen Tugenden im Beruf erfolgreich wie schon ihre Mütter und deren Mütter daheim: mit Gründlichkeit, mit Fleiß und mit der Fähigkeit, den eigenen Anspruch an die inhaltlich doch eher unterfordernde Arbeit hochzuschrauben. So wird selbst aus einer sinnlosen, sich ständig wiederholenden Plackerei wie Spülen, Staubputzen oder Bügeln ein veritables Tun, für das eine Frau sich selbst loben kann oder für das von anderen Lob einzufordern ist.

So haben wir es vorgemacht bekommen.

Und genau das ist in meinen Augen die Basis für die Rolle der Superbiene. Denn mit dieser Rolle stellt sich die Prinzessin für den beruflichen Alltag auf.

2

Die Superbiene – als Frauen auf die Arbeit kamen

Handelt es sich eher um Bienen oder um Ameisen? Das fragte ich mich immer, wenn ich mich an all die fleißigen Frauen erinnere, die ich im Laufe meines Berufslebens kennengelernt habe. Diese Frauen hatten eine Ausbildung in einer Bank oder in einer Behörde gemacht, weil es sich um eine sichere Arbeit handelte. Sie hatten Jura studiert oder Betriebswirtschaftslehre, ohne hier ein besonderes Talent von sich zu sehen oder gar eine außergewöhnliche Leidenschaft fürs Thema entwickelt zu haben. Einige ganz besonders Clevere unter ihnen hatten sich für BWL entschieden, weil dort »gute Partien« gemacht werden konnten – wie sie offen zu gaben.

Ich entschied mich für die Biene. Zum einen, weil andere von ihrer Arbeit wirklich profitieren, zum anderen, weil der Aufbruch der Frauen in die Wirtschaft gerade zu einer Zeit stattfand, als der Spruch »flotte Bienen«, kombiniert mit Anerkennung und einem frechen Pfeifen, unter die Sorte Komplimente fiel, die heute verpönt und politisch nicht mehr korrekt sind. Die Prinzessin der Sechzigerjahre schwang sich nach der Arbeit als eine solche flotte Biene hinten auf Mopeds, zeitgemäß aufgebrezelt und garantiert frech in Szene gesetzt. Die flotte Biene war die, die nach einem moderneren Prinzen suchte.

Die Superbiene ist nicht länger flott. Sie trägt Hosenanzug und Bluse, je höher in der Hierarchie, desto teurer. Und sie arbeitet – damals wie heute hart und unerbittlich, und oft genug so, als ginge es um ihr Leben. Dass Arbeit lässiges Spiel sein könnte oder ein guter Spaß? Nicht mit uns Frauen, die wir genau wissen, was zu tun ist, die Arbeit für eine ernst zu nehmende Sache halten und die, trifft man sie morgens auf dem Weg ins Unternehmen im Auto an, einen Gesichtsausdruck haben, als zögen sie in den Krieg.

Die Superbiene hat keine privaten Verpflichtungen oder wenn, dann kommen diese in der Relevanz »nach« der Arbeit. Arbeit und das Wohl der Firma stehen ganz oben. Nach dieser obersten Priorität folgen Hobbys, Liebhabereien, Freundinnen – selbst die Familie der Superbiene weiß Bescheid und stellt sich nicht zwischen sie und die Arbeit, die sonst niemand so ausgezeichnet zu bewerkstelligen weiß.

Tugend statt Talent

»Ich muss heute Abend noch die Excel-Tabellen mit Inhalten füllen, die wir in den letzten Tagen neu entwickelt haben.« Die Controllerin des Weltunternehmens klingt bedrückt. Sie hat am frühen Abend, um 18 Uhr, ein Gespräch mit mir und kann anschließend noch lange nicht nach Hause: »Meine Assistentin baut gerade Überstunden ab, da muss ich das eben selber machen. Und vermutlich« – sie seufzt – »kostet es mich vier oder fünf Stunden.«

Hier spricht eine wirklich engagierte Mitarbeiterin, die zugleich eine Superbiene ist. Superbienen sind fleißig. Das ist in unserem Lande immer noch etwas wert. Fleiß wird gelobt, gleichgültig, auf was sich dieser Fleiß richtet. Wenn von einem fleißigen Schüler gesprochen wird, nicken die meisten lächelnd und stimmen einem solchen Menschen frohen Herzens zu. Überall wo fleißig gearbeitet wird, findet sich diese freundliche, wohlwollende Zustimmung.

Wie kann das sein in Zeiten, in denen Effizienz doch eigentlich längst Effektivität geschlagen hat? Effizienz steht für »die Dinge richtig tun« und wird in unserer Wirtschaft (theoretisch jedenfalls) hochgeschätzt. Die Dinge richtig tun meint, zu reflektieren, abzuwägen, Fantasie zu entwickeln, aber auch: sich von den Aufgaben nicht einvernehmen zu lassen, sie auf eine kreative, angemessene und natürlich erfolgreiche Weise zu erledigen. Das wird, höre ich immer wieder, unbedingt als überlegen angesehen zur Effektivität, zum »die richtigen Dinge tun«. Die richtigen Dinge tun, das heißt: Jemand hat ein grundlegend richtiges Verständnis seiner Aufgabe und führt diese so aus.

Wer abends noch bis 22 Uhr im Büro sitzt, um seine Excel-Tabellen zu füllen, ist zwar effektiv, aber oft genug nicht sonderlich effizient. Dennoch wird der Faktor »langes Arbeiten« von vielen Vorgesetzten weiterhin positiv bewertet. Wer dagegen kluge Ideen hat und seine Aufgaben inspiriert und clever erledigt, vielleicht schon vor der Zeit fertig ist und also früh nach Hause gehen kann, dem wird immer noch Faulheit, Drückebergerei oder fehlende Ernsthaftigkeit unterstellt. Woher kommt das?

Womöglich hängen wir nach wir vor stark an den sogenannten bürgerlichen Tugenden Ordentlichkeit, Sparsamkeit, Fleiß, Reinlichkeit und Pünktlichkeit. Diese Tugenden hat uns die Aufklärung gebracht und damit das erwachende Bürgertum gegen den Adel gestärkt. Sie machten umgehend Furore als preußische Tugenden bei der Sanierung des bankrotten preußischen Staats unter König Friedrich Wilhelm I., der sich erster Diener seines Staates nannte und sich so in diesen Tugendkanon einordnete.

Unter Tugenden verstehen wir seit der Antike ein Handeln, das allgemein als wertvoll erachtet wird. Natürlich haben sich auch die Religionen damit befasst; in unserer Kultur gelten als weltliche Tugenden Weisheit (oder Klugheit), Gerechtigkeit, Tapferkeit und Mäßigung, die um die christlichen Tugenden Glaube, Liebe und Hoffnung ergänzt wurden und zusammen die Kardinaltugenden ausmachen. So lassen sich die sieben Todsünden bezwingen.

Wertvolles Handeln also. Was aber ist wertvoll? Stand einst im bettelarmen Preußen das absolut pedantische, sorgfältige und auf den Pfennig achtende sich Abarbeiten im Vordergrund, um die Finanzen zu sanieren und also das Heil des Staates zu sichern, ging es um ein aufstrebendes Bürgertum, das sich vom Feudalsystem wirtschaftlich und auch kulturell emanzipierte, so ist heute ganz anderes erforderlich: In Zeiten von Fachkräftemangel, von fehlender Innovation und großem Druck auf dem Arbeitsmarkt steht die Ausschöpfung des Potenzials eines jeden Einzelnen im Fokus der Wirtschaft. Der Blick hat sich gewandelt, die Werte haben sich verändert.

Schon im Nachkriegsdeutschland wurde durchaus Abstand genommen von den preußischen Tugenden, die unter den Nationalsozialisten hoch im Kurs standen. Die aktuelle Entwicklung erfordert aber eigentlich noch mehr, einen weiteren Schritt: Denn Mitarbeiter stellen schon lange nicht mehr ihre Arbeitskraft in den Dienst eines Unternehmens, im Gegenteil. Talent und Potenzial zählen mehr als diese pure Arbeitskraft. Relevant ist, was der Einzelne an spezifischen, einzigartigen unternehmerischen Leistungen einbringen kann, es ist der unternehmerische Geist gefragt und kaum noch die Erledigung, die Abarbeitung von Aufgaben. Dafür setzen wir schließlich EDV, Technik und Maschinen ein.

So gut wie alle klar definierten Tätigkeiten können als elektronische Prozesse realisiert werden. Warum bloß nicht im Haushalt?

Fleiß macht Hausarbeit erträglich

Als ich zum ersten Mal mein eigenes Zimmer putzen sollte, war der Akt des Putzens eine ungeheure Überraschung für mich. Ich war erstaunt, was ich alles (wieder-) fand, was sich mir zunächst beim Aufräumen, dann beim Staubputzen, Saugen und Wischen zeigte. Ich las Lexikonartikel zu Ende, die mir aus den Augen gekommen waren, vervollständigte das begonnene Gedicht vom Wochenende oder freute mich über den verloren geglaubten Tagebuchschlüssel.

Die ersten Male schaffte ich die Prozedur nicht an einem Nachmittag; später entwickelte ich meine eigene Technik. In allen Fällen hatte ich danach das gute Gefühl einer grundsätzlichen Reinigung und Klärung, und das körperlich wie seelisch. Je weniger ich mich mit den Fundstücken befasste, umso zügiger lief der Prozess ab – ich wurde eine ebenso effektive wie effiziente Meisterin meines Zimmers.

Zur gleichen Zeit eröffneten sich weitere Handlungsfelder im Haushalt: Samstags etwa hatte ich allwöchentlich ein vierstündiges Bügelpensum zu absolvieren. Schließlich machte meine Schwester eine Lehre als Arzthelferin und produzierte etliche weiße Kittel, mein Vater war Anstreicher und trug weiße Maleranzüge, am Wochenende dann weiße Hemden, und überhaupt wurde bei uns so gut wie alles gebügelt – von der Unterwäsche bis zum Taschentuch. Da ich »nur« zur Schule musste und offene Energiereserven unterstellt wurden, ging hier die Unterstützung der gesamten Familie auf meine Kappe.

Meine Mutter deklarierte diese Bügelarbeiten zum Liebesdienst um. Sie selbst nutzte die ruhigen Zeiten am Bügelbrett, um Pläne für das Wochenende zu machen. Als sie mir diese Arbeit überließ, schlug sie mir Ähnliches vor. Ich bügelte mich also tapfer durch durchschnittlich zwei Wäschekörbe und versuchte, mir Pläne auszudenken. Es gelang mir nicht. Ich hasste das Bügeln. Ich perfektionierte stattdessen meinen Stil, wurde zur Meisterin des faltenfreien weißen Sonntagshemds und wusste bald, welche Taschentücher meines Vaters sich schlecht bügeln ließen und also nach ganz unten in die Kommode kamen.

Damals lernte ich, dass manche Dinge offenbar von mir zu erledigen waren. Trotz massiven Widerstands gegen sinnlose Wiederholungstätigkeiten gab ich in Sachen Bügeln schließlich klein bei. Irgendjemand musste es ja machen. So wurde ich befähigt, eine Superbiene zu werden: fleißig, ordentlich, gewissenhaft. Brav.

Heute ist mir klar, dass der Weg vom Staubputzen zu Hause bis zum Aktenordnen im Unternehmen bestenfalls gedanklich weit war. Und ich weiß auch, aus ureigener Erfahrung, dass jemand, der sich Waschen und Bügeln schönreden, gleichsam zum Liebesdienst umdeklarieren konnte, ebenfalls in der Lage war, noch ganz andere Sachen umzudeuten: Akten sortieren, anderer Leute Briefe schreiben, produktive Arbeit kontrollieren, um nur einige Beispiele zu nennen.

Zu Anfang meiner Karriere gehörte ich definitiv zu den Superbienen-Frauen, denen es egal ist, wie zermürbend, kleinteilig oder aufwendig ihre Aufgabe sein kann. Ich war kompetent, ich war dafür ausgewählt worden, ich war willens, es hinzubekommen – und also machte ich es. Mein Chef, so dachte ich damals, vertraut mir. Und ich erwies mich dieses Vertrauens selbstverständlich würdig.

Frauen kümmern sich um Inhalte,
um welche auch immer

Es herrschte ein Pionierklima, Aufbruchstimmung, es gab keine sichtbaren Regeln, als mein Arbeitsleben 1984 begann und ich in Düsseldorf in einem Computerbuchverlag landete. Es dämmerte die digitale Welt herauf: Der Heimcomputer, der C64, hielt Einzug, und entsprechend dominierten im Markt Goldgräbermentalität und Euphorie.

Schnell stieg ich in meiner Firma auf. Die Inhalte der Computerbücher lagen mir fern – ich war nicht süchtig nach weiteren Informationen über Computer, nach dem neuen Hausfreund. Das digitale Fieber befiel mich nicht, ich war frei, aber ich war nicht mit dem Herzen bei den Inhalten. So blieb mir statt der angestrebten Lektoratsarbeit die (viel umfangreichere) technische Leitung. Dazu gehörte die Führung von immer mehr Menschen, die Sorge für Technik, für Strukturen, für Prozesse, für Projekte. Mit achtundzwanzig führte ich mehr als 120 Mitarbeiter und arbeitete (gefühlt) immer.

Wichtig war mir, dass meine Leute mich gut fanden. Und dass mein Chef mich besonders schätzte. Hier hatte sich definitiv ein Stück Prinzessin eingeschlichen: Ohne einen überlegenen Vorgesetzten hätte ich zu all dem Aufwand wohl keinen Zugang gefunden, hätte mich auf diese Fährte nicht setzen lassen und wäre entsprechend auch nicht so erfolgreich geworden. Ich fand ihn nicht immer besser als mich, aber oft genug hinreichend unverständlich, um ihm gewogen zu bleiben.

Und so vergaß ich ihn, meinen persönlichen Traum: den Traum vom Lektorieren, vom Schleifen und Polieren an wunderbaren Büchern an Perlen der Literatur. Diesen Traum habe ich damals vergessen auf eine schleichende, stille, unaufdringliche Art und Weise. Statt mich der Schönheit von Sätzen, Bildern oder Gedanken zu widmen, baute ich die zu Hause erlernte Sekundärtugend exzellent weiter aus: Fleiß.

Statt meinem Talent und meinen Träumen zu folgen, wurde ich sichtbar im Unternehmen, und das mit Bienenfleiß. Ich hatte systematisch und strukturiert den technischen Bereich für mich aufgeschlüsselt, ihn mir gleichsam einverleibt – bis ich ihn dominierte. Natürlich nicht aus Eigennutz, niemals! Das hätte ich empört und in erbitterter Selbstgerechtigkeit von mir gewiesen, sondern nur, weil es im Unternehmen nötig war. Und ich es eben getan hatte.

Ich war eine Firefighterin geworden, eine Art Feuerwehrfrau, die sich mit zusammengebissenen Zähnen in einem spaßarmen Alltag abkämpfte, immer bereit, jede Störung zu beheben, sich mit großen wie kleinen Unbilden anzulegen und keinerlei k.o. zu akzeptieren. Vermutlich hätte ich es selbst mit dem Stromerzeuger aufgenommen, hätte der dem Unternehmen Probleme bereitet und damit mir, seiner Jeanne d'Arc der technischen Zusammenhänge.

Troubleshooting und Firefighting

Fakt war, mich interessierten zwar die Bücher wenig, und ich schlief nachts selbst dann gut, wenn eines inhaltlich oder sprachlich schwach war, aber auch für die technischen Finessen der Buchproduktion konnte ich mich nur begrenzt erwärmen. Ich war neugierig und also von noch nie gehörten Zusammenhängen zu begeistern, ich war technikaffin und verstand zügig, wie Dinge funktionierten. Doch ich hatte keinen einzigen glücklichen Traum zu all diesen Themen, Herausforderungen, Innovationen.

Ich verrichtete meinen Job, hatte einen hohen, beinahe sehr hohen Status, ich verdiente definitiv richtig gutes Geld, vor allem für mein Alter, und ich arbeitete quantitativ derartig viel, dass keine Zeit blieb für schlechte Gedanken. Ich saß wohlbehalten, warm und sicher in einer mit Nerz gefütterten Mausefalle.

Auf jeden Fall war ich sichtbar geworden, und die nächsten Schritte im mittleren Management habe ich vor allem deshalb gemacht, weil Männer mich ließen. Der verlegerische Leiter fand mich umsichtig, einsatzbereit und zuverlässig, aber auch attraktiv und klug – das half gegen den Neid begabter junger Lektoren, die gern mehr Macht für sich beansprucht hätten, das half mir gegen üble Nachrede und die üblichen Spekulationen darüber, mit wem ich denn wohl ins Bett gegangen sei für diesen Aufstieg.

Gleichzeitig war ich so unerschütterlich der Sache verschrieben, dass die Vermutungen vage blieben und halbherzig. Wie so viele Superbienen, die ich mittlerweile kenne, war ich eingeschworene Dienerin der guten Sache, für die ich morgens so manches Mal in die Tischkante biss.

Brav war ich, eine echte Firefighterin und bereit, in schwierigen Situationen zu retten. Der Azubi war im Altstadtknast gelandet. Klar, ich konnte ihn auslösen. Die Druckerei brauchte nachts noch einmal die Seite 20? Selbstverständlich, schnell aus dem Bett in die Firma und einen Kurier engagiert. Die Azubine hatte sich in den Cheflektor verliebt und wollte sofort mit dessen Frau sprechen? Das ließ sich verhindern – mit der jungen Frau gab es sofort einen Termin und anschließend ging sie ab nach Hause.

Superbiene lernt im Haushalt

Ich war optimal ausgebildet für diese Tätigkeit, denn wenn ich etwas gut zu Hause gelernt hatte, war es genau das: brenzlige Situationen zu entschärfen, Schwierigkeiten aufzulösen und das natürlich alles, ohne viel Aufhebens darum zu machen. Im Gegenteil, das ging schon in meinem Elternhaus still und leise vor sich – und erst recht in den ersten Untcrnehmen, in denen ich diese Fähigkeiten entfalten sollte, konnte, musste.

Kein Wunder, ist mir heute klar. Denn ein typisches weibliches Leben bestand noch vor hundert Jahren darin, ebenso unsichtbar wie allzeit präsent im Alltag zu sein und möglichst alles im Griff zu haben. Im Bürgertum mussten die Bediensteten angehalten werden, die Aufgaben des Haushalts zu bewältigen – nach Art der Hausfrau und den Besonderheiten der Familienangehörigen. In der Arbeiterschicht wurden von den Frauen oft genug viele Kinder plus Nebenjobs plus Haushaltsführung erwartet. Beides führte dazu, dass sie ihren Blick ohne jeden Umstand auf die aktuelle Situation fokussierten.

Die Superbiene ist zum einen die verheiratete Prinzessin, die ihre gesamte Energie in den Haushalt steckt. Und zugleich ist sie die in die Arbeitswelt entschwundene Variante dieser Prinzessin, eine heute sehr weitverbreitete und dabei dennoch unauffällige Spezies. Sie steht für eine Art von Leistungsträgerin, die wir als Sekretärin ebenso kennen wie als Topfachfrau, als Leiterin der Firmenrepräsentanz ebenso wie als Spezialistin für Sonderfragen südamerikanischer Abschreibungskonzepte.

Superbienen sind auf jeden Fall eine unersetzliche Stütze des Unternehmens: Sie sind die Frauen, die viel zu lange arbeiten, davon kein allzu großes Aufheben machen, sie sind die, die keine Mühe scheuen, die auf jeden Fall ihre Arbeit gewissenhaft, ja perfekt erledigen, und das auch noch zum Wohl des großen Ganzen. Es sind die Frauen, die sich mit Fleiß, Ausdauer und Geduld einer wie auch immer gearteten Aufgabe verschrieben haben und diese in den Firmen oder Institutionen, in denen sie tätig sind, stark und mit Leidenschaft verfechten. Wo aber sind da die Männer?

Eine entlarvende Postkarte der Neunzigerjahre machte auf die Diskrepanz zwischen dem Arbeitseinsatz von Männern und Frauen aufmerksam. Ihr Text lautete so oder ganz ähnlich:

> # Biete Arbeit jeder Art!
> ## Stelle sofort ein:
>
> - 5 gute Männer
> - oder 1 Frau

Mehrfach habe ich die Postkarte verschickt. Anfangs, weil ich fand: Ja, genauso ist es! Wir Frauen erledigen die ganze Arbeit. Später weil ich auf dieses Missverhältnis hinweisen wollte. Hier stimmte doch etwas ganz und gar nicht. Aber was?

Frauenarbeit ist abgewertet

Machen wir uns nichts vor: Es gibt keine hippen, hochwertigen Rollen für Frauen in unserer Gesellschaft. Sie wollen reich und mächtig sein? Nur los, aber dann bitte in Männerrollen. Denn nach welcher weiblichen Berufsrolle, mit Verlaub, könnte sich ein kluger, bestens ausgebildeter Mann die Finger lecken? Nach der Altenpflegerin? Der Grundschullehrerin? Meist handelt es sich bei den typischen Frauenberufen ja um solche, die aus ehemals in den Familien realisierter (Frauen-) Arbeit entstanden sind.

Gerade diese sind weder gut bezahlt noch gut angesehen. Schließlich wurden sie generell ohne Entgelt und meist ohne besondere Ausbildung durchgeführt, nach und nach angereichert mit Erfahrungen aus dem Familienkreis. Und mit dem Nebeneffekt, dass sie wechselseitig möglich waren – ich pflege den Großvater, die Mutter den Enkel. Das hat zu Lernerfolgen ebenso geführt wie zu Demut, vermute ich.

Solche Effekte jedoch sind in einer an bezahlter Arbeit ausgerichteten Gesellschaft kein Thema, lohnen keine Aufmerksamkeit und haben keine Relevanz. Kein Wunder, dass ehemalige Familienaufgaben selbst im Zuge ihrer gesellschaftlichen Professionalisierung weder an Ruhm noch Ehre, geschweige denn an Gehalt gewinnen. Erst wenn der Job etabliert ist und die erforderlichen Strukturen stehen, beginnen sich auch Männer für solche Berufe zu interessieren. Entsprechend finden wir neuerdings den Erzieher, dessen Name sich schnell aus der Erzieherin entwickeln ließ, schon länger den Pfleger (die Krankenschwester konnte es nicht zum -bruder bringen).

Analysen haben aber auch gezeigt: Immer wenn Frauen eine Männerrolle übernommen haben, wurde diese automatisch entwertet und entmachtet. War der Sekretär früher der oberste Vertraute[19] und ein geachteter Spitzenfunktionär, erinnern daran nur noch einige hoch dotierte Spitzenjobs, wie etwa der Sekretär der Vereinten Nationen oder der Generalsekretär bei der CDU. Was für ein Image liefert dagegen die Sekretärin? Erst gab es unmäßig viele – jeder Mann mit Karriereambitionen wollte eine haben –, jetzt braucht sie kein Mensch mehr.

Ähnlich ging es dem Assistenten: erst die rechte Hand des Chefs, dann zumindest ein hochkarätiger Nachwuchsmanager. Und heute? Die Assistentin steht für höher qualifizierte Sekretärinnen mit erweitertem Aufgabengebiet, und damit wird auch diese Berufsgruppe wieder banalisiert, schlechter bezahlt und wenig geachtet. Die Liste lässt sich fortsetzen: Der Herrenschneider ist ein wahrer Magier und passt zur Crème de la Crème, die

Schneiderin dagegen kürzt oft genug Jeans und Röcke. Und zählen wir doch einmal die Sterneköchinnen! Es bleibt weltweit sehr übersichtlich mit diesen Topfrauen.

Die Fortsetzung der Familie mit anderen Mitteln

Frauen sind es gewohnt, Firefighting zu betreiben. Wenn ein Kind schreit, ist es schwierig, erst noch etwas anderes fertigzustellen – im Gegenteil. Das, was gerade brennt, ist das, was Priorität hat. Frauen befassen sich genau mit dem, was dran ist.

Heißt: Frauen haben es in Zeiten des Patriarchats gut gelernt, sich mit Aufgaben zu befassen, die ihre Intelligenz möglicherweise massiv unterfordern, ihre Talente verdorren lassen, ihre Ressourcen ad absurdum führen. Meine Mutter etwa, eine talentierte Schreiberin, eine begabte Sängerin, eine rasante Motorradfahrerin, lebte all das nicht, sondern wurde zur nahezu exzellenten Köchin – leider nicht ganz so exzellent wie ihre Mutter, die, zu ihrem Leidwesen, wiederum hinter der Marke ihrer Schwiegermutter zurückblieb. Jede der drei Frauen goutierte vor allem eines: Das bei ihrer Familie jeweils ausgelöste Gefühl von Frieden, Zuversicht, Behaglichkeit und Liebe, das mit den einfachen, aber wunderbar gewürzten, stets frischen Gerichten verbunden war.

Liebe geht durch den Magen, das war bei uns selbstverständlich gelebte Realität. Der Normalfall hieß im Sommer etwa: frühmorgens im Garten das »fällige« Gemüse ernten und ergänzend dazu Fleisch oder fehlende Kleinigkeiten einkaufen, dann kochen, schließlich die erzeugte Unordnung beseitigen – und die nächste Mahlzeit vorbereiten. Hört sich geruhsam an. Allerdings saßen in meiner Jugend, wie gesagt, mindestens zehn, oft genug fünfzehn Personen am Tisch – meine Großeltern hatten einen Schreinerbetrieb, die Lehrjungen aßen mit, aber auch Onkel, Tante, deren Kinder.

Und irgendwas war immer los. Die Kinder stritten wie die Kesselflicker, der Mann fiel von der Leiter und rief aus dem Krankenhaus an, das Bügeleisen gab den Geist auf, die eigene Mutter beschwerte sich über Durchfall und konnte nicht kochen, brauchte Hilfe, Fürsprache und eine Umarmung. Alles wird gut, das ist doch kein Beinbruch – ja, ich mach das schon! Das war in etwa das »Frauenehrenwort« meiner Kindheit.

So haben mich Mutter und Großmutter ausgebildet für eine große Familie, in der ständig etwas gerichtet und geradegerückt werden muss. Und zugleich haben sie mich angeleitet für ein Leben im Hier und Jetzt. Hört sich nach Om und Buddhismus an, sehr fortschrittlich, steht aber an dieser Stelle und in diesem Zusammenhang lediglich für: keine eigenen Ziele haben, keine weitreichenden Pläne machen, immer nur sehen, dass das Geld über den Monat langt und ansonsten alle satt und sauber sind. Ärmel hochkrempeln und ran! Reden schafft nichts weg.

So lauteten die Parolen, die mich auf eine Superbienen-Karriere bestens eingeordnet hatten. Und ich erwies mich als überragende Erbin, als souveräne Modernisiererin der alten Fertigkeiten: Ich nutzte all das zum Aufräumen, Sortieren, Strukturieren, Unterstützen, Helfen als Führungskraft. Mein Fleiß und meine wache Auffassungsgabe ließen mich selbst das lernen, was mich bis dahin so gar nicht interessiert hatte.

Schauen wir uns um, wo wir solche bienenfleißigen Frauen mit guten Noten noch erleben: Sahra Wagenknecht halte ich für eine fleißige, belesene Superbiene, die sich in den (überlegenen?) Oskar Lafontaine verliebt hat. Kristina Schröder, letzte Familienministerin, würde ich unbedingt hier sehen – meist sind es aber die Frauen, die in der zweiten Reihe bleiben. Staatssekretärinnen, wenn wir in die Ministerien schauen, und in den Konzernen die wunderbaren Frauen, die die Firmen am Laufen halten, auch wenn die Führungskräfte von einem Strategiewechsel zum nächsten jagen. Diese Frauen kommen nicht in den Medien vor, sind nicht bekannt, tauchen nicht irgendwo auf. Sie sind unsichtbar. Fleißig. Hören Sie ihr feines Summen?

Mit Fleiß vor bis zur Glasdecke

»Ich kann viel arbeiten, ja, aber ich will unbedingt weiter inhaltlich arbeiten!« Die Geschäftsführerin einer großen deutschen Agentur wehrt sich im Coaching gegen meine Frage, warum sie den Vorstandsjob nicht machen wolle, der ihr gerade angeboten worden war. So oder ähnlich höre ich oftmals Frauen argumentieren. Sie haben vielfach ihre Karriere mit Engagement und Ernsthaftigkeit, vor allem jedoch mit Fleiß vorangetrieben und sind oft früh in verantwortliche Positionen im mittleren Management gekommen. Dort fühlen sie sich inhaltlich sicher und gut aufgehoben. Und sie vermuten, dass zum Vorstandsjob bloß »noch mehr« Arbeit gehört, allerdings keine von ebendieser inhaltlichen Sorte. Entsprechend winken sie ab. Sprich: Ende der Fahnenstange.

Stellen wir uns das mittlere Management als einen Sprungturm in einem sommerlichen Schwimmbad vor, dann wimmelt es auf der Treppe nach oben nur so von Frauen. Sie sorgen für Trittsicherheit, für die richtigen Abstände zwischen den Stufen und pfeifen freche Jungs zurück, die sich vorbeidrängeln wollen. Diese Frauen sind sehr beschäftigt. Auf den Sprungbrettern selbst aber, da wippen sich schon mal die Männer warm. Manche lassen sich die Sonne auf den Bauch scheinen, manche kämmen sich das Brusttoupet ... Die Namen dieser Frauen? Werden wir nie erfahren. Sie werden gelegentlich gegen andere Frauen ausgetauscht, wenn nämlich klar wird, dass Turmspringen gar nicht mehr en vogue ist und der Vorstandsvorsitzende sich vom Sprungturm trennt.

Früher wurde diese Situation in einem noch krasseren Bild beschrieben: Von unten arbeiten sich die Frauen hoch, die durch »die gläserne Decke« nach oben schauen. Sie sehen die Topjobs zwar, aber irgendwie war der Zugang für sie nicht möglich. Die gläserne Decke, die wir ja schon von »zu Hause« kennen, sicherte ganz selbstverständlich genauso in der Wirtschaft das Gleichgewicht zwischen den Geschlechtern. Auch hier sehen beide Geschlechter, was das jeweils andere tut, und beide stabilisieren durch ihr Tun erneut die gegenseitige Abhängigkeit – wie daheim.

Was in den Familien per se passte und in vielen Fällen noch passt, das erschien und erscheint in der Wirtschaft plötzlich merkwürdig, geradezu fatal für die Frauen: Die Männer schauen von oben auf sie herunter und sind sich ihrer Arbeitsleistung, und ebenso ihrer erotischen Stimulanz und Dekoration sicher. Die Frauen schauen von unten zu den Männern hoch, und auch sie können sich vergewissern: Ohne mich geht es nicht. Ich mache für ihn die Arbeit, die ihn stärkt. Und dafür macht er eine gute Figur …

Ich bin überzeugt: Die gläserne Decke hat mit der Wirtschaft selbst wenig zu tun. Wir haben als Frauen über die Jahrhunderte daran mitgewirkt, diese Decke zu bauen, sie zu putzen und von oben wie unten hübsch unsichtbar zu halten. Anders gesagt: Es ging dabei um die Sicherung der Hierarchie, aber zugleich auch um die Kontrolle der jeweils anderen Partei und um die Unmöglichkeit der Veränderung, der Einflussnahme. Für Frauen bedeutete das konkret, die Abhängigkeit von Männern immer wieder neu zu festigen. Immer wieder sicherzustellen, dass sie durch die Decke gut durchschauen konnten: Oben sehen wir »ihn«, unten wissen wir »uns«.

Zentraler Vorteil für beide Seiten: Dieses Konzept vermittelt Sicherheit. Für die Frau, die dadurch weiß, was ihr Mann tut und treibt. Angesichts frei flottierender Sirenen kann sie Maßnahmen ergreifen, um ihn wieder auf Spur zu bringen – privat. Beruflich ermöglicht der Durchblick ein immerwährendes Verständnis, für den überarbeiteten Chef, den Chef, der bald Vater wird oder gerade Vater wurde, für den Chef in jeder Lebenslage, die er zu Hause oder anderswo ausfechten muss. Der Vorgesetzte (oder Ehemann) weiß wiederum, was seine Superbiene tut, und kann sich entspannt mit den Spielen befassen, die er Wirtschaft nennt ...

Meine Definition: Die gläserne Decke ist ein generelles Produkt patriarchaler Gesellschaftskonstruktion, und die, die früher am meisten davon hatten, waren möglicherweise gerade – Frauen. Wenn die Decke gläsern war, dann konnten wir den Mann unter Kontrolle halten. Wir kamen zwar nur »nach oben«, wenn wir an seiner Seite repräsentierten oder ihn dekorierten, aber das Glas ließ uns zumindest den Durch- oder Überblick. Die größte Gefahr: andere Frauen.

Durchs Labyrinth nach oben

Mittlerweile haben verschiedene Autorinnen das alte Bild von der gläsernen Decke über Bord geworfen, so etwa die amerikanische Professorin Alice Eagly, die über Frauenkarrieren geforscht und darüber ein Buch geschrieben hat, in dem sie vorschlägt, zur Umgehung der gläsernen Decke den »Weg durchs Labyrinth«[20] zu wählen. Oder Sheryl Sandberg, Vorstandsfrau bei Facebook, die in ihrem Buch *Lean In* eindrucksvoll erklärt, dass Karriere eben keine Leiter sei, sondern ein Dschungelcamp.[21]

Weder im Labyrinth noch im Dschungelcamp hilft Fleiß. Fleiß bringt Frauen zwar in Einsatz, aber leider eben nur begrenzt nach oben. Das Wort selbst hat etwas Verstaubtes, etwas zutiefst Braves an sich – etwas wenig Spektakuläres, auch wenig Intelligentes.

Und das, obwohl die Eigenschaft des beharrlichen Dranbleibens etwa in Wissenschaft und Forschung durch nichts zu ersetzen ist – Fleiß ist dort weder gegen Intelligenz noch gegen Spontaneität austauschbar. Was damit zu tun haben könnte, dass Wissenschaft vor allem quantitativ ist, sich um Zahlen, Daten und Fakten kümmert, also um objektivierbare Dinge, die mit Fleiß gut zu erwirtschaften sind. Fleiß hilft bei Quantität sofort auf die Sprünge.

Gerade Generalistinnen, die als Vorgesetzte reüssieren wollen, geraten bei offensichtlichem Fleiß schnell in den Geruch von Mikromanagement. Auf höheren Ebenen wird aber anderes erwartet: mehr Politik, Einflussnahme und Netzwerkarbeit. Politik heißt Gestaltung von Zusammenhängen, Einflussnahme steht für die Fähigkeit, eine eigene Haltung oder Vision durchzusetzen, Netzwerk bedeutet, eigene Kontakte qualitativ auf Unterstützungsfähigkeit einzuschätzen.

Wer hier reüssieren will, braucht Fähigkeiten wie Zuhören, Empathie und die Fortune, kluge Entscheidungen zur richtigen Zeit zu treffen, und nicht die Bereitschaft, noch nachts an einer Vorstandsvorlage zu arbeiten. Fleiß? Unsinn.

Diese Sorte Fehler nenne ich »mehr vom Falschen«. Vergleichen Sie es mit dem Autofahrer, der im ersten Gang mörderisch Gas gibt. Das hört sich schrecklich an, das macht sogar dem Motor zu schaffen – schneller wird man dadurch jedoch weiß Gott nicht. Dafür muss erst gekuppelt und in den nächsten Gang geschaltet werden. Dann ist Gasgeben vielleicht sogar ganz opportun – oder aber entspanntes Auslaufenlassen.

Ich will sagen: Fleiß ist eine Monokultur, vermittelt Sicherheit und ist wirklich nur höchst selten eine hilfreiche Strategie, wenn es um Macht geht. Angela Merkel zeigt uns das: Sie ist gewieft, sicher tüchtig, sie weiß, was zählt – aber fleißig? Ich habe den Eindruck, dass sie gut für sich sorgt und ihre Prioritäten neben der Politik auch im Privatleben gesetzt hat. Prioritäten und Fleiß aber sind sozusagen Erzfeinde.

Fleiß hat seine Bedeutung da, wo es um wiederholende Tätigkeiten geht wie etwa das Auswendiglernen von Gedichten oder Formeln, um so die Basis für weiteres Verstehen zu schaffen. Fleiß ist der Motor aller quantitativen Konzepte und damit unersetzbar, wenn es gilt, sich über Durststrecken hinwegzuarbeiten, ohne dem Thema abzuschwören oder die Nerven zu verlieren.

Und mehr noch: Fleiß bringt uns dazu, die schlechten Gefühle, die auf diesen Durststrecken entstehen, erst gar nicht zu spüren. Fleiß buttert Gefühle, Wahrnehmung, all das Störende unter, das uns sonst zwingen würde, eine eigene Haltung zu entwickeln oder zumindest eine eigene Meinung. Es scheint fast, als produziere der ganze Irrsinn fleißigen Tuns eine weitere Glasdecke – eine, die zwischen mir und meinen Gefühlen hervorblinkt. Natürlich nur manchmal und nur, wenn die Sonne direkt drauf scheint.

Im Fleißigsein sind Frauen, da jahrtausendelang gut trainiert, einfach ganz ausgezeichnet. Und möglicherweise ist es jetzt genug damit.

Vergessen wir nicht: Fleiß erlaubte es uns, sich innerhalb patriarchaler Arbeitsteilung mit etwas zu befassen, einer Sache Wert und Gehalt zu geben, die eigentlich »bloß Haushalt« war. Und durch Fleiß wird diese Aufgabe per se jetzt nicht besser.

Strategie schlägt Inhalte

Dabei stehen Frauen gerade für Inhalte im Unternehmen ein – und ja, genau dieses Einstehen fehlt mir oft genug in dieser Wirtschaft. Ich wünsche mir eine Telekom, die für gut funktionierendes Telefonieren einsteht, und zwar auch bei Auszug und Neueinzug, eine Post, die ihre Topmitarbeiter auf der Straße, die Briefträger, tatsächlich wertschätzt für ihre tagtägliche, hochprofessionelle und generell freundliche Arbeit, um nur zwei Beispiele zu nennen. All das begegnet mir nicht. Wir akzeptieren stattdessen, dass Umziehen riskant ist, wenn es um die telefonische Erreichbarkeit geht, und wir akzeptieren, dass Briefträger nicht besonders gut geachtete Menschen in unserem Alltag darstellen.

Und in den Unternehmen? Dort erlebe ich kleine wie große Pokerrunden um Macht, um Einfluss, Statusrangeleien und einen unendlich regen Wettbewerb um Geld, Ansehen und Anerkennung. Poker vor allem von Männern, jedoch ebenso von Frauen, die sich den Männern angepasst haben.

Diese Führungskräfte wissen definitiv, wie sie ein Ziel erreichen. Sie sind allesamt kluge Strategen. Dieses Ziel ist ihnen am Ende meist wichtiger als einzelne Meilensteine auf dem Weg dorthin. Zu diesen Meilensteinen gehören oft genug die Beiträge ihrer besten Mitarbeiter – meist sind das Frauen.

Das heißt, wenn sich nun die Strategie ändert, weil die Zielerreichung das so fordert – und das geschieht häufig –, dann werden auch die Inhalte innerhalb von Sekunden vom Tisch gefegt. Sprich: Inhaltlich hochwertige Beiträge werden plötzlich überflüssig oder scheinen wertlos für den Vorgesetzten.

Noch einmal deutlich gesagt: Inhalte sind an Strategien geknüpft. Veränderte Strategien rufen nach neuen Inhalten. Wetten wir, dass sich für diesen neuen Inhalt garantiert wieder eine Frau einspannen lässt?

Daraus abgeleitet, gibt es zwei Zwischenergebnisse der Diskussion bis hierher:

Fazit 1: Für machtbewusste Männer in der Wirtschaft erscheinen Inhalte und damit die sie liefernden Frauen austauschbar.

Fazit 2: Für inhaltsgetriebene Frauen in der Wirtschaft scheint die Ausrichtung auf eine Strategie hohl, und entsprechend werden die Männer auf den Topetagen abgewertet.

Der hohe Anspruch der Superbienen

Warum aber war ich und sind andere Frauen fleißig bis zum Umfallen? Warum sitzen sie nächtelang im Büro, stehen morgens um fünf auf, gehen mit einem Magerjoghurt bewaffnet, den sie in der Straßenbahn schnell löffeln, aus dem Haus, während der Chef, für den sie das auf sich nehmen, bei einer Sonate von Mozart ein bisschen mit dem Nachwuchs spielt?

Schlagen wir noch einmal den Bogen zur Domäne der Frauen. Hier ging es darum, aus nichts etwas zu machen. Aus Küchenarbeit und Haushalt eine tages- und wochenfüllende Beschäftigung. Aus sich immer wiederholenden, immer wiederkehrenden Tätigkeiten mechanischer, simpler, allersimpelster Natur etwas zu erzeugen, das dem eigenen Leben Gehalt und Gewicht gibt, das dem Alltag Struktur und Rahmen liefert, das den Frauen Existenzberechtigung und Identifizierung erlaubt. Das alles aus Hausarbeit und Kinderaufziehen zu entwickeln, das erscheint mir eine große Leistung.

Die Prinzessin macht das zwar auch für sich, mehr aber noch »für ihn«. Die Superbiene ebenfalls: Solange es einen inspirierenden Chef gibt, ist die Leistung per se für sie selbst in Ordnung. Nörgelig wird sie erst, wenn der oder die Vorgesetzte die Leistung nicht mehr klasse findet oder die Person nicht mehr wertschätzt, die diese Leistung schließlich schon so lange erbringt.

Die Superbiene braucht als Gegenüber einen tollen Chef, männlich oder weiblich, der von ihrer Arbeit profitiert. Für ihn oder sie bleibt sie unermüdlich im Hamsterrad, ohne einmal nachzulassen. So läuft es schließlich wie in der Ehe und in der Familie:»Sie« definiert sich über »ihn«. Da muss gar nichts Eigenes gezeigt werden! Der erfolgreiche Chef erhöht die wunderbare Mitarbeiterin, die an seinem Erfolg ja nicht ganz unwesentlich beteiligt ist.

Und während sie das Hamsterrad am Laufen hält, antichambriert ihr Vorgesetzter bei den verschiedenen Aufsichtsräten, pflegt seine Netzwerke, geht »upscale«, vornehm lunchen, aber bitte nur mit Männern in einflussreichen Positionen, und sorgt für seinen beruflichen Aufstieg. Das Furchtbare ist: Sie weiß davon, doch indem sie das Rad weiter einfach tritt, bemüht sie sich massiv darum, diese Erkenntnis wieder zu vergessen.

Wenn die Superbiene an diesem Punkt angelangt ist, könnte es eigentlich um etwas anderes gehen: um die Potenziale von arbeitenden Frauen, um ihre besten Fähigkeiten, um ihre wunderbaren Talente und Ressourcen. Doch die supertolle Arbeitsbiene ist damit noch nicht im Einvernehmen. Sie verhält sich stattdessen erbost, ja wütend wie eine Alkoholikerin, der jemand die Flasche nehmen möchte – bloß nicht! Das geht zu weit!

Im Coaching ist an diesem Punkt für mich Achtsamkeit und Zurückhaltung angesagt: Es ist offenbar nicht leicht auszuhalten, das in einem nüchternen Licht zu sehen, was vielleicht für Jahre der Inhalt unseres täglichen Tuns war, von dem wir unser Hoffen und Sehnen, unsere Karriereträume und -wünsche abhängig gemacht haben.

Es ist gar nicht einfach zu erkennen, dass für die begabte Juristin etwa die Markenstreitigkeiten ihrer Klienten wohl eine nette

Herausforderung darstellen, letztlich ihre Intelligenz beleidigen. Es war für mich nicht einfach zu erkennen, dass die Leitungsfunktion in der Technik zwar von niemandem so wahrgenommen werden konnte wie von mir, mich diese Aufgabe aber maßlos langweilte. Es ist schwer auszuhalten, dass Frauen viele Jahre mit diesen Dingen verbringen und dann bemerken: Es hilft weder dem Unternehmen noch der Welt und am allerwenigsten – uns selbst.

Superbienen hingegen haben genau das gelernt: nicht zu spüren, wie unfassbar unterfordert sie sind. Vor sich selbst zu verheimlichen, dass einige Tätigkeiten und Aufgaben sie von einer Gähnattacke in die nächste treiben könnten, wenn sie es denn zulassen würden. Die Technik der Berufsfeldaneignung verhindert, dass sie diesen Mangel schnell, zu schnell (?) wahrnehmen:

Superbienen haben sich ihren gesamten Arbeitsbereich einverleibt, haben ihn sich so komplett zu eigen gemacht, dass sich die Frage nach der Relevanz nicht mehr stellen darf. Der Bereich wird dominiert, basta! Die fehlende Freude, der fehlende Spaß, der fehlende intellektuelle Reiz dürfen auf keinen Fall gespürt werden. Wohin sollte das denn führen?!

Macht und Spiele

Frauen gehen in Unternehmen und arbeiten sich in Themen ein oder durch Themen durch, egal wie schwer und herausfordernd sie sind, wie fern sie ihnen liegen. Wenn sie sich einmal dafür entschieden haben, gibt es eine hohe Verbindlichkeit. Was dieselben Frauen nicht bereit sind zu akzeptieren: dass im Unternehmen andere Spielregeln herrschen als in der Familie – auch wenn an beiden Orten die Männer das Sagen haben, ist zu Hause doch die Frau das Zentrum des Haushalts.

In Unternehmen herrschen die Spielregeln von Männern. Und die haben irgendwann einmal die Wirtschaft für sich erfunden, möglicherweise sogar als ein Spiel, das ihnen Freude gemacht hat – und mit dem sie am Ende einen guten Preis erlangen konnten: etwa eine Prinzessin für ihr persönliches Glück. Als nach dem Untergang des Feudalismus sich die Wirtschaft stark entwickelte, waren Frauen möglicherweise das Ziel des ganzen Spiels – sicher waren sie nicht als Mitspielerinnen gedacht.

Entsprechend schwer tun sich Frauen mit den Regeln, die in Unternehmen oder auf dem sogenannten freien Markt gelten: Sie akzeptieren beispielsweise nur sehr ungern einen Rang oder gar eine Rangordnung, geschweige denn in einem Meeting. Wer aber die Rangordnung nicht kennt, kann sich hier auch nicht einfädeln, kann seinen eigenen Platz nicht finden und sich behaupten.

Vom jeweiligen Rang hängt jedoch in den meisten Firmen ab, ob das, was eine Frau zu sagen hat, überhaupt gehört wird. Wer einen niedrigen Rang hat, der wird – obwohl inhaltlich topfit und bestens im Thema – wenig Wertschätzung erfahren, nicht zu Ende angehört oder gar ernst genommen werden. Im Gegenteil. Ein anderer mit höherem Rang kann sich auf eines der erarbeiteten Argumente setzen und dieses für sich reklamieren – und kommt ganz entspannt damit durch. So oder ähnlich geschieht es tagtäglich in Meetings, Sitzungen, Konferenzen.

Es handelt sich um einen doppelten Fehler:

- Frauen wissen nicht, dass es eine Rangordnung gibt – oder wenn sie sie erkennen, akzeptieren sie diese nicht.
- Aus diesem Grund halten sie sich raus.

So wird Wirkungslosigkeit abgesichert. Stellen Sie sich vor, Sie würden beim Monopoly-Spiel nicht hinnehmen, dass die Badstraße günstiger ist als die Schlossallee; dass Häuser und Hotels unterschiedliche Preise haben. Das hat nichts mit Charakterstärke zu tun, sondern zeugt ausschließlich von einem Mangel an Einblick in die Spielregeln.

Diese sind von Unternehmen zu Unternehmen, von Organisation zu Organisation unterschiedlich. Viele von ihnen sind überholt und werden von Frauen, sofern sie sie denn verstehen, abgewehrt. Aber machen wir uns nichts vor: Wenn wir das Spiel gewinnen wollen, sollten wir zumindest die aktuellen Regeln kennen.

Dass es andere, besser zu uns (und den Männern) passende geben wird, das stelle ich außer Frage. Trotzdem geht es nicht, den zweiten Schritt vor dem ersten zu tun.

Da, wo Macht ins Spiel kommt, werden den strebsamen Frauen erfahrungsgemäß immer wieder clevere Männer vorgezogen. Männer, deren Beurteilung, deren Abschlüsse und sonstige Zeugnisse oft lange nicht so gut sind wie die entsprechenden Dokumente der Frauen. Statt Fleiß und guter Noten weisen diese Kollegen aber etwas anderes auf: Sie kennen das Spiel, sie kennen sich aus mit den männlichen Spielern im Unternehmen, und sie wissen, dass ein Foul, das zum Sieg führt, schnell wieder vergessen ist.

Auf der folgenden Seite sehen Sie eine Tabelle mit weiteren Spielregeln, bei denen Sie überlegen können, wo Sie sich selbst einordnen: mehr auf der männlichen Seite, also da, wo heute Erfolg ermöglicht wird, oder mehr auf der weiblichen Seite, wo zwar wenig Erfolg zu erwarten ist, aber immerhin viele Mitstreiterinnen mit Ihnen jammern?

Wie ist denn Ihr Blick aufs Unternehmen und auf Ihre Haltung?

Männlich/akzeptiert	++	+	O	+	++	Weiblich/diskreditiert
Sie begreifen Unternehmen als Krieg, in dem alles erlaubt ist						Sie verstehen Unternehmen als Haushalt: Es sollte nichts liegen bleiben
Im Krieg gelten die Regeln üblicher Teamsportarten nicht						Sie machen die Regeln für Ihren Bereich; alle anderen tanzen nach Ihrer Pfeife
Sie lieben Strategien, die Spaß machen						Sie lieben Inhalte, darauf konzentrieren Sie sich
Sie wollen sich unbedingt durchsetzen						Sie wollen unbedingt besser sein als andere
Sie akzeptieren Täterschaft						Sie akzeptieren Opferhaltung
Das Spiel heißt Monopoly						Das Spiel heißt nicht Siedler, leider. Die anderen Spiele interessieren Sie nicht

Diese Tabelle verweist nicht auf Gut oder Schlecht, auf Richtig oder Falsch, sondern auf genutzte Möglichkeiten, auf das eigene Repertoire. Ein optimales Ergebnis würde so aussehen, dass wir beide Seiten der Medaille kennen und sogar als Verhalten zur Verfügung haben. Optimal wäre zudem, über diese Gegenpole hinaus Lösungen zu finden, die weniger kompetitiv sind, aber auch nicht so singulär, wie es die von Managerinnen oft sind.

Es handelt sich hier um Spielregeln. Das heißt, wir müssen nicht unsere Integrität verlieren oder unsere Persönlichkeit ändern, wenn wir das Spiel professionell spielen. Im Gegenteil: Erst wenn wir die Spielregeln kennen, wissen wir, wie wir im Spiel erfolgreich sein können.

Es mag sein, dass uns einige Spielregeln missfallen. Dann wäre es klug, dennoch mit ihnen zu rechnen. Wenn uns das Spiel nicht immer gefällt, können wir natürlich so tun, als ob wir mitmachen – was aber zwangsläufig zu Krankheit, in Burn-out oder Depression führt. Mit dem Effekt, dass das Spiel das gleiche bleibt, und wir verlieren.

Wir können aber auch mitmachen, uns den Herausforderungen der Spielregeln stellen, statt sie einfach zu schlucken. Das kann so weit gehen, dass wir missliebige Spielregeln offenlegen, andere vorschlagen, dafür Mehrheiten gewinnen – um nur einige Ideen zu nennen. Hier liegen gute Möglichkeiten zum inneren Wachstum. Dann gewinnt das Spiel, und wir gewinnen ebenfalls.

Viele Frauen denken, es handele sich bei solchen Spielregeln um Charakterfragen. Keineswegs: Sie müssen kein »Schwein« werden. Es geht auch nicht darum, einen Krieg zu gewinnen. Es geht um ein Spiel, das »Unternehmen« heißt, und um unser persönliches Repertoire. Wenn wir selbst Chefin sind, steht es uns frei, das Spiel zu verändern. Die Haltung, die das Spiel zu einer Sache von Lust und Freude macht, können wir allemal schon vorher entwickeln. Allerdings eher nicht mit Fleiß.

Diskreditiert und abgestraft

Männer sind es gewohnt, wie schon so oft gesagt, dass sie die Regeln bestimmen und wir mehr oder weniger gern mitmachen. Das erledigen wir vielfach aus einer dienenden oder alternativ aus einer dekorativen Rolle heraus: Hier ist sie wieder, die Prinzessin, die sich als Superbiene durchschlägt. Doch es geht noch mehr: Die Superbiene ist bereit, sich anzupassen.

Wenn wir uns auf dem Karrierepfad allerdings genauso wie die Männer verhalten, spüren wir schnell Gegenwind. Denn das, was Männern zu Ruhm und Ehre verhilft, wirkt sich bei Frauen geradewegs schädlich aus. Eine kleine Übersicht:

Erwünschtes Verhalten für Manager:	Beim Mann wirkt das ...	Bei Frauen wirkt das ...
Klare Ansagen	Geradlinig	Bossy
Drängt auf Entscheidungen	Hartnäckig, bleibt dran	Pushy
Greift schnell und zügig ein	Klar und sortiert	Hastig und übereilt

Die Tabelle spricht für sich. Wenn zwei das Gleiche tun, ist das noch lange nicht dasselbe.

Erinnern Sie sich an das erste Kapitel und ersetzen Sie kurzfristig, nur für sich, im Tabellenkopf das Wort »Frau« durch »Prinzessin«. Es liegt auf der Hand: klare Ansagen bei einer Prinzessin? Geht gar nicht. Drängen auf Entscheidungen? Ein No-Go. Und hastig kommt bei einer Prinzessin gar nicht gut ...

Das wird besonders in Konzernen deutlich, die ihre weiblichen Führungskräfte entwickeln. Da finden sich Frauen in sogenannten Development-Programmen wieder – wo sie hauptsächlich von Männern beurteilt werden. Diese Beurteilung erfolgt oft in Interviewsitzungen, den Audits, von professionellen Beratern und Beraterinnen, die häufig leider immer noch nicht begriffen habe, welchen blinden Flecken in Sachen geschlechtsspezifischer Unterschiede sie auf den Leim gehen.

Frauen fördern sich erst ab zwei

Wenn mehrere Männer Nachwuchskräfte zu beurteilen haben, macht eine Frau in der Gruppe keinen echten (positiven) Unterschied aus. Meist hat sie genug damit zu tun, sich selbst auf Augenhöhe zu halten. Erst wenn mindestens zwei Frauen »an Bord« sind, kann es zu einer kritischen Masse kommen. Und diese kritische Masse ist nötig, sonst ist selbst von Frauen keine Loyalität zu erwarten.

Das gilt auch für Vorstände und Aufsichtsräte. Ist nur eine Frau im Gremium, ändern sich weder Tonlage noch Spielregeln noch Kultur. Dazu bedarf es mindestens zweier Frauen. Wer als Konzernchef oder Aufsichtsratsvorsitzender seine Vorständin leicht »abschießbar« aufstellen möchte, der lässt sie allein. Dann können die Herren schnell das bekannte Lied anstimmen, dass Frauen nicht reif für die Macht seien.

Frauen sind nicht »reif« für männliche Machtausübung, das stimmt. (Wer will schon so sein?) Und viele Frauen winken desinteressiert ab, kommt man ihnen mit einem Posten im Kontrollgremium oder auf exponierter Ebene. Sie haben keine Lust auf die Kollegen dort, sie haben keine Lust auf Monopoly, sie interessieren sich nicht für interne Rangordnungen, und sie wollen nicht für gleiches, sprich: männliches Verhalten negativ abgestraft und als Blaustrumpf behandelt werden.

Aber lassen Sie uns nicht vergessen: Männer strafen nicht absichtlich ab. Ihr wesentliches Training von Jugend an lautet: im Wettbewerb glänzen. Zum Beispiel im Wettbewerb um die hübscheste Frau. Es ist recht gut untersucht, dass sich Jungen und junge Männer ab der Pubertät häufig blutige Nasen holen, weil sie immer wieder um Mädchen beziehungsweise Frauen buhlen und dabei ständig Neins kassieren. Das härtet ab. Das weckt den Kampfgeist.

Nimmt es da nicht wunder, wenn wir, die wir diesen Kampfgeist im Allgemeinen nicht entwickelt haben, beim ersten Gegenwind zusammenzucken? Dass wir angesichts von zwei oder drei Protesten gegen unsere Vorschläge uns hinterfragen, alles auf Fehler checken, mit uns innerlich ins Gericht gehen, nächtelang nicht schlafen können – und also kaum entspannt und lässig am Konferenztisch herumsitzen? Wir sind sofort gekränkt, reagieren schnell persönlich, verletzt. Und wenn es schlimm kommt, fließen Tränen.

Bei der Superbiene ist immer noch ganz viel Prinzessin drin, wenn wir es genau betrachten.

Die Superbiene verkleidet als Karrierefrau

Als Superbiene war ich ins mittlere Management gekommen, hatte mein Bestes gegeben – und sah, dass es nicht mehr voranging. Was auch kam, fand ich öde. Ich wollte weder Kostenstellen einführen noch sonstige Optimierungsarbeiten realisieren. Ich befand mich in einer Art Wachstumsrausch und war zugleich über alle Maßen ausgepowert. Und, zugegebenermaßen, ratlos. Als Studentin hatte ich die Vision, Verlagsleiterin zu werden. Mit nicht mal dreißig hatte ich das zumindest auf dem Papier qua Titel erreicht – doch mit einem Mangel: Wie ein erfüllter Traum fühlte sich das beileibe nicht an. Da hatte ich mir ganz etwas anderes vorgestellt. Das war kein Glück!

Allerdings wusste ich nicht so recht, wie weiter. Ich probierte etwas aus in einem Unternehmerverband und merkte schnell, dass ich wieder nur als Superbiene ausgesucht worden war. Ich wollte aber nicht einfach nur für andere die Arbeit machen, das wurde mir in dieser Phase deutlich.

1990 dann wurde ich von einem ehemaligen Lieferanten angesprochen, bekam einen Termin bei Thomas Middelhoff, damals als Geschäftsführer bei Bertelsmann und eine inspirierende
Figur, und verschiedene Angebote, wie ich in seinem Betrieb
Karriere machen könnte. Das hörte sich zwar alles mehr oder
weniger dröge an – von der geschätzten Chefin zur unbekannten
Nummer im Konzern –, aber ich kapitulierte. Mir fiel einfach
nichts anderes ein.
Und so katapultierte mich mein erster Erfolg im Mittelstand
in die Welt des sogenannten Corporate Life. Ich begann eine Ma-
nagementkarriere beim Medienkonzern und erlebte gleich verschiedene Kulturschocks. Der für mich wichtigste: Es gab dort
kaum Frauen, und alle tollen Jobs hatten Männer inne. Das Ent-
täuschende daran: Es handelte sich dabei um ganz normale
Männer und gar nicht – wie ich bis dahin unterstellt hatte – um
die echt sensationellen Exemplare der Gattung.

Von einem echten Mann
kaum zu unterscheiden

Die wenigen Frauen, die nicht in Sekretariaten steckten und unauffällig über die Flure eilten, hatten eines gemeinsam. Sie trugen
Hosenanzug. Bevorzugt grau, garniert mit weißer oder cremefar-
bener Bluse sowie Helmfrisur. Dazu zurückhaltend geschminkt,
zurückhaltend geschmückt. Meine weiteren Erfahrungen mit
diesen drei, vier Frauen waren enttäuschend. Ich, konzernuner-
fahren, gern herzlich und grundsätzlich mit freundlichem Blick,
stieß auf Misstrauen, Wettbewerb und wenig Offenheit.
Eher an eine Haltung von »Schwesterlichkeit« gewöhnt, erlebte ich hier kühlen Konkurrenzdruck. Schließlich hatten wir vor
allem eines: Wir waren jeweils »die eine« Frau in unseren Berei-

chen. Bei gut 50 000 Mitarbeitern ist das eine übersichtliche Relation und zugleich die bekannt-bewährte Vereinzelung der Prinzessin, die eines sicherte: eine herausgehobene Position.

Es ging vielen dieser wenigen Frauen durchaus darum, genau diese herausgehobene Position zu halten – fast wie die Stiefmutter bei Schneewittchen, die auf keinen Fall eine Schönere im Lande sehen wollte. Das war für mich zwar nachvollziehbar, aber uninteressant. Mir fehlte es an Austausch, an Freundlichkeit, an Freundschaft, auch an Schwesternschaft. Und ich hatte zu Hause weder einen Mann, der die Hausfrauenrolle für mich übernahm wie bei einer der Kolleginnen, noch war ich eine in mich gekehrte Zahlenfrau, die abends gern fernsah. Ich war eher sehr interessiert an neuen Kontakten. Schließlich hatte ich mit der neuen Stelle meinem letzten Wohnort und meinen Freunden sowie der Familie den Rücken gekehrt.

Ich war also mitten in der deutschen Provinz gelandet ohne die vertrauten urbanen Kontaktmöglichkeiten, ohne das Amüsement der Großstadt, ohne Kolleginnen, die an mir interessiert waren. Meine männlichen Kollegen aus dem Juniorenkreis waren alle mehr oder weniger frisch verheiratet, hatten Ehefrauen und kleine Kinder und waren wenig bis gar nicht darauf aus, mich mit nach Hause zu nehmen. Zudem standen sie mit mir im Wettbewerb.

So saß ich abends tödlich gelangweilt in der für den Anfang gemieteten möblierten Wohnung. Was hier bloß tun? Ich konnte noch nicht einmal die Abende im Büro verbringen, denn mich unterforderte meine Einarbeitung im Konzern massiv. Ich sollte nichts machen, nicht fleißig sein, ich sollte beobachten, verstehen, Zusammenhänge erkennen. Mir war aber zunächst gar nicht klar, wo ich was hätte begreifen können.

Karrierefrauen:
Das Erfolgsrezept hat seinen Preis

Bei Bertelsmann bekam ich von Anfang an einen Coach zur Seite gestellt. Eine begeisterte und engagierte Frau, die zwar wenig Ahnung vom Geschäft hatte, aber dafür über ein gutes Repertoire an Methoden verfügte, um dennoch erfolgreich mit mir zu arbeiten. Damals, Anfang der Neunzigerjahre, war Coaching noch nagelneu und bedeutete, dass therapeutisches Handwerkszeug für die Arbeit von Führungskräften eingesetzt wurde.

So analysierte ich mich durch meine Kollegenschar und gewann auch einen Eindruck von meinen Kolleginnen. Was ich begriff: Ich hatte es zu tun mit bekämpften Emotionen, durch betonte Sachlichkeit und mit dem durchschlagenden Ergebnis weggeredet, dass im Umgang mit Menschen, Kollegen und Mitarbeitern eine bloß gespielte, vielleicht gut antrainierte Herzlosigkeit den Ton angab. Das alles garniert mit Ehrgeiz und Fleiß. So sah das Erfolgsrezept der Konzern-Superbiene also aus. Von Empathie keine Spur.

Seit 1990 erlebe ich, wie dieses alte Erfolgsrezept wirkt. Wie Frauen immer wieder genau das eine gemacht, wie sie das männliche Verhalten imitiert und sich ganz nach den Männern ausgerichtet haben. Erst in den letzten fünf Jahren ist hier Lockerung eingekehrt. Ich kenne mittlerweile witzige, freche, selbstbewusste Frauen, die entspannt den Knopf auf Brusthöhe öffnen, wenn es um die Präsentation beim Vorstand geht – frei nach dem Motto: Männer können auch im Konzern besser gucken als denken. Sie handeln entschlossen. Ihre Devise ist: Es wird uns sowieso unterstellt, dass wir Karriere übers Bett gemacht haben. Warum dann in Sack und Asche gehen? Das Zauberwort aus der Prinzessinnen-Welt heißt eben erotische Stimulanz. Selbst wenn im Konzern nicht der Mann zum Heiraten gesucht wird. Oder doch, kann ja passieren.

Solange dieses Spiel die Männer nicht gefährdet und es von ihnen nicht als Spiel entlarvt wird, kann es Frauen durchaus sehr erfolgreich voranbringen. Oder besser gesagt: Die Regeln der Prinzessin gelten bedingt ebenso für den Aufstieg im Konzern. Wer sich das zunutze zu machen versteht, kommt schneller nach oben.

Arbeitsethik hilft gegen die Realität

Eines Tages sollte ich als Abteilungsleiterin für die SAP-Einführung im Unternehmen eine meiner besten Mitarbeiterinnen freistellen. Weder ihr Team noch sie selbst waren darauf sonderlich erpicht: Es war klar, an allen würde mehr Arbeit hängen bleiben.

Mein Chef redete mit Engelszungen. Die Einführung sei beschlossene Sache, meine Abteilung würde ebenfalls darunter ächzen müssen – und eigentlich wäre es in diesem Fall nicht schlecht, einen echten Profi im Team zu haben. All das verweigerte ich. Ich wollte SAP nicht, und ich wollte auch kein Personal bereitstellen. Ich wollte meinen Kopf durchsetzen und war, ehrlich gesagt, überhaupt nicht auf Kompromisse aus.

Natürlich war es anstrengend für meinen Vorgesetzten, diese endlose, wenig lösungsorientierte, dafür aber von einem hohen Anspruch an Arbeitsethik und Moral getragene Diskussion mit mir zu führen. Ich war und blieb wenig pragmatisch, wollte nicht einknicken. Vielleicht sollte ich sagen, dass ich damals zweiunddreißig war und gerade vorher viel geschluckt hatte?

Um was es wirklich ging: Ich wollte diese IT-Lösung nicht, oder anders gesagt, ich wollte mir die Finger nicht schmutzig machen und meinen hohen Anspruch an meine eigene Lauterkeit und Solidarität, mein Gemeinschaftsgefühl und meine Verbindlichkeit nicht angekratzt sehen. Ich saß auf meinem Thron – und kam nicht herunter. An dieser Stelle habe ich in meinem Berufsleben zum ersten und einzigen Mal die gläserne Decke gespürt.

In meinem Fall kann ich sagen: Ja, SAP wurde eingeführt, und ja, mit meiner tollen Mitarbeiterin. Ja, es war eine Höllenarbeit, und ja, nachher profitierte die Abteilung davon. Ich sah das alles und blieb dennoch ohne Option, ohne Macht, ohne Wirkung. Gläserne Decke. Statt die Realität zu akzeptieren und nach neuen Wegen zu suchen, habe ich mich darüber laut und umfassend aufgeregt. Prinzessin oder auch: gestatten, Superbiene.

Und was geschah mit der Frau in meinem Team? Sie blieb weiterhin fleißig, wurde aber keineswegs einflussreich. Etliche Männer zogen bei diesem Projekt machtvoll an uns beiden vorbei. Für mich kann ich sagen: Weil ich hier nicht mächtig war, mir das selbst nicht erlauben konnte, wertete ich die aufsteigenden Männer ab. Ich blieb in dieser Sache hartnäckig uneinsichtig, sehr intelligent, mit klugen Argumenten zwar, aber stets – auf der Verliererspur.

Turbo-Bienen: Maybritt Illner & Co.

Die deutschen Talkshow-Frauen, die Superbienen in den Medien, fahren definitiv ein kräftezehrendes Programm, genauso wie die Talk-Männer. Aber haben beide zu Hause die gleiche Rückendeckung? Steht auch hinter jeder erfolgreichen Frau ein kluger Partner?

Wir erleben bei Maybritt Illner oder Sandra Maischberger genau die erforderliche Menge an Kommunikationsstärke und persönlichem Interesse, die ihre Sendungen angenehm von denen der männlichen Kollegen unterscheidet. Ansonsten dürfen wir uns ziemlich sicher sein, dass beide Damen extrem gut organisiert und zugleich bienenfleißig bei der Sache sind. Wer will so ein Leben führen, im Wochentakt zu echter Neuigkeit gezwungen, zu einem relevanten Thema verdonnert, von der Quote ab- oder aufgewertet?

Auch in der Politik finden wir Superbienen. Alles kann und schafft Ursula von der Leyen, die Kinder beim Papa, sie selbst als Wochenendmutter mit der aus vielen Männerleben bekannten zweiten Schicht befasst. Dabei immer heiter, immer bereit, dem Volk etwas zu erklären, und natürlich in der Lage, sich in jedes Politikfeld einzuarbeiten. Hier helfen Erfahrung, Intelligenz, Führungskompetenz, Organisationstalent. Aber letztlich ist ein solch ständiges Neuorientieren nur mit einer maßlosen Erbarmungslosigkeit gegen sich und seine Liebsten möglich. Und natürlich mit Fleiß.

Superbiene liebt Ganzkörperumarmung

Frauen schaffen mit Fleiß oft ein gutes bis sehr gutes Abitur. Fleiß ist ebenfalls hilfreich für einen ebenso ausgezeichneten Studienabschluss, jedenfalls in den meisten Fächern. Betriebswirtschaftslehre etwa hat in meinen Augen weniger mit Theoriebildung und Wissenschaft zu tun als mit einer Glaubensgemeinschaft derer, die Zahlen, Daten und Fakten über Menschen stellen. Hier hilft Auswendiglernen, Pauken, Einüben, anders gesagt: Fleiß spurt ungeheuer gut ein. So ist es wenig verwunderlich, dass Frauen (und zunehmend auch junge Männer) dieses Erfolgsrezept im Unternehmen zum Einsatz bringen wollen.

Die fleißigen gut ausgebildeten Frauen schaffen es mit gleicher Methode jedenfalls bis ins mittlere Management. Dann geht es plötzlich nicht mehr weiter. Hier zeigt sich ein in Ehe und

Familie ebenfalls wirksamer, in der Wirtschaft aber eigentlich eher obszöner Effekt: Die gläserne Decke lässt die Frauen nicht weiter nach oben kommen.

Das scheint zumindest so. Meiner Meinung nach bauen Frauen diese Decke jedoch im Wesentlichen selbst, und zwar weil sie Aufgaben, Themen und Projekte übernehmen, die sie nicht besonders interessieren.

Dafür engagieren sie sich umso mehr für die perfekte Ausführung dieser Inhalte, wenden dafür jede Menge Fleiß, Energie und Kraft auf – und verleiben sich den zugehörigen Arbeitsbereich geradezu ein, werden kompetent, fast allwissend, bleiben bescheiden und zurückhaltend. Am Ende dominieren sie endgültig das Thema.

Superbienen scheuen keine Mühen – und merken dabei nicht, dass diese ganze Arbeit überhaupt nichts (oder nur in echten Ausnahmen) mit den eigenen Talenten, Fähigkeiten und Ressourcen zu schaffen hat. Diese »Ganzkörperumarmung« wird befördert und getrieben von einem Konzept, das viele Frauen noch von ihren Müttern gelernt haben: Mach dir die Hausarbeit untertan, gib möglichst viel Energie hinein und sichere deinen Lebensunterhalt, indem du Ehe und Familie stabilisierst.

Fleiß: ganz vorn! Talente: verkümmert!

Der Mutterauftrag, dieser nicht bewusste, sondern blind mitlaufende Auftrag war einer der Garanten patriarchaler Stabilität. Mächtig, machtvoll bis heute, weil unerkannt und nicht offengelegt. Wir sind es gewohnt, für andere sinnlose Arbeit (Staubputzen! Spülen!) zu verrichten, deren Ergebnisqualität und Innovationskraft nicht wirklich der Rede wert sind. Statt sich aus diesem System zu befreien, stürzen sich Frauen auf ähnlich uninteressante

Felder im Unternehmen, auf Felder, die es an Sexiness, Relevanz und strategischer Kraft mit dem Haushalt durchaus aufnehmen können.

Meist sind es die Felder, die »gemacht werden müssen« und die an den Mitarbeitern hängen bleiben, die bei drei nicht auf den Bäumen sind. Bitte erlauben Sie mir die krasse Formulierung! Ich habe zu oft mit Frauen gesprochen, die im Gespräch versuchten, auf langweiligste Themenbereiche den Stempel »Innovation!« oder »Herzstück des Konzerns!« zu drücken, um sich so aus dem Kontext eigentlich grausamer Kärrnerarbeit zu nehmen.

Die Superbiene stellt einen hohen Anspruch an die Ergebnisse ihres Tuns. Es hat den Anschein, als hinge der Unternehmenserfolg davon ab, dass dieser Anspruch hoch bleibt. Und weil sie ihr Thema überhöht, schönt, aufhübscht, also definitiv nicht mit beiden Füßen in der Realität steht, merkt sie oft erst spät, dass der hohe Anspruch sie selbst zwar vom Durchatmen abhält, aber ansonsten niemanden interessiert.

Die letzten Absätze machen, wie ich hoffe, eines noch einmal deutlich: Dass Fleiß uns daran hindert, etwas zu spüren. Die Sinnlosigkeit unseres Tuns etwa oder die Mühen, die Härte gegen uns selbst, die Opfer, die wir bringen. Wir sind unerbittlich gegen uns selbst, und wir können es sein, weil unser eigener Fleiß es möglich macht. Wir bleiben in der vermeintlichen Sicherheit und lassen nicht zu, dass uns das Entsetzen darüber erfasst. So wie es unsere Mütter und ebenso unsere Väter uns gelehrt haben.

Das wird besonders dann deutlich, wenn die Ziele des Unternehmens sich ändern und mit ihnen die strategischen Eckpunkte. 1990 wurde mit der Öffnung von Ostdeutschland für den westdeutschen Markt plötzlich jede bisherige Strategie ad acta gelegt; so gut wie alle Firmen räumten ihre Lager, um zu verkaufen, was da war. Märkte in Übersee wurden plötzlich uninteressant, der riesige Markt vor der eigenen Haustür erlaubte jede Begehrlichkeit. Gerade noch wichtige internationale Strategien wurden im Handumdrehen verworfen.

Da Superbienen nicht strategisch arbeiten, laufen sie ständig Gefahr, dass der von ihnen gehypte Arbeitsbereich vom Radar fällt und von einer Minute zur anderen – irrelevant ist. Fehlende Realitätsnähe gehört mit zum Konzept. Oder anders formuliert: An einem solchen Schock wird spürbar, was der ungeheure Einsatz an Fleiß und Aufwand, an Selbstbetrug und Selbstausbeutung denn wirklich gebracht hat: ein Auszehren der eigenen Kraft.

Frauen mit einem solchen Superbienen-Selbstverständnis verstoßen zutiefst gegen eigene Interessen:

- Inhalte, die dem Unternehmen dienen, haben überhaupt nichts mit dem eigenen Potenzial zu tun,
- die eigenen Talente und kreativen Fähigkeiten verkümmern oder werden abgewertet,
- und am Ende weiß die Frau nicht, was sie wirklich bewegen kann oder könnte.

Obwohl Beruf heute zunehmend bedeutet, dass die eigenen Potenziale entwickelt werden können, gehören dazu immer zwei: Es muss auch der Mitarbeiter – besser hier: die Mitarbeiterin – diese Potenziale stärken wollen. Wenn die eigenen Talente nicht gelebt, die eigenen Ressourcen nicht ausgebaut und poliert werden, dann bleibt der Frau, die als Superbiene unterwegs ist, nur ihr Fleiß.

Sprechen wir von Fleiß

Mit einem überbordenden Einsatz vor allem als Angestellte und damit für anderer Leute Ziele gewinnt die Superbiene, gleich ob männlich oder weiblich, oftmals Vorgesetzte und Unternehmer für sich. Ihr Einsatz nötigt allen Lob und Anerkennung ab. Aber er macht auch einsam. Und er hält mit seinem Verhinderungsmechanismus »gegen Reflexion« Menschen dumm.

Fleiß ist einerseits total beliebt: Wer findet nicht Fleiß per se lobenswert? Welches Kind darf nicht mit Lob für fleißige Arbeit rechnen? Fleiß ist kollektiv positiv bewertet. Andererseits ist Fleiß die solide Basis von Quantität. Das Ergebnis von Fleiß ist messbar: so viel Einsatz, so viel Zeit, so viel Aufwand, so viel Wirkung.

Qualität dagegen hat mit Fleiß nichts am Hut: Qualität muss beschrieben werden. Was wiederum voraussetzt, etwas wahrzunehmen, zu fühlen, zu spüren. Fleiß verhindert genau dieses Spüren und bewährt sich damit als wunderbarer Motor fürs Funktionieren. Der Schriftsteller Carl Amery argumentierte rigoros: »Ich kann pünktlich zum Dienst im Pfarramt oder im Gestapokeller erscheinen; ich kann in Schriftsachen ›Judenendlösung‹ oder Sozialhilfe penibel sein; ich kann mir die Hände nach einem rechtschaffenen Arbeitstag im Kornfeld oder im KZ-Krematorium waschen.«[22]

Das ist hartes Brot. Aber zugleich sehr wahr. Und es ist auch nicht weit weg für uns. Schließlich gehört Beziehungsunfähigkeit ebenso wie die Unfähigkeit einer Beziehung zu sich selbst zur erforderlichen Entfremdung, zum Programm von Johanna Haarer, wie wir vorhin gesehen haben.

Privatleben? Überbewertet

Superbienen haben eventuell ein Kind, weil sie ganz zu Beginn ihrer Karriere nicht genau aufgepasst haben. Das lässt sich gut mithilfe der Großmutter und des Erzeugers gemeinschaftlich managen, bis ein Internat eine echte Option darstellt, am besten im Ausland. Und zum Glück werden Kinder ja erschreckend schnell groß!

Eine freiwillige Beziehung aber hält die Arbeitsfixierung, die bei der Rolle als Superbiene gegeben ist, auf Dauer nicht aus. Natürlich bestätigen Ausnahmen die Regel, von denen ich folgende persönlich erlebt habe beziehungsweise kenne:

1. Die Superbiene sucht ihr Heil »daheim«, entweder in der Hausarbeit oder als begüterte Hausfrau in der Charity.
2. Die Superbiene findet eine ebensolche Superbiene als Partner.

Meine Mutter war wie gesagt eine Superbiene, die generalstabsmäßig ihre Talente ignorierte und stattdessen aus meinem Elternhaus das großräumige Feld für ihren Einsatz machte. Unter dem elterlichen Dach befanden sich ein Handwerksbetrieb, den mein Großvater und mein Onkel führten, drei dazugehörige Haushalte, dazu unsere Kleinfamilie. Jeder Tag hatte ein klar definiertes Programm; dagegen halfen auch Krankheiten, herausragende Ereignisse oder Todesfälle nicht. Die Arbeit, so sinnlos sie war, durfte auf keinen Fall liegen bleiben.

So erlebte ich das als junges Mädchen. Später, als ich mit meiner Mutter als Erwachsene sprechen konnte, zeigte sich das Leid dahinter: Sie freute sich über mein freies Leben, meine Reisen, meine Erfolge in der Welt, als wären es ihre eigenen. Es zeigte sich, dass ihre eigenen Interessen in dem Moment starben, als der

Patriarch der Großfamilie, mein Urgroßvater, ein für allemal entschied: Meine Mutter habe mit fünfzehn in die Hauswirtschaftsschule zu gehen, um die Haushaltsführung der Handwerkerfamilie abzusichern.

Und mit all der Energie, die in ihr steckte, organisierte sie sich durch die Haushalte, definierte einiges davon als Hobby um und gönnte sich am Samstag wie am Sonntag jeweils zwei, drei Stunden zur freien »Verschwendung«. Die wurden dann dem Kreuzworträtsel in der *Bäckerblume* gewidmet, später auch mal dem Mittagsschlaf.

Zeit, um sich zu bemitleiden, gab es nicht. Das war bei uns total verpönt. Es blieb alles im gesellschaftlichen Rahmen, der Wille meines Urgroßvaters wurde ausgeführt, bis meine Mutter starb – als eine Superbiene, die diesen Frondienst am Ende doch umzuwandeln gewusst hatte: in einen Dienst an ihrer Familie.

Die »Unterform« einer Superbiene, die schwer beschäftigte Charitylady vom Kaliber einer Bettina Wulff oder einer Ute-Henriette Ohoven, verweist auf andere Zusammenhänge: auf ein Leben in einem begüterten Haushalt mit Personal und mit so vielen Freiräumen für die Ehefrau, dass diese gezwungen ist, sich zu betätigen, weil das zum Klassenkonzept gehört. Dabei sind die Grenzen dieser Betätigung vorgebahnt und nicht einfach frei wählbar. So landen heute noch etliche Frauen, die sich reich verheiratet haben, in der Charity-Ecke.

Das führt zum gleichen traurigen Spiel: Potenzial? Talente? Die werden vielleicht rudimentär eingesetzt, wenn es etwa um den Verein zum Ankauf von neuen Kunstwerken für das international berühmte Museum geht. Hier wirkt die Superbiene als emsige Akquisiteurin von neugierigen, ebenfalls begüterten Frauen, die allerdings selbst keine Zeit für so viel schöne Betätigung finden. Als Charitylady ist ihr neben ein wenig Neid auf den kostbaren Zeitvertreib zugleich die Anerkennung einer gesellschaftlich relevanten Tätigkeit gewiss, die von Sachverstand ebenso wie von Charme getragen ist.

Die Charity-Frau, die ich vor Augen habe, ist mit einem recht langweiligen älteren Mann verheiratet und sehr froh, ihr Engagement und ihre Lebendigkeit mit vielen, stets wechselnden Menschen zu teilen und dabei Anerkennung, Respekt und eben Neid zu spüren. Für etwas muss das abgebrochene Kunstgeschichtsstudium ja nützlich sein!

Auch hier das Gleiche wie beim Haushalt: Der Bereich, um den es geht, wird »einverleibt«. Alle Energie konzentriert sich darauf. Klagen über zu wenig Zeit, natürlich angemessen diskret, gehören zur Pflicht und zum selbstverständlichen Repertoire eines aufopfernden Alltags. Die Superbiene fliegt, aber leider nicht ihren eigenen Zielen entgegen.

Gleich und gleich ist auch keine Lösung

Das Glück, als Superbiene eine zweite Superbiene zu erwischen, hat entweder schnell ein interessantes Vermögen und ein gutes Teamspiel zur Folge – sollten beide gleichzeitig daheim und frei sein –, oder man bildet eine Zweckgemeinschaft, lebt sich systematisch und still über die Jahre auseinander, bis irgendwann hormonelle Einflüsse im Frühling dazu führen, dass der eine geht, der andere zurückbleibt.

Teilen sich die beiden Superarbeiter ihre geringe Freizeit jedoch passend auf, kann das Superbienen-Paar ziemlich erfolgreich sein; wir sehen das immer wieder im deutschen Fernsehen, vor allem in Krimis. Dann werden abends vorm Designerkamin Kontoauszüge gelesen und diskutiert. Und wenn es sich gut fügt, begreifen beide zu einem ähnlichen Zeitpunkt, dass es so auf Dauer nicht weitergehen kann. Wenn es schlecht läuft, bleibt der eine völlig überrascht zurück: Die vernünftige Planung war doch so genial!

Hier wurde übersehen, dass kein Mensch über den Verstand zur Vernunft kommt. Und dass all unsere Entscheidungen im Wesentlichen emotional erfolgen. Rationale Gründe locken uns vielleicht in die Ehe mit einem betuchten Mann, aber wie schnell spüren wir, dass Geld uns innerlich nicht nährt! Viel und lang arbeitende Powerpaare können dem einen Riegel vorschieben, indem sie ihren Eifer, ihren Einsatz und dessen Früchte reflektieren. Wo Reflexion ins Spiel kommt, da entstehen neue Möglichkeiten – drücken wir also die Daumen.

Reflexion ist allerdings eher die Ausnahme, denn üblicherweise verhindert gerade Fleiß eine Reflexion, die über die Kontrolle des zu Erledigenden hinausgeht. Entsprechend ist »Fleiß statt Reflexion« das Mantra all derer, die unliebsame Gefühle nicht fühlen, unliebsame Gedanken nicht denken und unliebsame Wahrheiten nicht wahrhaben wollen.

Fleiß hält uns beschäftigt und verhindert so Momente des Nachdenkens, der Reflexion, aber auch des Genusses.

Die Lüge sitzt uns in den Knochen

Carl Amery hat den zitierten Satz schon vor gut fünfzig Jahren geäußert. Warum um Himmels willen ist Fleiß dann heute noch so sensationell gut beleumdet? Warum haben weder unsere Mütter noch unsere Väter daraus etwas gelernt? Warum sind sogar viele von uns zu fleißigen Bienen mutiert, immer der Verheißung folgend, das könnte zu einem guten Ende führen. Dieses gute Ende gibt es nicht, jedenfalls nicht einfach mit Fleiß. Im Gegenteil.

Fleiß bedingt und erfordert quantitative Rahmenbedingungen. Da wo Fleiß auftritt – Achtung! –, flüchtet die Qualität! Wo die Superbiene fleißig und bis in die Nacht ihr Produkt perfektioniert, wird dieses möglicherweise rund und perfekt – allerdings vielleicht nur, was Formatierung, Fußnoten und das Literaturverzeichnis betrifft. Das, was ein Produkt genial macht, ist die kreative Leistung darin. Die aber ist qualitativ.

Zu Recht gilt Fleiß als Basis von Effektivität. In vielen Unternehmen ist das deckungsgleich mit langer Anwesenheit. Viele Überstunden sprechen immer noch für einen arbeitsamen Mitarbeiter. Etliche Unternehmen haben zwar längst Lunte gerochen – irgendetwas macht doch einer falsch, der mit seiner Aufgabe niemals in der geplanten Zeit fertig wird –, doch die quantitative Fraktion ist meist in der Überzahl. Mit durchschlagendem Erfolg: die entscheidende Frage nach der Effizienz der fleißigen Mitarbeiter wird immer wieder untergebuttert, zur Nebensächlichkeit erklärt, beiseitegeschoben.

Wer etwas von Effizienz versteht, hält Fleiß eben gerade nicht für die alleinseligmachende Lösung. Für Effizienz ist Fleiß sogar hinderlich. Das zeigt sich, wie schon gesagt, in fehlendem Erfindergeist, mangelnder Kreativität, einem Totalverlust an Fantasie. Eine Bankrotterklärung.

Aber Fleiß bewirkt noch mehr. Er lenkt ab von uns selbst. Wer fleißig ist, bei dem tritt die eigene Person in den Hintergrund. Wir kennen es alle von unseren Fluchtbewegungen: Wer funktioniert, der muss sich nicht mit sich selbst befassen. Deshalb lässt sich, mit Verlaub, vermutlich ein KZ mit Fleiß sehr viel besser putzen als mit Effizienz. Wer die Dinge hingegen richtig tun will, der muss eine Situation begreifen, sie einordnen und die richtigen Schlüsse daraus ziehen.

Dass Fleiß bis heute ein so unverändert hohes Ansehen genießt, hat mich beim Schreiben richtig erschreckt. Liegt es tatsächlich daran, dass die Werte der Nazizeit noch tief in uns stecken? Könnte die Ursache sein, dass viel zu wenig vom nationalsozialistischen Gedankengut bislang im gesellschaftlichen Alltag aufgearbeitet wurde? Ist auch die Beziehungsunfähigkeit, mit der viele von uns über Fünfzigjährigen zu kämpfen haben, eine Folge dessen? Ich gehöre zur Generation der Kriegsenkel und schaue verstört, aber zugleich entschlossen auf unsere soziale DNA.

Zwischenfazit:
Die Fleißlüge macht mürbe

Die Idee, Fleiß könnte den Einzelnen und eine Gesellschaft nach vorne bringen, ist absurd. Jeder Unternehmer würde das negieren, jeder Lehrer dem abschwören, jeder Bildungsexperte die Augen verdrehen. Und dennoch reißt der Fleiß alles wieder raus: Bei der letzten Bildungsreform wurde der Stoff von neun Schuljahren in acht gepackt – fleißige Schüler schaffen das. Leider waren quantitativ denkende Lehrer nicht in der Lage, den Schulstoff nach Qualitätskriterien zu reduzieren und so inhaltliche Schwerpunkte zu setzen. Ein Glück für das quantitative System: Die Schüler waren Gott sei Dank fleißig, die haben auch das überstanden.

Weitergedacht: Aus einem normalen Schüler wurde kraft Schulreform die Superbiene vorgefertigt. Ein (Miss-) Erfolgsrezept, wie sich im weiteren Verlauf zeigen wird, das weder für den Einzelnen noch für unsere Gesellschaft taugt und trägt. Beispiele finden wir an jeder Ecke: Wer fleißig vor sich hin arbeitet, wird ausgemustert und baldmöglichst durch Technik ersetzt. Das erlebt die emsige Hausfrau ebenso wie der stille Buchhalter, der auswendig lernende Schüler und die hochgerüstete Managerin. Letztere merkt es dank ihres inhaltlichen Profiles früher als die anderen.

Jeder vermag angesichts der absehbaren wie traurigen Folgen begreifen, dass Fleiß als Erfolgsrezept eine Lüge ist. Eine Lüge, die uns zu steter und konstanter Arbeitsleistung antreibt, die Frauen (und immer mehr Männer) in die Hamsterräder der Wirtschaft katapultiert, die uns von uns selbst fernhält und deren kollektive Wahrheit dazu beiträgt, dass wir uns alle immer wieder bei der Veredelung unangenehmer Tätigkeiten durch Fleiß erwischen: Wir übernehmen hier und da Arbeit, die weder menschenwürdig noch für die Gesellschaft hilfreich ist.

So kontrollieren wir als Vorgesetzte die Leistung von Mitarbeitern, die erwachsen und erfahren sind. Produkte lassen sich kontrollieren, aber Menschen? Wir könnten es besser wissen, doch wir verhindern diese Einsicht geflissentlich. Die Lüge vom Fleiß geht weiter, unterminiert den gesellschaftlichen Aufbruch, erreicht unsere Kinder und jungen Leute, demütigt uns selbst in unserer natürlichen Weisheit und unserer Erfahrung.

Auf diese Spur bringt uns die Superbiene, die bei Lichte besehen nichts anderes bietet als die konsequente Übersetzung des Prinzessinnen-Daseins als »gleichberechtigte Frau« in die Arbeitswelt. Die Prinzessin, die – endlich verheiratet – nach traditioneller Vorstellung zu Hause für die Familie sorgt, sich mit Sorgfalt und Fleiß dem Haushalt zu widmen hat, führt ganz ähnlich wie die Superbiene ein isoliertes, singuläres Leben. Ein Leben, getrieben von Perfektion und hohem Anspruch, in klar abgezirkelten Kreisen und Bereichen, jenseits von Macht, jenseits von großen Gestaltungsmöglichkeiten.

Das kann es doch wirklich nicht gewesen sein! Richten wir also den Blick auf eine Rolle voller Macht und Freiheit, die Gestaltungsraum ebenso wie Ruhm verspricht. Eine interessante Variante im Erfolgskonzert der Unternehmen, aber auch im persönlichen Leben – es ist die Rolle der Heldin.

3

Die Heldin –
eine Frau koppelt sich ab

Madonna ist eine oder war es jedenfalls zu meinen wilden Zeiten, also: früher. Lady Gaga zählt heute noch dazu. Ich spreche von der Heldin. Heldinnen sind herausragend, sie liefern auf den Bühnen der Welt perfekte Auftritte ab und kassieren dafür erstaunliche Gagen. Kleopatra war eine Heldin, und die Schauspielerin Elizabeth Taylor, die diese einmal gespielt hat, ebenfalls. Heldinnen sind ganz sicher eines: herausgehoben. Teil einer Inszenierung und auf der Bühne wie im »echten« Leben stets von unten zu betrachten.

Sie sind exzellente Arbeiterinnen, oft genug sogar herausragende, können super performen, um es im Unternehmensdeutsch zu sagen. Sie arbeiten genau in dem Bereich, der sie interessiert oder bewegt – meist ohne dabei auf Weiblichkeit, Erotik und Ausstrahlung zu verzichten. Sie sind so frei, sich auszusuchen, was sie wie zum Ausdruck bringen. Sie verhandeln knallhart oder leisten sich Mitarbeiter, die das für sie übernehmen. Billig sind sie nie.

Die Heldin ist schon darin das Gegenmodell zur Superbiene, dass sie Vorgesetzte oder Ehemänner nicht als Personen betrachtet, von denen man Anerkennung wünscht. Im Gegenteil: Sie löst sich aus der gesellschaftlich gegebenen Abhängigkeit von Männern und schaut am Ende des Tages auf alle herunter – mitten hinein in die Kameras und Handys von Männern und Frauen, die sie als Projektionsfläche für die eigenen Träume und Wünsche nutzen.

Trägt die Superbiene seit Mitte der Neunzigerjahre den bewährten Hosenanzug, ist dabei dezent geschminkt und vorsichtshalber bis zur Unsichtbarkeit unauffällig, so hat man von der Heldin ein anderes Bild. Sie ist bunt, vielleicht sogar schreiendbunt, und hat einen sehr individuellen Charakter. Die Heldin ist kein Neutrum, sondern eine Frau. Da springt schon mal ein Knopf auf, die Beine werden gezeigt – und dass alles im Rahmen bleibt, ist nicht immer gesichert. Die Befreiung schießt auch mal übers Ziel hinaus, wie uns Ess- und Trinkexzesse (Elizabeth Taylor) oder Adoptionswünsche in Afrika (Madonna) zeigen.

Heldinnen und Haushalt sind ein unüberwindbares Gegensatzpaar. Der Haushalt öffnet gerade nicht den Raum, um Heldentaten zu vollbringen. Und so befreit sich die Heldin von der Enge, in der die Superbiene als Hausfrau funktioniert. Während der Haushalt für die einen den sicheren Hafen bedeutet, stechen die anderen von hier aus in See, um sich anschließend auf einer Heldenreise entwickeln können.

So ist der vielleicht bekannteste Held der Antike, Odysseus, sehr weit herumgekommen, derweil seine Gattin Penelope neben der Familie für ihn noch das Regieren erledigte. Als schließlich ein Nebenbuhler auftauchte, beendete er seine Reise, brachte selbigen um und übernahm ganz selbstverständlich wieder das Ruder im Reich.

So oder ähnlich geht auch sein weibliches Pendant vor. Die Heldin erzeugt Macht, geht anderen Frauen voran, schafft Spektakuläres. Dabei ist sie »beweglich« und, sagen wir, wenig konstant. Denken Sie an Odysseus: Kaum ist er auf seiner langen Fahrt irgendwo gelandet, schwupps ist er schon wieder weg. Vergleichbares zeigen uns auch die weiblichen Superstars der Musik- und Filmbranche, von denen wenige eine solch ausgeprägte Dauerhaftigkeit inszenieren wie etwa Angelina Jolie mitsamt Mann und Kindern, die quasi die erfolgreichste Familie der Welt als öffentliches Programm auf allen Kanälen geben.

Wie so etwas funktioniert und was genau hilfreich ist für Heldinnen-Ruhm, das möchte ich zunächst entlang meiner eigenen Erfahrung zeigen.

Wie die Superbiene sich selbst zu Heldenruhm verhalf

Zur Heldin kam ich wie die Jungfrau zum Kind: Ich war aus dem mittleren Management eines mittelständischen Verlags außerordentlich fleißig herausgeschossen als technische Verlagsleiterin, um als Assistentin des Vertriebsleiters eines Konzerns hart zu landen. Es gab nicht wirklich viel zu tun: Die vorhandenen Strategien griffen, Sitzungen wurden vielfach und bewährt mit Bauchgefühl geführt, Preisgespräche auch, Routinen existierten überall – ich lernte also vor allem das Corporate Life kennen.

So suchte ich mir, mithin als Beschäftigungstherapie, weitere Aufgaben außerhalb des Gütersloher Alltags. Ich schrieb einen Ratgeber über eine Projektmanagementsoftware, trennte mich von meinem damaligen Freund – wir wissen alle, dass so etwas Zeit und Kraft kostet, aber dann auch Freude und Energie liefert – und nutzte die Zeit für eine strukturierte Reflexion. Mit meinem innerbetrieblichen Coach, der mir zur Seite stand, reflektierte ich meine nächsten Schritte und überhaupt mein Vorwärtskommen im Managerinnenleben.

Ehrlich gesagt, war ich in den ersten Wochen in einem Zustand von massivem Entzug, weil ich nicht meinem alten Erfolgsmuster folgen und fleißig etwas wegarbeiten konnte. Es verlangte mir ziemlich viel Disziplin ab, nicht jedem Stöckchen zu folgen, das vorbeigeflogen kam. Mit einiger Anstrengung und viel Klarheit schaffte ich den Absprung und fing an, mich mit meinen alten Träumen und Wünschen, mit generellen Ideen für die Zukunft zu befassen. Dazu gehörte eine Doktorarbeit.

Parallel dazu begriff ich, dass ich – um mich von den sonstigen Assistentinnen und den vorhandenen Superbienen zu unterscheiden – anders auftreten, anders aussehen wollte. Ich entschied mich, das Spiel zu gewinnen und ein eigenes Spiel zu entwickeln. Entsprechend ließ ich mir edle Managerinnenkostüme in starken Farben schneidern. In Dunkelgrün, Zitronengelb, zartem Lila, in Orange – und natürlich war für die Tage, an denen ich unsichtbar bleiben wollte, ein graues Flanellkostüm dabei. Das machte Freude, und endlich fand ich das etwas langweilig verdiente Geld hilfreich.

Dabei sprach ich mit Schneiderin und Freundin Christa von meiner Lust auf eine Dissertation. Die hatte eine gute Idee und eine ebenso gute weitere Freundin. Und ehe ich mich versah, war alles getan: Ich verfügte über einen Doktorvater, ein Thema für die Arbeit und eine großartige neue Energiequelle, die mir das Funkeln in den Augen zurückbrachte.

Diese »Ablenkung« vom Tagesgeschäft erforderte eine offizielle Genehmigung. Die erhielt ich unter der Vorgabe, innerhalb von einem Jahr fertigzuwerden. Unmöglich! Unmöglich? Mein Sportsgeist war geweckt. Zwar gestand man mir keine freie Extrazeit zu, ich fühlte mich aber auch nicht per se überlastet. Obwohl ich quantitativ durchaus viel arbeitete, war ich davon weder inhaltlich ausgelastet noch erfüllt – geschweige denn entkräftet. Und einsame Abende gab es in Gütersloh weiß Gott genug zu füllen.

Meine Grundausbildung als fleißige Dauerarbeiterin kam mir hier zugute. Und nach einem Jahr war die schwerste Last geschultert, die Arbeit geschrieben. Sie bedurfte noch des offiziellen Abschlusses – aber: geschafft![23] Die Männer im Konzern waren sprachlos. Und so begann, ohne weitere Leitplanken, meine Karriere als Heldin.

Was genau macht den Helden aus?

Für Heldin und Held gelten ähnliche Bedingungen. Jeanne d'Arc ist ebenso vorangegangen wie Albert Einstein, Mutter Teresa nicht anders als Albert Schweitzer. Held sein bedeutet, etwas Großes geschafft, etwas Besonderes, etwas Verdienstvolles geleistet zu haben – etwas, das über den normalen Alltag hinausgeht und nicht jedermann möglich ist.

Wir kennen zwei Arten von Helden: den Helden der Wirtschaft und den eher »zufälligen« Alltagshelden, der etwa das hinter einem Ball herlaufende Kind vorm Pkw zurückgerissen hat oder geistesgegenwärtig und ohne Vorbehalte die Frau aus dem ersten Stock des brennenden Hauses holte. Das sind spontane, direkte Heldentaten. So ein zupackendes, souveränes und selbstverständliches Verhalten wunschen wir uns von uns selbst. Klarheit gepaart mit Mut, dazu die kaltblütige Entschlossenheit, beides in die Realität zu bringen. Alltagshelden überraschen sich und uns und nehmen sich dabei nicht wichtig. Von ihnen kommt der Satz: »Das hätte doch jeder andere auch gemacht.« Was so natürlich keineswegs stimmt.

Die verbreitetere Form wird bestimmt durch den Helden der Mythologie, an dem ich den Helden der Wirtschaft ausrichte. Ein solcher Held gerät keineswegs zufällig in herausfordernde Situationen. Im Gegenteil: Sein Auftrag ist auf Heldentum ausgerichtet. Er ist sich selbst geradezu verpflichtet, ist bewusst angetreten, um eine »höhere Aufgabe« zu erledigen. Natürlich gehört Mut dazu, das versteht sich, denn die Aufgabe orientiert sich typischerweise an den ganz großen Themen der Menschheit: Der Held kämpft etwa gegen die Mächte der Finsternis, des Chaos und des Verderbens an, die bekanntlich und grundsätzlich immer irgendwo wirksam sind. Der Held ist ein Beschützer des Guten oder des Gutes, dafür gibt er alles. Er macht das, was andere nicht tun. Er traut sich das, was andere nicht wagen. Er scheint das zu können, was andere nicht können. Aber das ist noch nicht alles.

Die Schattenseiten von Held und Heldin

Schauen wir genauer hin, wird deutlich: Helden suchen sich ihre Heldentaten selbst. Microsoft-Gründer Bill Gates hat verstanden, was der Welt fehlte, und widmet sich jetzt, da seine Energie fürs Geldverdienen nicht mehr erforderlich ist, den großen Themen der Menschheit.

Wer kann einen Bill Gates kontrollieren? Niemand. Er wird sich sicherlich mit einem Thema befassen, das innerhalb des gesellschaftlichen Kanons spielt – doch abgesehen davon ist er frei und gänzlich ungebunden. Ob die Welt seine Konzepte, Wohltaten und Leistungen nun wirklich braucht oder nicht, ist nicht erwiesen und wird zu keinem Zeitpunkt verhandelt. Kein nicht von ihm bezahlter Experte wird das prüfen – wer sollte das ermöglichen, bezahlen und auswerten? –, kein demokratisch legitimiertes Gremium wird es im Auge behalten.

Das ist eines der wesentlichen Merkmale von Helden: Sie sind in ihrem Tun nicht kontrollierbar. Der Held macht. Hauptsache, die Taten sind groß, das Abenteuer ist gesichert, und – falls das Abenteuer in der Wirtschaft stattfinden soll – es fließt viel Geld, Ruhm und Ehre.

Darüber hinaus kennen sich Helden aus mit dem Wettbewerb, sie gewinnen mit Leichtigkeit, oft mit Charme, manchmal mit Chuzpe – so spielen sie höchst elegant mit der Macht und lassen sich nicht von ihr bezwingen. Sie wissen, wie die Spielregeln lauten, die einen voranbringen, und sie können andere für große Dinge gewinnen. Sie haben Charisma.

Solche Helden habe ich in den DAX-Konzernen der Neunzigerjahre ebenso erlebt wie heute noch, gute fünfundzwanzig Jahre später. Das sind die Jungs, die in der Finanzkrise gegen ihre eigenen Produkte gewettet haben, echte Tausendsassas, denen nichts etwas galt, in den Augen der Hype, die Dollarzeichen, oft genug Wahnsinn. Und über sich eine Konzernspitze, die all das goutierte.

Helden sind die anbetungswürdigen Kerle, die das Foulen den anderen überlassen. Sie haben in ihrer Entourage einige, die das kraftvoll, elegant bis ruppig und stets abrufbar beherrschen. Das gehört im heroischen Spiel mit zur Selbstverständlichkeit. Und entsprechend abgehärtet sind die Mitstreiter. Auf die meisten treffen Begriffe wie »abgebrüht«, »ausgebufft«, »knallhart« oder »eiskalt« zu.

In der Vergangenheit waren es Gestalten wie Odysseus oder Herakles oder auch Siegfried, der bei Richard Wagner genau dieses Heldenformat erhält. In der Gegenwart beispielsweise wird von Steve Jobs geträumt, dem Apple-Gründer. Wer hätte nicht gern das iPhone erfunden, das iPad in die Welt gebracht? Technik mit Schönheit kombiniert? Ein Mann, von dem nur die hellen Seiten kolportiert werden: Erfindergeist mit großer Hingabe, dazu asketisch lebend. Sein Auftrag: eine digitale Welt in Schönheit, gepaart mit Einfachheit.

An Steve Jobs ist zu sehen, wie das Zeug heißt, aus dem Helden gemacht sind. Der Held hat einen Auftrag, der das menschliche Maß übersteigt: die Ställe des Augias reinigen, den Sirenen trotzen, das Land von Dämonen oder Feinden befreien. Oder bei Jobs: aus bestenfalls praktischen PCs und Handys ästhetische Ikonen zu entwickeln. Koste es, was es wolle.[24]

Mehr noch: Der Held fühlt sich berufen zum Handeln. Es gibt keinen Auftraggeber, und so kann ihm keiner sagen, ob er falsch oder richtig agiert. Es gibt keine Justierung von außen. Damit trifft Heldentum viele Unternehmer in der Seele. Aber wie steht es mit Managern? Gerade bei Topmanagern, die ihre Aufträge gegenüber Aufsichtsräten und Mitarbeitern vertreten müssen, sieht das gleich ganz anders aus: Denn der Held übernimmt faktisch kaum oder keine Verantwortung für sein Leben, seine Arbeit oder seine Leute – er steht ein für seine Idee.

Helden brauchen Follower

Lassen Sie es sich auf der Zunge zergehen: Er steht nicht für sich ein, nicht für die Menschen, die ihm anvertraut sind – seien es Gefährten, seien es Mitarbeiter, sei es die Familie. Odysseus, der viele Jahre mit seinen Begleitern das doch relativ übersichtliche Mittelmeer bereiste, ist so einer. Ähnlich lässt sich das nach näherer Betrachtung bei Steve Jobs ausmachen: Sehen wir nicht gerade in dem Apple-Gründer einen Helden, der vorangeht – und sehen wir nicht noch viel mehr die, die ihm einfach folgen? Inwieweit gehört also Gefolgschaft geradezu zwangsläufig zum Heldentum?

Das Wort »Follower« in den sogenannten sozialen Medien macht das sehr schön deutlich: Ist heute auf Facebook der ein Held, der die meisten Follower hat? Vielleicht ist das Konzept der Follower aber auch schon wieder auf dem absteigenden Ast. Es steht schließlich nicht für Qualität, sondern eher für eine quantitative Wirkung, wie etwa die Ausstrahlung einer Person. Follower zu haben – das erfordert überhaupt nicht, im Kontakt mit sich oder den anderen zu sein. Follower stehen schließlich auf einer anderen Stufe.

Wir Deutsche sind da gebrannte Kinder, denken wir zurück an die größte Katastrophe des 20. Jahrhunderts, die aus dem »Heldentum« eines Einzelnen entstehen konnte: Adolf Hitler und mit ihm Zweiter Weltkrieg und Holocaust. Hier der eine, der sich überhöht und damit durchkommt – da die anderen, die ihm folgen, die das selbstständige Denken aufgegeben haben oder in der Gefolgschaft ihre Optionen sehen – und statt der eigenen Nüchternheit Heldengeschichten in die Welt bringen.

Das ist so in unserem direkten Umfeld nicht mehr vorstellbar, werden Sie vielleicht dagegenhalten. Ja, vielleicht. Aber nehmen wir noch einmal das Beispiel von Jobs, der 2011 an Krebs starb und von der Apple-Gemeinde zum Helden gekürt wurde. War er »wirklich« ein Held? Oder wird er bloß als Held gefeiert, weil die Inszenierung stimmte? Sein Heldenruf ist da, vom Produkt im Nachhinein geadelt und somit – vorläufig – nicht mehr aus der Welt zu schaffen.

Im Blick aus der Distanz erleben wir den Helden gerade nicht im Umgang mit Menschen, sondern nur in seiner Inszenierung auf Bühnen, bei Mitarbeiterversammlungen und besonders durch die Medien oder für die Medien. Je näher wir dran sind am inszenierten Helden, umso klarer wird, wie dieser Mensch tatsächlich mit seiner Verantwortung umgeht. Das bedeutet: Heldentum wird erleichtert und auch erreichbar durch Distanz.

Wir können aus der Ferne wesentliche Dinge nicht mehr erkennen und uns nicht daran orientieren. So wissen wir etwa nicht, wo der Held seine Verantwortung sich selbst gegenüber wahrnimmt, wo er andere ausbeutet und allein den Ruhm abgreift, sei es unter Protest. Ein Held betritt die Bühne, und wir schreiben dieser Person zu, was wir ihr zuschreiben wollen. Wir gehen der Medienberichterstattung dabei auf den Leim – aber jenseits der Bühne, da ist der Held nicht erlebbar.

Funktionierer ermöglichen Heldentum

Wo ein Held ist, da finden sich immer jede Menge Funktionierer. Denn wo ein Held unterwegs ist, müssen die anderen keine Verantwortung übernehmen, das ist sogar völlig unerwünscht. Damit wäre der Held nämlich sofort eingeschränkt in seiner Handlungsfreiheit.

Helden sind typische »Täter«. Sie handeln, legitimieren sich für dieses Handeln auf eine für sie selbst und möglichst auch für andere stimmige Art und Weise – und ziehen so Menschen an, die sich eher als »Opfer« verstehen. Wer im Modus des Opfers ist, fühlt sich meist an einen Täter gebunden. Auf der emotionalen Ebene ist an Täterschaft eine enorme aggressive Energie gekoppelt, die bei Heldin und Held mit Charme und Charisma einhergeht.

Wer im Tätermodus ist, der hat möglicherweise Angst – etwa vor Langeweile, vor sich selbst, vor einem uninteressanten Leben – und überspielt diese Angst mit dem Gegenpol, mit Aggression. Sobald dieses aggressive Vorgehen von einem Lächeln und von Freundlichkeit begleitet wird, lässt sich dem schwer widerstehen. Hier kommt zu Kraft die Ausstrahlung.

Diese Energie wirkt vor allem auf Menschen, die im Opfermodus leben – deprimiert, ohne eigene Ziele, mäßig erfolgreich. Bei ihnen wird, vielfach genau umgekehrt, unterschwellige Aggression mit Angst oder mit Zurückhaltung gedämpft oder überspielt. Wer sich im Unternehmen als Opfer fühlt, der neigt zum Funktionieren.

Wohin allerdings das Modell »funktionierende Mitarbeiter« führt, liegt auf der Hand: zu hoher Personalfluktuation und demotivierten Menschen, zu Überbürokratisierung (wie etwa zeitaufwendigen Kontrollen von Abläufen und Personen) und zu Technologiegläubigkeit bis hin zur totalen Technokratisierung der Arbeitswelt. Hört sich an wie ein Gruselszenario? Ist aber der normale Alltag in vielen Firmen, insbesondere in Verwaltungen.

Die Führung von »oben« schadet, egal ob es sich um »den ganz großen« Helden handelt oder um einen heroischen Manager, der sich anmaßt, über andere zu entscheiden. Das gilt natürlich ebenso für die weibliche Ausprägung, die Heldin. Sie vereint die Nachteile männlichen Heldentums in der Wirtschaft und liefert dazu Empathie, die es vielleicht noch leichter macht, ihr bedingungslos zu folgen. Gute Helfer für Held und Heldin sind die Superbienen, die für eine charismatische Führungskraft viel auf sich nehmen.

In der Summe sind die Kennzeichen von Heldentum die folgenden:

1. Helden und Heldinnen machen sich ihre Aufträge selbst. Sie sind nicht kontrollierbar und entziehen sich den Systemen, in denen und mit denen wir arbeiten.
2. Helden und Heldinnen nehmen möglichst extreme, herausgehobene Positionen ein.
    Gerade in ihnen haben wir es mit Menschen zu tun, die Heldentaten im Sinn haben, obwohl eigentlich Veränderung stattfinden sollte. Sie sind hinreichend charismatisch, entschlossen und empathisch, um andere zu überreden, ihnen zu folgen.

3. Überredung führt zu funktionierenden Mitarbeitern. Heldentum verhindert Eigenverantwortung. Wenn Menschen funktionieren, können wir auf keinen Fall hoffen, dass sie zu Innovationen fähig sind, dass sie ihre Fantasie entfalten oder besonders kreativ sind. Solche Menschen tun ihre Pflicht und leben ihre Kreativität in der Freizeit aus.

Das Funktionieren ist also ein Verhalten, das direkt mit dem Heldentum zusammenfällt – weil Funktionierer eben »unter« Helden und unter Heldinnen arbeiten. Zu diesen Funktionierern gehören die Superbienen, die optimalen Verwalterinnen heldenhafter Nachlässe und Aufgaben im Unternehmen. Wie die Funktionierer sind sie fleißig, arbeitsam, bescheiden, ordentlich – und naiv.

Woran die Heldin zu erkennen ist

Als das *manager magazin* im Frühjahr 1994 eine Geschichte über mich brachte, war mir in der Sekunde klar: Das ist ein echter Durchbruch. Der Artikel kam in der Rubrik »Querdenker« und beschrieb meinen Ausstieg aus der Konzernkarriere bei Bertelsmann.

Vom Erscheinungstag dieser Ausgabe an stand ich im Mittelpunkt der unterschiedlichsten Interessen. Es hagelte Angebote, Aufträge, Anfragen aus DAX- und internationalen Konzernen; die Männer meiner Freundinnen lobten mich, luden mich ein, wollten mich bei Events vorstellen. Ein Fernsehsender bat darum, einen Film über mein Managerinnenleben drehen zu dürfen. In diesen vier Wochen regnete es nur so Interesse, Ruhm und Respekt. Ich wurde eingeladen, gesehen, wertgeschätzt – all das hatte ich in den Jahren zuvor keineswegs erlebt.

Erst mit etwas Verzögerung merkte ich, wie außerordentlich gleichgültig meinem Umfeld der Inhalt das Artikels war. Das interessierte gar nicht: egal, ob gut oder schlecht, Hauptsache drin. Die meisten Ex-Kollegen gratulierten mir genau dazu, dass ich es in dieses Wirtschaftsmagazin geschafft hatte. Ein damaliger gleichaltriger Vorstand von Gruner & Jahr bat mich ernstlich um das Rezept. Es war zwar erzählbar, aber schwer umzusetzen. Es hieß: »Sei ein Held!«

Heldentum hat unbedingt damit zu tun, dass etwas wert ist, erzählt zu werden. Was wären die Helden der Antike ohne Homer? Wir hätten Odysseus längst vergessen, dessen zehnjährige Irrfahrt, mehr aber noch dessen listenreiche Problemlösungen, die Gegenstand der *Ilias* sind. Ähnliches geschah mit dem Kampf um Troja, von dem uns berichtet wird. Dabei lernen wir über Agamemnon und dessen Heldentaten all das, was Homer für wert befand, der Nachwelt übermittelt zu werden.

Wir wüssten kaum von Helden ohne jemanden, der das Heldenhafte sieht und bereit ist, es zu besingen. Heute werden Helden durch die Medien »gemacht«; beide brauchen einander. Einer wie Friedrich Liechtenstein, der die »Supergeil«-Werbung und sich selbst bestens inszeniert, gehört zu den professionellen Profiteuren dieser Überhöhung.

Wie aber sieht es in der Wirtschaft aus, am Arbeitsplatz?

Heroisches Management heißt: Führung über Hierarchie

Helden machen auch im Unternehmen gern die große Welle. Heroisches Management definiert sich jedoch nicht nur über den einen Unternehmer, der seinen Traum lebt, oder den Topmanager, der seine Inszenierung realisiert, sondern ist ebenfalls im Kleinformat zu haben, nämlich im Zweifelsfall beim nächsten Vorgesetzten.

Dort erleben wir auch heute noch Heldentum der Nachkriegsart: die große Geste statt des gescheiten Dialogs mit dem Mitarbeiter, den Tsunami statt der sachlichen Analyse, die kämpferische Rhetorik statt einer Stärkung der besten Mitarbeiter. Selbst wenn der Machtbereich im mittleren Management gering und die Heldentaten zwangsläufig kleiner werden, wird oft heroisch gehandelt.

Ja, die traditionelle Wirtschaft lebt geradezu von einem heroischen Management, einem Typus von Manager, der alles für seine Sache (oft genug für sein Unternehmen) tut und dahinter ganz selbstverständlich sein Privatleben, seine Gesundheit, seine eigenen Interessen sowie die seiner Kunden zurückstellt. Der heroische Manager überhöht sich und ebendiese Sache. Das legitimiert Macht: Ein heroisches Management übt Druck aus, schließlich ist die Sache total wichtig!

Hier handelt es sich um eine überholte Grundannahme. Sachen sind nicht wichtig, Menschen sind wichtig. Die Auflading der »wichtigen« oder »guten« Sache – sei es der Krieg gegen den Fundamentalismus oder der Kampf für die Schönheit des iPads – führt dazu, dass Druck legitim wird. Ich nenne es »Rationalisieren«, wenn sozial inakzeptables Verhalten, etwa die Kontrolle erwachsener Menschen durch andere erwachsene Menschen, mit sozial akzeptablen Gründen erklärt wird: zum Beispiel die Entlassung von 5000 Leuten, damit weitere 20 000 ihren Arbeitsplatz behalten.

Zum Heroischen gehört neben diesem Rationalisieren immer auch ein stark quantitatives Element: Heroisches Management orientiert sich an Zahlen und fordert beziehungsweise zielt auf Kennzahlen. Dabei wissen wir: Zahlen bilden die Arbeitskraft von Menschen nur kurzfristig ab. Diese quantitative Bemessung zielt immer auf eine Beurteilung, die weit hinter ihr Potenzial zurückfällt.

Menschen sind bei einer solchen Betrachtungsweise bessere Arbeitstiere. Wer nur auf sein gutes Funktionieren reduziert wird, verliert seine Würde. Und hat dann wenig Lust, seine Energie, seine Kraft tatsächlich in den Dienst der so oft angerufenen höheren Sache zu stellen.

Es spricht also vieles gegen Heldentum. Das war mir damals alles irgendwie vage klar. Dachte ich. Und dennoch fand ich mich als Heldin wieder.

Den ersten Heldenschritt machte ich, indem ich meine Doktorarbeit in kürzester Zeit realisierte. Der elementare Schritt aber passierte früher: die Trennung von meinem Freund. Mit einem Partner hätte ich diesen Kraftakt wohl nicht vollbringen können, denn ich war nicht mit einem Mann zusammen gewesen, der mir den Rücken freigehalten hatte. Wir hatten, in aller Modernität, eine ganz traditionelle Beziehung – er hatte mich immer wieder als kluge Frau an seiner Seite und für seine eigene Karriere genutzt; und ich hatte diese Leistung auch ganz selbstverständlich geliefert.

Die Heldin ist abgekoppelt von Beziehungen, in denen sie wirklich geben muss oder soll. Sie braucht ja ihre ganze Kraft für die große Sache, für das Abenteuer! Da kann sie sich nicht noch um das Aufpäppeln eines Gatten kümmern – bestenfalls geht hier ein Follower, jemand, der genau weiß, was er an seiner Heldin hat.

Heldinnen töten Drachen, was sonst?

Mein Überflieger-Doktortitel definierte also in der äußeren Welt den Startschuss fürs echte Heldentum. Schon am Tag nach der mündlichen Verteidigung lag vor mir auf dem Schreibtisch der Schlüssel für einen neuen Firmenwagen und für ein eigenes Büro. All das gekoppelt an einen aufregenden Sonderjob: Ich wurde Geschäftsführerin einer Konzerntochter mit Büros in Leipzig und Moskau, in Berlin und Gütersloh.

Das hört sich sensationell an. Faktisch handelte es sich dabei um eine Art Himmelfahrtskommando. Ziel: Akquise von Druckaufträgen. Vorgehen: mit einer erfahrenen Taskforce alter Hasen (und Häsinnen) unter meiner Führung die Marktöffnung in Osteuropa für die Druckbetriebe nutzen, und zwar mit allen Mitteln – vom traditionellen Vertrieb über erweiterten Service bis zu Finanzierungsangeboten.

Das hatte nun wirklich Heldinnen-Format. Und ich zog los. Gut gelaunt, optimistisch und in schönster Selbstüberschätzung, frei von Angst, vielmehr getragen von Neugier und Abenteuerlust. Für die Daheimgebliebenen war allein schon die Vorstellung eines Alltags im wilden Osten abschreckend: Ob es das noch ganz stille, verschlafene Leipzig war, wo ich mir im Hotel zum Löwen mit den Glücksrittern aus der Immobilien-, Öl- und Bankenbranche das Frühstücksbuffet teilte, aber abends vom Feierabendbier in der benachbarten Bar ausgeschlossen war, weil die Prostituierten dort keine anderen Frauen duldeten. Oder das unübersichtliche, unwirtliche und ruppige Moskau, wo auf den Straßen geschossen wurde oder Panzer vorm Büro aufzogen. Wo auch immer ich gerade herkam, wenn ich in Gütersloh zum Reporting einschwebte, jeder meiner Berichte entfachte und erforderte Fantasie, über alle Zahlen hinaus.

Der Einsatzort Moskau reduzierte den Neid massiv, denn dort wollte keiner meiner Kollegen auf ähnlichem Führungsniveau hin. Junge Familien und gefährliche Pionierzeiten, das ging für die meisten nicht zusammen. In der Ignoranz dieser Fremdheit lag natürlich ebenfalls Heldentum: Ich fegte solche Überlegungen für mich mit einem Streich vom Tisch, war vielmehr überaus froh, Gütersloh mit seiner sozialen Kontrolle und seinem sehr übersichtlichen Unterhaltungsangebot zu entrinnen.

Die Realität erwies sich als turbulent und wild; sie war erschreckend echt. Ich konnte plötzlich verstehen, wieso auf frühen Landkarten Gegenden, die nicht erkundet waren, mit dem Satz *Hic sunt dracones* gekennzeichnet waren:»Hier herrschen Drachen.«So dachte man im Mittelalter etwa über Asien. Für die westliche Wirtschaft war aber schon das Gebiet in direkter Nachbarschaft, in der DDR, sehr fremd und im wahrsten Sinne des Wortes unbekanntes Terrain – als Markt wunderbar zu erobern und ein Geschenk gegen sinkende Umsätze.

Natürlich besagte der Satz *Hic sunt dracones* zugleich: Hier sind die Drachentöter unter sich. Zum Heldentum gehört das Fremde, das Abenteuerliche, das Unübersichtliche. Zum Heldentum gehört der Auftrag, von dem niemand weiß, ob und wie er zu erfüllen ist. Diesen Auftrag hatte ich, und meine Laune war exzellent.

Heldin sein macht vor allem einsam

Was widerfuhr mir dann wirklich? Nach einem Jahr im wilden Osten reifte die deutliche Erkenntnis: Hier war kurzfristig nicht viel zu gewinnen. Der Rubel war noch nicht konvertierbar, Eigentum durften nur Russen schaffen, und die generelle wirtschaftliche Entwicklung war auf ein Schneckentempo reduziert, ohne große Hoffnung auf eine demnächst stattfindende Beschleunigung durch die politische Führung.

Das stand mir deutlich vor Augen, und damit bekamen auch alle Nachteile des Jobs wieder eine Stimme: soziale Isolation durch ständiges Reisen, ein Leben in dauerhafter Improvisation und in zähem Ringen um Erfolge, die von der Konzernmutter nicht immer gesehen und geachtet wurden. Ein Leben als Underdog, wenn denn nicht das Besondere geschah. Das aber tat es nicht. Es gab einen großen Auftrag, jedoch nicht die eine, die nicht so schnell versiegende Quelle für große Aufträge. Leben und Arbeit waren unwirtlich, ich fröstelte immer öfter.

Um mich meiner selbst zu erinnern und mich meiner Träume zu vergewissern, nahm ich eine Woche Auszeit. Ich schaute auf mein Leben in Russland zurück: Was hatte mir das Heldentum gebracht? Zeit mit Michail Gorbatschow. Sensationelle Sonnenuntergänge. Ruhm und Ehre, egal ob ich erfolgreich war oder nicht. Unendlich viele Flüge. Den Verlust naher Freundschaften. Mein engster Vertrauter: der schwarze Saxofonist einer amerikanischen Jazzband, die durch die Westhotels der ehemaligen Sowjetunion tingelte.

Die Leere in mir, die Unzufriedenheit, das Verlassensein waren für mich nicht kommunizierbar. Alte Freunde schlugen mir auf die Schulter und lachten über mein Luxusproblem. Dabei verhandelte ich hier nicht mehr und nicht weniger als die Qualität meiner Existenz. Ich ging in mich und überdachte mein Leben, meine Potenziale, meine Talente. Ich fragte mich, was ich wirklich wollte für mich, für mein Dasein.

Und ich traf anschließend eine doppelte Entscheidung: Ich wollte diese Arbeit in dieser Form nicht mehr machen, und genauso wenig wollte ich wie viele andere Kollegen in irgendwelchen Warteschleifen durch den Konzernorbit irrlichtern. So entschied ich mich, den Konzern zu verlassen.

Mein Wunsch war es wieder etwas auf die Beine zu stellen, das mit mir zu tun hatte, das meine Fähigkeiten zum Blühen brachte. Ich entschloss mich, eine neue Vision für mein Leben zu finden, eine persönliche Vision, aber auch eine für meine Arbeit. Noch bevor ich diese fand, kündigte ich. Und noch bevor ich tief durchatmen konnte, erhielt ich den Ruf auf eine Professur in Leipzig. Indem ich ihm folgte, machte ich einen weiteren Schritt als Heldin, denn ich sicherte mir Anerkennung auf der Basis des höchsten Status in unserem Land – und landete als junge Professorin.

So schließt sich der Kreis: Der Heldin letzter Schliff war gleichzeitig das Ende der Heldinnen-Rolle im Konzern. Aber das tut dem Ruhm wenig Abbruch: Die Wirkungen dauern an. Die, die damals mit mir durch diese Zeit gegangen sind, erzählen die Geschichten. Die vertraute Sekretärin, die kluge Protokollchefin, sogar die enttäuschte Abteilungsleiterin. Darunter natürlich etliche Superbienen.

Postheroisch ist en vogue, aber wenig praktiziert

Helden sind aktuell nicht mehr hilfreich für die Aufgaben der Wirtschaft. Doch auch Funktionierer sind nicht die Sorte Mitarbeiter, die sich ein moderner Unternehmer wünscht. Denn jetzt geht es um eine Transformation der alten Konzepte, um die Auflösung der beiden Gegensätze auf einer höheren Ebene. Es geht um einen neuen, einen paradoxen Lösungsweg: um das postheroische Management zum Beispiel.

Mir begegnete das Postheroische mit dem Soziologen Dirk Baecker, der 1992, in Anlehnung an Charles Handy, eine Sammlung kluger wie eleganter Managementartikel herausgebracht hatte.[25] Aber erst später, in meiner Arbeit als Coach, bekam der postheroische Ansatz für mich lebenspraktische Relevanz, Gewicht, ja sogar Alltagstauglichkeit. Als ich im Herbst 2004 das Victory-Zeichen vom damaligen Deutsche-Bank-Vorstandssprecher Josef Ackermann in der *Tagesschau* sah, wurde mir mit großer Wucht bewusst, dass hier jemand gewonnen hatte, der die Vorteile riskanten Handelns legal für sich nutzte, die Probleme hingegen auf die Gesellschaft abzuwälzen wusste.

Ich spürte quasi mit jeder Faser, wie überreif die Zeit war für ein neues Managerbild und damit für einen anderen Anspruch, für Arbeit jenseits von Ausbeutung, von Beschämung, von Machtausübung. Also gründete ich im Herbst 2004 eine Firma, ein Büro für postheroisches Management und schrieb ein Buch zu diesem Thema: *Die Zeit der Helden ist vorbei.*[26]

Das Buch schaffte in mir Platz, erzeugte Bilder und Begriffe für eine neue Art von Führung, für ein anderes Menschenbild, für ein klares Ziel: für eine Wirtschaft, die dem Menschen dient und ihm seine Würde lässt. Denn das überholte, überalterte und zutiefst heroische Management war ein Überbleibsel, übersehen oder unterschätzt von den Freiheitsbewegungen von 1968.

Mein Blick galt damals meinen Kunden: Wie, fragte ich mich, konnten moderne Männer, die eine feministische Partnerin haben, die sich Hausarbeit und Kindererziehung mit ihren exzellent ausgebildeten und klugen Frauen teilen – wie konnten solche Männer mit den straffen Hierarchien, der konservativen Verteilung von Macht und dem überholten Menschenbild in den Vorständen zurechtkommen?

Heute, nach gut zehn Jahren Praxis im Umgang mit dem Konzept erprobt, glaube ich nach wie vor an seine Kraft, an seine Optionen und an seine Notwendigkeit. Es ermöglicht die längst fälligen Veränderungen in unserer Wirtschaft, weil die postheroische Haltung gerade ein Lernen aus Fehlern begünstigt. Heldentum dagegen kennt nur ein Scheitern.

Unheroisch ist auch keine Lösung

Was ist das jetzt, ein postheroisches Management? Postheroisch wird gern mit »unheroisch« verwechselt. Das stimmt so nicht: Heroisch und unheroisch sind Gegensatzpaare auf einer Ebene. Das Postheroische überwindet diese Ebene und transformiert die Gegensätze in einem neuen Verständnis.

Zum heroischen Management gehört, dass Tätersein akzeptiert ist und zum Erfolg dazugehört. Unheroisch dagegen nenne ich das Funktionieren und in weiten Zügen die Arbeit als Superbiene. Basis: Es gehört dazu, das eigene Opfersein zu akzeptieren. Die Superbiene, die nachts noch kurz die Vorlage für den Chef zusammenstellt, der währenddessen mit seiner Frau beim Dinner sitzt, bringt ein Opfer, auch wenn es quasi heldenhaft erscheint. Eine große Dosis Fleiß lässt grüßen.

Postheroisch ist weder das eine noch das andere, weder eine Haltung als Täter noch die als Opfer. Das Postheroische zielt auf die Überwindung dieser alten Polarität: Postheroische Manager übernehmen Verantwortung für ihr Tun. Sie handeln jenseits der alten Täter-Opfer-Dynamik, die im heroischen wie im unheroischen Tun steckt, und überwinden diese Dynamik.

An der folgenden Tabelle lässt sich die unterschiedliche Haltung von Täter, Opfer und von Verantwortung ablesen:

Heroisch	Unheroisch	Postheroisch
Tätersein ist akzeptiert	Opfersein ist akzeptiert	Verantwortung übernehmen statt Täter-Opfer-Dynamik
Fühlt sich unabhängig	Fühlt sich abhängig	Ist frei, sich einzulassen und zu binden

Heroisch	Unheroisch	Postheroisch
Prestigeaufgaben werden bevorzugt	Inhalte werden bevorzugt	Wovon profitieren das Unternehmen, der Kontext (Umwelt, Gesellschaft, Natur) und ich selbst am meisten?
Will sich unbedingt durchsetzen: Wettbewerb, auch Fouls	Will unbedingt besser sein: Fleiß, Fleiß, Fleiß	Ausschließlich interessiert an Aufgaben, die energetisieren

Indem ich mir das Postheroische bewusst machte, und zwar anhand meines eigenen Arbeitsalltags, entlang meiner Erfahrungen in Unternehmen und meinem eigenen Handeln, wurde mir eine weitere Sache klar: Wenn ich mich selbst ändere, dann ändere ich meine Beziehungen zu allen anderen – und damit kann ich wirklich etwas in dieser Gesellschaft bewegen. Also engagierte ich mir selbst wieder einen Coach, setzte mir neue Ziele für meine gewünschten Veränderungen und – gründete eine Firma.

Am Begriff selbst hielt ich fest. Sicher auch, weil es immer wieder zauberhafte Momente gab, wenn ich etwa beim Visitenkartentausch im Flieger nach dem »Posterotischen« im Management gefragt wurde oder meine Coaching-Materialien von hilfreichen Geistern plötzlich auf ein »posttheoretisches« Management ausgerichtet wurden. Die Kraft der Heiterkeit war auf meiner Seite, und ich merkte: Ohne Leichtigkeit, ohne Lächeln, ohne Freude ging wenig. Und ohne das wollte ich auch nicht mehr leben.

Zwischenfazit:
Frauen bevorzugen Opferstrategien

Die Heldin hat ihren Ursprung in den beiden vorher beschriebenen Rollen: Sie ist durch die Prinzessinnen-Rolle trainiert in Sachen Vereinzelung, was die große Bühne betrifft, in Show und Inszenierung. Im nächsten Schritt kommt sie oft genug weiter als die Superbiene, die mit viel Eifer und Engagement einen bestimmten Aufgabenbereich dominiert. Beide Rollen basieren auf einer Opferhaltung: Die Prinzessin lässt sich auserwählen, die Superbiene weiß wenig von sich und ihren Talenten. Diesen fehlenden Kontakt zu sich selbst fühlt sie nicht, sie tötet diese Gefühle durch Fleiß ab.

Frauen werden dann Heldinnen, wenn sie vorher als Superbiene den Geruch von Erfolg in der Nase hatten und »jetzt endlich« auch von ihrem übermenschlichen Einsatz profitieren wollen. So kommen sie in eine Täterenergie. Meist ist Heldinnentum also durch vorhergehende Arbeit und die Anwendung von Sekundärtugenden zu erreichen: Disziplin, Sorgfalt, Genauigkeit. Heidi Klum dürfte diese Dinge ebenso als relevant für ihren Aufstieg angeben wie Veronica Ferres.

Diese Frauen haben nahezu einen Heldinnenstatus erreicht, weil sie unabhängig, reich und frei sind – wie »die Männer«. Sie sind Profis in der medialen Inszenierung. Und zwar nach ihren eigenen Spielregeln. Wer so viel und so hart gearbeitet hat, ist jetzt endlich mal dran. Wo aber sind die postheroischen Frauen? Die gut gelaunten Frauen, die nicht auserwählt werden, sondern selbst gestalten – und das nicht als Täterinnen, sondern im Bewusstsein ihrer großen Verantwortung für sich, für ihr Leben und für die Menschen, die mit ihnen gemeinsam unterwegs sind. Es gibt, wen wundert es, nur wenige. Postheroisch bedeutet somit: die Integration von Heldentum und Funktionieren, zugleich aber auch das Überwinden dieser beiden Pole auf einer anderen Ebene. Es geht um Wachstum im besten Sinne, um persönliche Entwicklung.

Viele Frauen, mit denen ich das postheroische Management diskutiert habe, fanden sich in der Ablehnung von Heldentum, von all dem unnützen Wettbewerb um die Macht mit ihren Fouls, ihren Spielchen, ihren Statussymbolen wieder – und sie nahmen fröhlich an, sie seien deshalb postheroisch. Weit gefehlt. Meistens fühlen sich Frauen im altvertrauten Muster, im Unheroischen nämlich gut aufgehoben und auf der »besseren Seite«.

Unheroisch steht vor allem für eine breit angelegte Sammlung verschiedener Eigenschaften und Erfolgsstrategien, die Frauen im Kampf um die Aufmerksamkeit ihrer Ehemänner über Jahrhunderte entwickelt haben. Zum Unheroischen zähle ich in Unternehmen sowie im gesellschaftlichen Alltag folgende, nicht besonders angenehme Verhaltensweisen von Frauen, deren Ursachen in den alten Rollen liegen (ihre Wirkungen sind deswegen nicht weniger niederschmetternd):

- **Fehlende Loyalität anderen Frauen gegenüber**
  Andere Frauen werden bevorzugt aus dem vermeintlichen Wettbewerb genommen.
- **Fehlende Offenheit, kein aufrichtiges Feedback für anderen Frauen**
  Stattdessen Bestärkung in Schwächen und Fehlverhalten, auch bei Freundinnen.
- **Abwertung von Frauen, die anders sind**
  Es gilt das Schmidt-Schmidtchen-Prinzip, also das Prinzip, Leute einzustellen, die so ähnlich sind wie man selbst, frei nach dem Motto: Wer so ist wie ich, kann gar nicht schlecht sein.

- **Geiz und schlechte Bezahlung**
  Fehlende Bereitschaft, qualitativ hochwertige Arbeit von Frauen gut zu bezahlen, bei gleichzeitiger Bereitschaft, Männer sogar sehr gut zu bezahlen.
- **Bei fast jedem Auftrag einen Mann der Frau vorziehen**
  Auftraggeberinnen dekorieren sich oftmals eher mit einem Mann als Auftragnehmer.

Erkennen Sie sich oder Ihre beste Freundin wieder? In all diesen Fällen geht es um alte Traditionen, um erlerntes Verhalten oder um einen blinden Fleck, weniger um freie Wahl, gleichberechtigte Entscheidung und die Übernahme der vollen Verantwortung. Machen wir uns besser nichts vor: Unbewusste Muster treiben uns viel stärker an, als wir das gern wahrhaben wollen.

Hier erscheint mir eine weitere Rolle hilfreich, vielleicht sogar erforderlich – möglicherweise eine, die auf eine erwachsene Art zur Transformation alter Rollenreste beitragen kann. Es geht um die Rolle der Königin.

4

Die Königin –
Format für Körper,
Geist und Seele

Stilvoll winkend, die weißen Abendhandschuhe ganz selbstverständlich ins Scheinwerferlicht haltend, so verabschiedete sich
Mary Reynolds von den Gästen meiner Book-Release-Party,
stieg in ein Berliner Taxi und entschwand. Mary, etwa fünfundsiebzig Jahre alt, arbeitete an diesem Tag wie schon die letzten
vierzig Jahre als Double für Königin Elisabeth von England und
geriet definitiv zu einer Hauptattraktion des Festes.

Von ihr ließe sich viel lernen, denn sie war der echten
Queen zwar durchaus ähnlich, doch immer noch als Mary Reynolds zu erkennen. Sie parodierte nicht, sie war nicht auf Fake
aus, sondern sie zeigte uns den ganzen Abend über eine echte
Königin. Was genau, fragte ich mich, macht dieses Königliche
eigentlich aus? Eine erste Zusammenstellung lieferte erste An-
haltspunkte:

* **Die Art, sich zu bewegen**
  Sie ging sehr langsam, setzte Schritt vor Schritt und lächelte
  freundlich in die Gesichter um sie herum.

- **Ihre Haltung**
  Sehr aufrecht und damit, obwohl körperlich klein gewachsen, eindrucksvoll, ja, imponierend.
- **Ihre Gesamtwirkung**
  Huldvoll, souverän, ganz bei sich.

Mary, ob in der großen Robe und in der Rolle als Elisabeth oder unverkleidet als Mary Reynolds, hat uns alle bezwungen. Wir, ihr Publikum, waren hingerissen! Selbst Freunde von Rang holten sich ein Selfie, suchten das Gespräch, ließen sich faszinieren von dieser holden Gestalt mit dem ausgesucht liebenswürdigen Lächeln und den vollendet freundlichen Umgangsformen. *What a pleasure!*

Erlauben Sie mir einen Sprung von der Königin zur Prinzessin, von Elisabeth zu Lady Di: Der Unterschied zur verstorbenen Schwiegertochter der echten Queen war selbst angesichts des Doubles deutlich spürbar. Diana hatte in meinen Augen die perfekte Prinzessin mit allen Nachteilen dieser Rolle abgegeben: immer im Scheinwerferlicht, meist nicht bei sich, dafür Liebling und Opfer der Medien zugleich. Sie schien, jedenfalls was ihre mediale Präsenz betraf, nie gewusst zu haben, was ihre wirklichen Bedürfnisse waren. So wurde sie zum Spielball verschiedener Männer, zu *everybody's darling*. Und dann zum ewigen Sorgenkind bis zu ihrem schrecklichen Tod.

Ich gehe aber noch einen Schritt weiter. Dianas Schwiegertochter, Kate Middleton, scheint aus völlig anderem Holz geschnitzt zu sein. Ihr wird sogar unterstellt, sich den passenden Prinzen generalstabsmäßig »geangelt« zu haben. Wenn ja, dann Hut ab! Jedenfalls war sie sehr erfolgreich, zeigte Zielklarheit, strategischen Willen und auch eine gewisse Kühnheit. All das steht einer Königin sehr gut zu Gesicht. Sie weiß, was sie will, und mehr noch: Sie bekommt es.

Ein erstes Resümee lautet: Königinnen sind bei sich, treten souverän auf und verfolgen dabei ihre Ziele (und erreichen sie). Doch das allein genügt nicht für ein gutes Rollenvorbild.

Prinzessinnen tauchen häufig im Märchen auf, weil sie eine Reifung vor sich haben und genau dieser Weg dann beschrieben wird. Schneewittchen etwa muss die Tötungsversuche der Stiefmutter überstehen, anschließend die Überanpassung an die Zwerge, um dann mit einem Ruck wach zu werden.

So will es die Tradition

Königinnen werden im Märchen eher als böse (Stiefmütter) dargestellt und sind in unserer mitteleuropäischen Geschichte rar, denn Frauen wurden lediglich in besonderen Situationen und Einzelfällen regierende Königinnen. Dann, wenn der Gatte starb und sie die Macht übernehmen mussten, weil der älteste Sohn noch zu jung war, um die Staatsgeschäfte zu führen. Sofern die Berater und anderen Wettbewerber um die Krone sie an die Macht ließen.

Einen toten Ehemann wünscht sich vermutlich keine Frau so recht. Darüber hinaus musste ein ausgeprägter Hang zum Regieren vorhanden sein. Angesichts der üblichen Gemengelagen an den Höfen des feudalen Europa mit all den Intrigen, Schachereien um Länder und der politischen Einflussnahme von Hofbeamten, Mätressen, Dienern und Verwandten ist das für mich nur so vorstellbar. Entsprechend wenige Königinnen finden sich in Mitteleuropa.

Schauen wir auf die Einzelgeschichten, ist Spannendes zu lernen. Einige Väter wollten die Macht offenbar auch für die Töchter: Margarete von Tirol, geboren 1318, wurde Gräfin, weil ihr Vater mit dem damaligen Kaiser einen Vertrag verhandelt hatte, der die weibliche Erbfolge garantierte. 1335 trat sie nach dem Tod des Vaters als Regentin an, also im Alter von siebzehn Jahren. Sie wurde vom Volk geliebt, agierte sogar als Kriegsherrin und setzte zwischenzeitlich ihren zwangsangeheirateten Ehemann vor die Tür. Im Alter von einundfünfzig Jahren starb sie im Wiener Exil.

Ein aufregendes Leben – doch welche von uns würde das schon so und mit diesen Konsequenzen wollen? Viel Macht, ja, aber zu Hause keinen Partner, keine tragende Beziehung und selbstredend keine Familie? Das ist beim näheren Hinschauen geschichtlich keine Option für Frauen. Das änderte sich erst heute: Frauen aus Königshäusern in Skandinavien werden seit diesem Jahrtausend legitime Thronfolgerinnen; die Schwemme der erstgeborenen royalen Töchter in Nordeuropa hat das in Bewegung gebracht. Und die gesellschaftliche Akzeptanz von Frauen auf dem Thron ist gewachsen, seit dem Elisabeth in Großbritannien, Margarethe in Dänemark und Beatrix in den Niederlanden es ganz gut vorgemacht haben.

Natürlich haben Königinnen heute nicht mehr den Einfluss, den sie zu Kaisers Zeiten hätten auf sich ziehen können – wir haben es in Europa ja vor allem mit repräsentativen Monarchien zu tun. Es geht bei der Thronfolge also nicht mehr um die Hoheit über das Volk, sondern um dessen Repräsentation im In- und Ausland.

Für die Königin und ihr Selbstverständnis macht das keinen Unterschied: Sie übernimmt die Macht, hat die Hoheit nicht allein über sich selbst und das eigene Leben, sondern auch über ihre Familie und die Menschen, die von ihr regiert werden. Sie lebt mit Königen auf Augenhöhe, und gerade diesen Punkt finde ich besonders bedeutsam.

Mehr Königinnen braucht das Land!

Diese einzigartige Möglichkeit, dem König gleichberechtigt und selbstbewusst zu begegnen, hatte 2008 für mich den Ausschlag gegeben, ein Workshopkonzept für einen DAX-Konzern so zu benennen:»Von der Prinzessin zur Königin«. Den Führungskräften ging es in diesem Unternehmen darum, die Frauen in ihrer Risikofreude zu stärken, um mit den im Haus groß gewordenen Nachwuchstalenten und High Potentials Toppositionen besetzen zu können. Dafür befasste ich mich dezidiert mit dem Königinnen-Konzept. Ich wünschte allen Frauen und ebenso mir ein Rollenvorbild, das Folgendes leistet: Es sollte

a) aus alten Abhängigkeitskonzepten herausführen, dabei
b) mehr Möglichkeiten für einen lebendigen Alltag bieten,
c) und das im privaten wie beruflichen Kontext.

In Einzelcoachings hatte ich mich schon eine Weile mit Karriere- und Entwicklungsfragen von Frauen befasst und hatte eine ziemlich genaue Idee von meinem Zielkorridor. Frauen im Unternehmen sollte er:

* **Alternative Handlungsmöglichkeiten liefern**
  Das sollte speziell in Situationen geschehen, in denen die klare Berufsrolle von einem Kunden oder Vorgesetzten verwischt wurde. Was tun, wenn der größte Kunde des Unternehmens lächelnd die Hand auf das Knie der Abteilungsleiterin legt? Eine Ohrfeige kommt da meist nicht infrage.

* **Die Erlaubnis geben, in bestimmten Situationen Nein zu sagen**
  Es waren Sätze zu finden, die die eigene Grenze sehr deutlich machen, ohne den anderen abzuschrecken oder den Auftrag

zu verlieren. Wie damit umgehen, wenn der Peer, also der Kollege des Vorgesetzten, mit einer Frau flirtet? Entrüstung taugt hier nicht.

- **Frauen in ihrer Sichtbarkeit stärken**
  Sie sollten sich entspannt, gelassen und weltoffen präsentieren, auch wenn es innerlich ganz anders aussieht und sehr turbulent zugeht. Wie kann eine Frau trotz kritischen Feedbacks des Vorgesetzten anschließend auf einer Großveranstaltung auftreten, um den mächtigen Konzern angemessen zu repräsentieren?

- **Mehr erfolgreiche Verhandlungstechniken öffnen**
  Das sollte jenseits von Flirt und Koketterie geschehen, wobei die Strategien nachhaltig greifen und wirken mussten. Wie kann man Menschen dazu gewinnen, ihre eigenen Vorstellungen zugunsten gemeinsamer Möglichkeiten aufzugeben?

- **Energetisierendes Auftreten erlauben**
  Wie gelingt das, ohne zu pushy oder bossy zu wirken? Wie macht man etwa klare Ansagen, nimmt Raum ein und tritt dabei dabei charmant und souverän auf?

- **Politik und Einflussnahme sind zugänglich zu machen**
  Beides sind im (heroischen) Unternehmen übliche und normale Optionen, derer sich die meisten Führungskräfte bedienen. Sie bedeuten die Abkehr von der freundlichen Illusion, Firmen würden rational handeln.

- **Verständnis für eine Strategie entwickeln**
  Diese ignoriert die Inhalte, weshalb es notwendig ist, neue Vorgehensweisen zu konzipieren, um die eigenen Themen nachhaltig zu transportieren.

Meine Workshoperfahrungen über jetzt mehr als sieben Jahre bestätigen meine Grundannahme: Die Königin als Rollenmodell ist passend und hilfreich im Sinne einer Orientierung. Als eine

Startrampe bietet sie sowohl das weitere Know-how für souveräne Auftritte als auch die erforderliche Haltung. Sie erleichtert das Leben, wo uns die Prinzessin als Rolle keine Hilfestellung liefert. Je älter und erfahrener eine Frau, desto weniger bedarf sie einer solchen Unterstützung. Junge Frauen schon, denn sie wollen in ähnlichem Maße Karriere machen wie die gleichaltrigen Männer, wollen Verantwortung übernehmen, wollen ein gelingendes Leben führen. Die Rolle der Königin präsentiert hier wirkungsvolle Angebote für das eigene Verhalten.

Die Rolle kann natürlich nicht für jede Situation eine Lösung liefern. Aber sie hilft Frauen auf dem Weg in ein erweitertes Repertoire – und sie ist attraktiv genug, damit wir sie auch anzunehmen bereit sind. Es ist also an der Zeit für weniger Abhängigkeit, für eine gute, befriedigende und erwachsene Rollenerweiterung!

Frauen, die uns so etwas vormachen, sind etwa Hildegard Hamm-Brücher, die ebenso zeitlos wie klug den Reihen der FDP weiblichen Glanz gewährte. Hillary Clinton hat uns in der Lewinsky-Affäre ihres Mannes demonstriert, dass eine Königin ihre Privatsachen selbst verhandelt und sich unter keinen Umständen von den Medien die öffentliche Verhandlung ihrer Ehe diktieren lässt.

Die Königin ist bei sich

Als ich Hillary Clinton einmal bei einer Buchvorstellung traf, war ich zunächst erschrocken. Ich fand sie farblos, irgendwie völlig normal. Kostüm, Handtasche, ein ruhiges Lächeln. Sie sah keineswegs so aus, als habe sie quasi als Prinzessin ihre Karriere begonnen. Frau Clinton saß auf ihrem Stuhl, unaufgeregt, gelassen und ganz bei sich. Kein Paradiesvogel, kein Serienstar. Ist gerade das ein Qualitätsmerkmal für eine abgeschlossene, runde Entwicklung? Lassen Sie uns das auf dem Radar halten.

Möglicherweise ist für diejenigen unter uns, die sich als Königin fühlen, die Entfaltung dieser Rolle in dem einen oder anderen Punkt leicht und entspannt, sogar ohne großes Wollen vor sich gegangen. Eine unbemerkte Metamorphose, ein Wachstumssprung – plötzlich beginnt der neue Tag anders, relaxter als die vorigen. Wie kann das passieren, was ist erforderlich? Meist wird diese Entwicklung vom Lebensalter unterstützt, von der sowieso einsetzenden Reife.

Was aber ist mit den Bereichen, in denen wir noch Prinzessin sind? Wie finden wir diese? Schließlich haben wir oft genug blinde Flecken gerade da, wo Veränderung nottäte. Und wenn wir sie kennen, wie kommen wir hier zu einer erwachseneren, verantwortungsvolleren Haltung? Das mag die Kleidung betreffen – die Frage nach dem richtigen Businessoutfit ist nicht für jede Frau in Sekundenschnelle entschieden –, es kann allerdings ebenso um bislang durchaus erfolgreiche Verhaltensmuster gehen.

Eine Coaching-Kundin war sich sicher: Sie verhielt sich primär als Königin. Doch sie erlebte auch Rückschläge. Bei einer dienstlichen Autofahrt saß sie in der Mitte auf der Rückbank und war gegen ihren Vorgesetzten gerutscht, als der Wagen allzu rasant eine Kurve nahm. Im Fahrzeug: vier Männer und meine Kundin. Nach der Tour war aus der bis dato existierenden Augenhöhe eine leichte Geringschätzung entstanden. Sie fühlte sich auf einmal anders gesehen, war von der souveränen Frau zu etwas Neutralem geworden.

Wir bearbeiteten das im Coaching. Für mich lautete die alles entscheidende Frage: Weshalb saß sie nicht auf dem Beifahrersitz? Warum hinten, warum gerade in der Mitte? Ein Relikt aus der Kindheit, wie sich herausstellte. Sie hatte selbst angeboten, dort Platz zu nehmen – mittendrin, von allen umsorgt. Die Prinzessin lässt grüßen.

Damit nicht genug. Am Ende der Fahrt hatte sie sich außerdem noch bei ihrem Chef für den Rempler entschuldigt. Das krönte ihr Verhalten: Sie diskreditierte gerade das, was Prinzen an einer Prinzessin schätzen, als unpassend – den leichten, vielleicht sogar anregenden und unverhofften Körperkontakt nämlich.

Damit war sie nicht nur als Königin durchgefallen, sondern zudem als Prinzessin. In einem Folgegespräch konnte sie das Thema für sich wenden. Große Erleichterung!

Ausstrahlung schlägt Perfektion

Für Königinnen und Könige ist das Aussehen eine echte Aufgabe. Immer wieder erlebe ich erfolgreiche Menschen, die neben ihren erstaunlichen Erfolgen weiter im »eigenen Steinbruch« ackern, Schönheit und Schönheitsideale als echte Bürde begreifen, als eine täglich den Berg hochzurollende Sisyphos-Kugel. Das betrifft neuerdings zunehmend mehr Männer; der Verkauf an Wadenimplantaten etwa ist sprunghaft angestiegen.

Perfektion heißt der große Antreiber in die falsche Richtung. Dass Prinzessinnen ihm unterliegen, ist nachvollziehbar. Wenn es zur Rolle gehört, auserwählt zu werden, ist die gesellschaftliche Norm das Kriterium; sie gilt es zu erreichen. Die Superbiene gibt sich der Perfektion voller Fleiß geradezu hin. Ausgerichtet auf den Vorgesetzten – oder, falls der blind ist oder sonst wie nicht taugt, aufs Unternehmen –, steigt sie jeden Tag aufs Neue in den Ring in Sachen Arbeitsleistung.

Denn Perfektion ist bloß mit Geld zu bewerkstelligen. Kein Wunder also, dass so manche Siebzehnjährige sich zur Volljährigkeit den größeren Busen wünscht oder die gerade Nase. Und wenn Papa es bezahlt, könnte die Gegenleistung dafür, ja genau, in guten Noten und in fleißigem Lernen bestehen. Zwei quantitative Systeme, die hier wunderbar ineinandergreifen und alles bewirken – nur nicht, dass sich eine Frau in die Rolle einer Königin begeben kann.

Königinnen wissen längst, wie quantitativ Perfektion ist. Ein Plakat in einer Schönheitsklinik am Walter-Benjamin-Platz in Berlin zeigt zwei zeitlose, operierte Gesichter ohne Falten, ohne Alterung. Das genau sieht die Königinnen-Rolle nicht vor. Als Königin müssen Sie auch nach einer solchen aussehen – und zwar wie Sie selbst. Hier geht es nicht um bloße Attraktion, um Anziehung (»Ein Prinz muss her!«), sondern um Wirkung, um Ausstrahlung. Ausstrahlung gibt unweigerlich einen aufrechten Gang, verbunden mit einer geraden Haltung. Dabei allerdings ist die auf das äußere Erscheinungsbild konzentrierte Arbeit meist wenig hilfreich.

Statt konstruktiver Selbstannahme und Gelassenheit stoßen wir selbst bei ziemlich entspannten Frauen auf ein wirkliches Thema: Sie wollen gut aussehen, was in heutigen Zeiten heißt, sie wollen dünn sein. Das bedeutet, dass die Aufmerksamkeit auf das Symptom und damit auf die Zurichtung des Körpers gelenkt wird. Die Fragen nach den Hintergründen und Ursachen von Hunger, Appetit oder Gewicht werden ausgeblendet. Was bleibt, sind dauerhafte Diät, Selbstkasteiung, im Zweifel eine unsichtbare, weil domestizierte veritable Störung, was Genuss und Lebensstil betrifft.

Ein kleines Beispiel: So weisen ein paar Kilo mehr auf den Hüften vielleicht den Weg zu dem tiefen, persönlichen Wunsch, mehr Gewicht im Leben zu haben. Der Körper tut sein Bestes, um unseren Wunsch zu erfüllen – schafft es aber nur kontraproduktiv auf der Waage. Es wäre möglicherweise hilfreich, nach anderen Wegen zu mehr Gewicht in der Welt zu forschen.

Wenn Sie am Abnehmen festhalten, wird das zum Hamsterrad für den ganzen Menschen: Sie nehmen ab, doch das Bedürfnis nach mehr Gewicht, mehr Einfluss bleibt. Der Körper will helfen und sorgt für mehr Appetit. Sie legen wiederum einige Kilos zu, und erneut nehmen Sie den vermeintlichen Fehdehandschuh auf. Eine unendliche Geschichte, über die so manche Frau das eigene Leben vergessen hat.

So und ähnlich läuft es ab, wenn wir den Körper als Schauplatz unserer Selbstbeherrschung begreifen und nicht als einen zentralen Teil der Einheit aus Körper, Geist und Seele. Anders gesagt: Der Körper ist kein Idiot, sondern unser sensibelstes Wahrnehmungssystem, das Verstand und Gefühl speist.

Wer diese Wahrnehmungen immer wieder kappt, verliert den Zugang zu sich und zu seinen Bedürfnissen. Natürlich haben viele Frauen kurz vor ihrer Periode eine andere Körperwahrnehmung als danach. Natürlich erleben viele Frauen in der Menopause ganz neue Abenteuer, wenn sie die Hitzewellen nicht mit Hormonen wegdrücken, sondern bei dieser Gelegenheit merken, wie viel Interesse sie an gutem, vielmehr an sensationell heißem Sex haben.[27] Wer wegdrückt und unterdrückt, erfährt Entscheidendes von sich selbst nicht.

Hören wir auf das, was der Körper uns sagt, kommen wir zu anderen Einsichten, gewinnen Zugänge zu uns und erleben im besten Sinne, wer wir selbst sind. Sicher geht es im Alter von siebzig oder fünfundsiebzig mehr um innere Beweglichkeit und Weisheit als um äußere Beweglichkeit. Trainieren und entwickeln wir also als Königinnen das, was wir als altersgerecht erleben, reflektieren, für uns wünschen. Was zu uns gehört und uns guttut.

Dabei hilft es, sich von den Idealen frei zu machen und mehr zu sich selbst zu finden. Es reicht also nicht, rational zu wissen: Perfektion ist eine Illusion. Wir müssen es auch emotional begreifen, wirklich verstehen. Unser Körper ist Wirklichkeit. Wer lernt, auf ihn zu hören, hat einen wirklich besten Freund fürs Leben. Unser Körper gibt uns Kraft, die nicht durch ständiges Abnehmenwollen geschwächt werden sollte. Selbstvertrauen, Selbstliebe und Akzeptanz der eigenen Person hängen von einer annehmenden Haltung und vom Umgang mit sich selbst ab. Eine Idee dazu: Ersetzen Sie den Begriff »Perfektion« durch das bildhaftere »Vollkommenheit«. Vollkommen ist jede(r) von uns: Wir sind das Ergebnis von vielen tausend Jahren Evolution! Tausende von Jahren Produkttests! Was bitte soll an uns schlecht sein? Im Gegenteil: Was könnte dem Leben besser dienen als genau der Mensch, den ich im Spiegel sehe? Nehmen Sie das an. Damit ist Schönheit viel weniger eine Sache des Stolzes als vielmehr der Demut.

Alpen statt Botox

Botox gehört dazu, sprach eine Ärztin aus meinem weiteren Bekanntenkreis, packte hinreichend Nervengift ein für ein paar Stirnfalten und finanzierte so tiefenentspannt ihren Urlaub in einem Fünf-Sterne-Hotel auf Mallorca. Geld? Kein Thema für Frauen, die, von C-Promis angeleitet, öffentlich durch ihr eigenes Leben vagabundieren und darüber in Frauenzeitschriften berichten. Sie sind gern bereit, für das Experiment »Wieder die junge Ausgabe von sich selbst zu sein« ein paar Hunderter schwarz zu zahlen.

Und dabei ist Botox so gut wie nie hilfreich für das Selbstvertrauen, erst recht nicht für Zuwendung, Liebe – Dinge, die viele Frauen mit mehr Attraktivität zu erreichen hoffen. Eher scheint Botox der Killer für Anziehungskraft zu sein. Das jedenfalls sind Ergebnisse der Forschergruppe um den amerikanischen Wissenschaftler Stephan Porges.[28] Der Psychiater und seine Gruppe forschen seit mehr als dreißig Jahren zum Thema Resonanz auf andere.

Botox glättet zwar unsere Falten, so Porges, schenkt uns allerdings dazu den Gesichtsausdruck von Autistinnen. Denn die Glättung hat fatale Folgen: Wir sind nicht mehr in der Lage, über die feinen Fältchen und die zarte Muskulatur in Resonanz mit anderen zu gehen. Botox verbessert unser Aussehen in Richtung »glatt«, faktisch aber reduziert es Mimik; vor allem un- und unterbewusst gesendete feine mimische Signale entfallen. »Gebotoxt« liefern wir nicht mehr die Fröhlichkeit, Empathie oder Zuwendung, die beispielsweise über die Fältchen an Mund und Augen vermittelt werden, sondern gar nichts.

Wir werden dem Ideal ähnlicher und verlieren stattdessen im Kontakt, verlieren Möglichkeiten, in Beziehung zu treten. Also, seien Sie bitte achtsam mit sich. Seien Sie Königin. Lernen Sie, den Alterungsprozess zu akzeptieren und mehr Energie auf Ihre eigene Vitalität und Lebendigkeit zu konzentrieren. Altern heißt auch reifen. Innere Prozesse werden damit relevanter als äußere Prozesse. Und die Ergebnisse der inneren Prozesse werden von Jahr zu Jahr stärker äußerlich sichtbar.

Was könnte die Königin raten? Vielleicht, dass sie im Einvernehmen mit sich selbst am besten und erfolgreichsten lernt, was sie wirklich schön macht. Eine liebe Freundin von mir unternimmt einmal im Jahr eine Woche lang eine anspruchsvolle Wandertour durch die Alpen, um ihren gesamten Freundeskreis im Anschluss daran, glatt gebügelt im Gesicht, strotzend vor Energie und voller neuer Eindrücke, zu erfreuen.

Es liegt ein großer Zauber in dieser Schönheit, die von innen kommt. Und dieser Zauber ist nicht käuflich. Entfalten wir uns, dann entfaltet sich auch unser Gesicht.

Hinschauen: So bin ich

Die Aufforderung »Schauen Sie sich an!« ist für viele Frauen, die ich kennengelernt habe, per se die größte Strafe. Will eine Frau aber als Königin unterwegs sein, dann heißt es, diese Zickigkeit der eigenen Realität gegenüber zu überwinden. Das realistische Bild von sich selbst ist nicht beliebt, und entsprechend unbeliebt ist Videoarbeit. Dennoch: Das bringt uns voran.

Lassen wir unsere inneren Kritiker(innen) draußen vor und stellen uns unserem persönlichen Auftritt. Schauen wir ein Video von uns an. Lernen wir entschlossen, was genau unser Repertoire ist und wie wir uns wann verhalten. Und dann entscheiden wir uns: »Das bleibt, das geht.« So kommen wir zu einem Repertoire, auf das wir valide bauen können.

Halten Sie es aus? Oder möchten Sie am liebsten weggucken? Gehen Sie innerlich einen Schritt zurück, akzeptieren Sie, was Sie sehen – und sie merken, dass es Sie überhaupt nicht umhaut, ein Video von sich selbst anzuschauen. Im Gegenteil. So, wie Sie sich erleben, so erleben andere Sie auch. Und darunter sind doch sicher einige, die Sie lieben, so wie Sie sind.

Wenn es schwierig ist, genießen Sie sich portionsweise. Schauen Sie sich an, lernen Sie sich kennen, wie Sie aussehen, wirken. Machen Sie sich ein Bild von sich. Machen wir uns ein Bild von uns. Es geht darum, unrealistische Erwartungen abzulegen. Wir sehen nicht mehr aus wie siebzehn, sondern eben wie Mitte vierzig oder Ende fünfzig. Wir sind so alt, wie wir sind. Wir können dabei Problemzonen suchen und finden, oder wir können einen Gesamteindruck von uns gewinnen: Das sind wir. Das hier bin ich.

Das beste Mittel angesichts derart unverhoffter Präsenz: sofort und umgehend das Bewerten einstellen. Stattdessen einen Schritt zurücktreten und Distanz gewinnen. Vielleicht noch einen zweiten Schritt. Wenn Sie den richtigen Abstand zu sich selbst haben, können Sie sich als Gesamtperson sehen. Und ständig mehr von sich akzeptieren.

Die zentrale Botschaft lautet: Gewinnen wir an Realität! Muten wir uns zu, wir selbst zu sein, damit die Königin in uns Kraft schöpfen und mehr von sich zeigen kann.

Der souveräne Auftritt

Als Professorin gehörte der tägliche öffentliche Auftritt für mich zum Geschäft. Ich machte mir entsprechend Gedanken, was denn eigentlich meine Botschaft, meine Nachricht sein sollte – nicht nur hinsichtlich der von mir vorgestellten Inhalte, sondern auch in Bezug auf meine Person. Schließlich lehrte ich in einem Studiengang mit hohem Numerus clausus, entsprechend waren einige der Studierenden nach Ausbildung und Wartezeiten ungefähr gleichaltrig mit mir. Mir ging es also zunächst einmal darum, jede Kumpanei zu verhindern und möglichst ich selbst zu bleiben. Ich wollte mich nicht verbiegen, aber auch keine Distanzlosigkeit ermutigen.

Meine Analyse betraf zunächst das, was ich zu lehren hatte. Die Inhalte waren relevant, anregend und wichtige Elemente einer Vorlesung. Noch mehr aber, das wurde mir von Jahr zu Jahr klarer, hatte ich als Professorin auch Vorbildcharakter – in diesem Fall für eine selbstbewusste und differenzierte, als eine erfolgreiche, kluge und dabei lebendige Frau. Ich griff auf Elemente zurück, die ich zuvor bei Bertelsmann gelernt hatte. Dort ging es um einen doppelten Aufbau: den von »Exposure« und von »Visibility«.

Exposure steht für das, was wir an Fähigkeiten und Kompetenzen entwickelt und aktiv zur Verfügung haben; Visibility bedeutet darüber hinaus, den Scheinwerfer auf diese Kompetenzen und Fähigkeiten zu richten. Also entwickelte ich über die Jahre Vorlesungen, die immer stärker angefüllt wurden mit erfolgreichen Elementen der Lehre – für ein gutes Exposure. Und ich übte mich darin, mehr und mehr aus der Gleichaltrigkeit herauszukommen. Dazu trugen angemessene Kleidung, ein gemessener Schritt, insgesamt eine Haltung bei, die ich die des »Mir-Zeit-Lassens« nannte. Ich hatte es plötzlich nicht mehr eilig. Das war für mich der Schlüssel zu einer souveränen Haltung.

Die Königin erkennen wir an ihrer souveränen Sichtbarkeit, denn gerade das unterscheidet diese Rolle von der der Prinzessin: Königinnen gehen durch einen Raum, ruhig, sie schreiten, schauen sich um, lächeln. Jeden Gang nutzen sie als Bühne für die eigene Sichtbarkeit. Sie sind souverän, sie wissen um ihre Sichtbarkeit, sie verhalten sich entsprechend.

Wenn Prinzessinnen eine Veranstaltung betreten mit wenig vertrauten Gesichtern, passiert anderes: Sie bleiben am Rand stehen, meist mit dem Rücken zur Wand, und halten sich tapfer an einem Glas fest – den Blick wie einen Suchscheinwerfer auf die Menge gerichtet in der Hoffnung auf jemanden, den sie kennen und der sie aus der unangenehmen Lage erlöst. Alles Weitere funktioniert dann nach Prinzessinnen-Art: Sind sie sehr hübsch, findet sich schnell eine Person für ein Gespräch oder ein gemeinsames Abwarten – bevorzugt melden sich »Prinzen« oder Männer, die gern welche wären.

Königinnen interessieren sich naturgemäß für Könige. Für Kaiser natürlich auch. Möglicherweise für andere mächtige Personen. Den Papst etwa. Oder lebende Kanzlerinnen. Königinnen treten auf, um gesehen zu werden, um sich zu zeigen. Die Königin gibt den Menschen Zeit, sie zu erkennen, gegebenenfalls anzusprechen, zu grüßen, ihr zuzunicken. Von rechts oder links kommt dann ein Gruß, ein Ruf, und die Königin nickt freundlich und bewegt sich weiter. Vielleicht eher mäandernd, sich dabei jedenfalls immer den eigenen Raum nehmend.

Damit sie als Königin erkannt wird, trägt sie Symbole der Macht. Das kann auffälliger Schmuck sein, wenn er ihr denn steht, eine große Handtasche. Zu hohe Absätze lassen zwar die Hüften schick wippen, erleichtern aber nicht gerade das Schreiten. Überlegen wir uns, was konkret zeigt, dass wir angekommen sind. Dass Sie angekommen, dass Sie eine Königin sind. Machen Sie sich ein Bild von Ihren ganz persönlichen Insignien der Königinnen-Würde!

Prozessverantwortung als Königinnen-Disziplin

Wer als Königin unterwegs ist, stellt mit Verwunderung fest, dass etwa gleichaltrige Frauen per se eine gemeinsame Art und Weise der Weltsicht unterstellen. Das hört sich nach Loyalität an, kommt auch oft verkappt als fröhliche Schwesternschaft daher, ist aber ein oberflächlicher Waffenstillstand ohne besondere Verbindlichkeit. So wie wir es unter Schwestern aus großen Familien kennen: Sie streiten und versöhnen sich, im Zweifelsfall verbünden sie sich gegen »die Großen«, die Eltern.

Schwesternschaft weist darauf hin, dass wir an sich gleich sind, nur mit geringen Unterschieden versehen wie etwa dem Alter. Schwesternschaft stellt das Gemeinsame in den Vordergrund und baut auf Loyalität. Das Konzept gehört entsprechend nicht zur Königin, sondern wir erleben es vor allem bei Prinzessinnen. Oder bei Königinnen, die noch mit ihren Prinzessinnen-Themen kämpfen.

Vor Kurzem wurde ich damit wieder einmal konfrontiert: Auf der Straße traf ich eine Bekannte, die ich ansprach und grüßte. Sie wandte sich mir freundlich zu, eröffnete mir dann aber aus heiterem Himmel, dass ich ihr nie wieder eine Mail schreibe solle wie die letzte. Diese letzte E-Mail war sechs oder sieben Wochen her, meine Erinnerung daran bestenfalls museal. Ich war wie vor den Kopf geschlagen und fragte nach, erhielt aber keine weitere Information.

Was war geschehen? Was verband uns? Wir trafen uns als Nachbarinnen locker zum Kino oder zum sonntäglich frühen Dinner – alle vier bis sechs Wochen. In ihrer letzten Mail hatte sie mich nach einem Kontakt gefragt. Das hatte ich klar und sehr deutlich, zu deutlich vielleicht, abgelehnt.

Jetzt lernte ich: Offenbar hatte ich die Nachbarin damit verletzt oder gekränkt. Meine Zeilen waren nicht auf das von mir unterstellte Verständnis gestoßen. Davon wusste ich allerdings nichts, da wir zwischenzeitlich keinen Kontakt gehabt hatten. Jetzt, auf der Straße, kippte die Nachbarin ihre Botschaft wie einen Eimer Wasser über mir aus. Ich bat sie, mit mir nach Hause zu gehen, ich wollte mehr erfahren – das passte jedoch nicht in ihre Pläne.

Diese überraschende Dusche arbeitete ziemlich in mir. Sechs Wochen später erreichte mich eine neuerliche E-Mail von ihr mit dem Vorschlag zu einem Kinoabend. Ich war wiederum perplex – wie konnte sie annehmen, dass ich ihr gewogen bleiben würde? Diesmal reagierte ich sofort und besonnen, antwortete am selben Tag. Ich hatte mich entschieden, für mich war der Kontakt keine Option mehr. Und Königinnen werden es kennen: Ist erst eine Entscheidung getroffen, fällt jedes darauf basierende Handeln leicht.

Was ich hier aufzeigen möchte, ist ein sehr verbreitetes Verhalten der geübten Prinzessin, die als Königin daherkommt, sich aber durch fehlende Prozessverantwortung »outet«. Dieses Outing lässt sich abstrakt mit einem Ablauf in drei Schritten darstellen: Die Prinzessin

1. hat sich selbst im Blick und sorgt gut für sich,
2. übernimmt allerdings die Verantwortung für die gemeinsame Beziehung nicht, stattdessen
3. wertet sie die andere, die diese Verantwortung übernimmt, genau deswegen ab.

Auf dem Feld von Verantwortung werden Grenzkonflikte zwischen Prinzessin und Königin schnell deutlich. Ob es sich wie bei mir um eine Nachbarschaft oder um Freundschaft handelt, um die Beziehung zur Schwester oder zur Cousine: Prinzessinnen sind sehr gut daran zu erkennen, dass sie vor allem sich selbst im Blick haben und die Beziehung ihnen mehr als egal ist, ja dass sie diejenige abwerten, die die Beziehung auf dem Radar hat.

Ein solches Muster legt, wenn wir uns unter Königinnen wähnen, sofort Prinzessinnen-Verhalten offen. Königinnen erkennen wir also nicht nur am schönen Schein, und auch die Insignien der Königin überzeugen nicht allein. Wir füllen diese Rolle vor allem mit einer Haltung: mit Verantwortung.

Königin geht überall

Um Königin zu sein, müssen Sie nicht in die Welt der Wirtschaft eindringen. Königin geht überall: zu Hause etwa. Vielleicht ist es nicht so leicht, eine Königin zu erkennen, die vor allem Familie und Haushalt schultert – aber es gibt sie.

Königinnen mit Familienverantwortung gehen neben der Hausfrauenarbeit ihren eigenen Interessen nach, indem sie sich die nötigen Freiräume schaffen. So hat es die Autorin Andrea Maria Schenkel gemacht, die – als Arztfrau mit drei Kindern an einen soliden Platz im Leben gestellt und keineswegs großer Freizeit verdächtig – dennoch einen Krimi schrieb, *Tannöd*, und damit für Furore sorgte. Er verkaufte sich mehr als eine Million Mal. Die Ehe allerdings, so Wikipedia, überlebte das nicht.

Ist dieses Beispiel vielleicht nicht wirklich königlich? Denn zur Königin gehört es, die Konsequenzen des eigenen Tuns zu bedenken und zu berücksichtigen. Ob dazu allerdings der unwahrscheinliche Glücksfall eines Bestsellers gehört, darf dahingestellt bleiben.

Bei dieser Autorin war das Talent, das neben Haushalt und Familie zum Tragen kam, das Schreiben, doch lassen sich auch ganz anders geartete Begabungen finden, die nicht unbedingt eine Festanstellung oder ein Berufsleben erfordern. Zu ihnen gehört etwa das Organisationstalent, das – im Unterschied zu Fleiß oder Disziplin – nicht erlernt werden kann.

Wer gut organisieren kann, der hat zu Hause ein doppeltes Pfund in der Hand: Für Haushalt und Familie ist das eine große Entlastung, das eigene Netzwerk profitiert davon ebenfalls. Königinnen könnten hier die Zukunft gut im Blick halten und so den Grundstein legen für Zeiten, in denen sie zu Hause von ihren Kindern weniger gebraucht werden oder sie sich selbst legitimiert fühlen, mehr für das eigene Leben zu tun.

Die Macht am Herd ist solide, was nun?

Bis zum Zweiten Weltkrieg war so gut wie jede Frau zu Hause tätig. Ob gutbürgerlich oder aus der Arbeiterschicht kommend, sie war die Herrscherin über die Küche, so wie wir es fast nur noch in Südeuropa erleben. Die italienische *Mamma* scheint mir unangefochten der Star unter den Europäerinnen: Sie hat die Macht am Herd, Ehemänner wie Söhne ordnen sich ihrem Diktum unter, und der Stolz, mit dem Italienerinnen mittleren Alters durch die Straßen gehen, macht offensichtlich selbstbewusst und attraktiv. Italienische Frauen verteilen außerdem nicht nur Mahlzeiten, sie spenden kulinarische Glückseligkeit.

Deutschen Frauen ist die Macht am Herd durchaus vertraut. Wer in einer Beziehung oder mit einer Familie lebt, weiß, wovon ich spreche: Wir hatten sie immer, die Hoheit über Gesundheit, Haushalt und über die Mode. Was aber geschieht mit ebendieser Hoheit, wenn wir beruflich erfolgreich sind? Können wir sie halten?

Klare Antwort: nein. Wer Karriere machen und zugleich diese entscheidenden Bereiche kontrollieren oder sogar dominieren will, der legt sich schnell ein Leben in drei Schichten zu. Wenn Sie als berufstätige Frau Partner und Kind oder Kinder versorgen, den Haushalt als Domäne behalten und die Gesundheit aller im Griff haben wollen, dann ziehen Sie sich warm an. Das kostet Kraft, das raubt Energie, das macht »kernkalt« – so kalt, dass selbst ein heißes Bad die Wärme nicht zurückbringt, da hilft nur noch ein tiefer erholsamer Schlaf, ungestört im eigenen Bett.

Wir übernehmen uns schnell. Die Rolle einer Haushälterin, der allzeit präsenten Mutter und der Köchin ist von einer Managerin nur schwer zu bewältigen. Und selbst wenn sie noch im mittleren Management herumkrebst, weil irgendwo eine Glasdecke die weitere Fortbewegung hemmt, ist die Wahrscheinlichkeit groß, dass diese arbeitende Frau sehr fleißig ist, sich keine Schwächen nachsagen lassen wird und insgesamt sicherlich »overperformt«.

Umso natürlicher, wenn zu Hause die Dinge nicht so gut laufen. Wenn Sie allein leben, sind Sie ja diesbezüglich frei. Haben Sie Familie, und sei es nur einen Menschen, teilen Sie sich die Arbeitsfelder der typischen weiblichen Domäne auf: Wer von Ihnen beiden kocht am liebsten? Wer ist mit Bad und Bett glücklich? Klären Sie gut, wie das ablaufen soll.

Ich war mit einem Mann zusammen, der täglich ein geputztes Bad brauchte, diese Arbeit aber selbst nicht leisten wollte. Mir aber war das zu viel, mit dem Resultat, dass wir eine Haushaltshilfe anstellten, die diese Aufgabe übernahm, unter seiner Anleitung und Kontrolle. Somit sorgte er selbst für seine persönliche Komfortzone im Bad. Es geht also darum: Welche Freiheit hat derjenige mit der Verantwortung, wann ist die persönliche Komfortgrenze überschritten?

Letztens erzählte mir eine junge Frau vom ersten Weihnachtsfest mit ihrem frischgebackenen Ehemann. Beide arbeiten, er kocht gern und hat sich als sein Ressort die Küche ausgesucht. Heiligabend schneiten die Schwiegereltern ins neue gemütliche Heim, und noch bevor der Begrüßungskaffee ausgetrunken war, nahm die Schwiegermutter ihre Schwiegertochter zur Seite: Die Küche sehe katastrophal aus. Im gleichen Atemzug bot sie an, einige Tipps und Tricks für eine einfache Ordnung zu verraten. »Bleibt ja in der Familie.«

Vielleicht sogar lieb gemeint, aber leider: falsche Adressatin. Die Schwiegertochter retournierte ebenso freundlich wie unmissverständlich, dass der Sohn zuständig für die Küche sei und sie sich also an ihr eigenes Kind wenden müsse. Lautlos brachen Welten zusammen, der Heiligabend war gelaufen. Hier traf ein altes auf ein neues Selbstverständnis. Der Riss zwischen Alt und Jung war nicht so leicht und nicht an diesem ersten Weihnachten zu beheben.

Männer allein zu Haus

Eine Managerin, zweiundvierzig und immer wieder in Developmentprogrammen ihres Unternehmens mit hoffnungsvollen Entwicklungsplänen betraut, besprach mit mir die Aufteilung der Aufgaben zu Hause. Ihr Mann und sie waren Volljuristen, er eher glücklos mit Zeiten ohne feste Anstellung (das war auch zum damaligen Zeitpunkt der Fall), sie dagegen auf einer gewissen Flughöhe in einem Konzern. Die beiden Söhne waren mit Kita und Nanny gut versorgt. Für eine Haushälterin reichte das eine Gehalt nicht aus.

Nachts krochen die Kinder zu ihr ins Bett, nicht zu ihrem Mann, der gar nichts von der Störung mitbekam. Die Gute-Nacht-Geschichte sollte Mama vorlesen. Blieb eigentlich nur eine Lösung: den Ehemann mehr in die Pflicht nehmen. Das mochte die Kundin gar nicht, sie suchte die Lösung unbedingt bei sich selbst.

Es sprach so viel gegen eine faire Aufteilung: Er leide genug unter seiner Arbeitslosigkeit. Würde er jetzt noch für Einkauf, Küche und Kinder eingeteilt werden, wäre seine Selbstachtung bei null. Mit der Konsequenz, dass sie zu Hause ihren Mann aufbauen, die unglücklichen Kinder in den Schlaf singen musste und und und. Weiter hatte sie Sorge, dass ihr sexuelles Interesse an ihrem Mann schwinden würde, würde er zur Haushälterin degenerieren. Wo blieb da der strahlende, attraktive Typ, den sie geheiratet hatte?

Ihr letzter Satz zu diesem Thema war sehr definitiv, abschließend und markant: »Wissen Sie, liebe Frau Witzer, ich traue es ihm einfach nicht zu. Er ist so fragil!« Beim nächsten Coaching holte er sie ab. Sie, gute ein Meter siebzig und mit Kleidergröße 38 eher schmal, ging auf den »fragilen« Gatten zu: fast zwei Meter groß, breit wie ein Boxer – ein wuchtiger Mann. Vielleicht ebenso ein toller Gefährte und neues Rollenvorbild für die beiden Söhne? Die Baustelle, sprich: der blinde Fleck, liegt oft genug bei uns.

Die Geschichte klärte sich. Dennoch erlebe ich ein solches Verhalten häufiger. Da werden Partner, aber auch längst erwachsene Kinder in einen wenig erwachsenen »Welpenschutz« genommen. Indem wir denen, die wir lieben, nicht die Hausarbeit zumuten, die doch alle gemeinsam verursachen und die allen zugutekommt. Alte Gewohnheit? Altes Muster? Macht am Herd?

Keine Königin wird nach dem Regieren noch in der Küche stehen. Es sei denn fürs letzte Verfeinern, Abstimmen und Genehmigen. Wenn Sie regieren wollen, halten Sie sich also bitte anderweitig die Hände frei! Bloß wie? Anders gesagt: Wenn Sie wirklich Karriere machen wollen in einem Konzern oder einem großen Unternehmen, dann heißt das heute immer noch: zu Hause Macht abgeben.

Gar nicht so einfach! Denn eine andere Macht haben wir oftmals nicht. Da zeigt sich durchaus eine Furcht vor der neuen Freiheit. Und wie kommen wir da heraus? Wie komme ich über die unbewusste Verneinung in die bewusste Bereitschaft, mich zu entwickeln? Oder anders gefragt: Was wächst mir zu, wenn ich die Familienmacht abgebe? Wie kann ich mit dem Partner auf Augenhöhe gelangen und ihn auch weiterhin achten? Die Antwort ist nicht trivial und erfordert einiges an Bereitschaft. Zur Veränderung.

Priorisieren heißt das Zauberwort

Wer für das eigene Leben beruflich wie privat klare Prioritäten setzt, der hat viel gewonnen. Zunächst einmal heißt das: die Familie wirklich gut und verantwortlich organisieren. Es geht nicht um Chaoslösungen, wie wir sie etwa aus dem Fernsehen von der Rechtsanwältin Danni Lowinski kennen oder von der *Tatort*-Kommissarin Charlotte Lindholm, die immer mit einem Fuß im Graben stehen, weil keiner mehr da ist, um das Kind aufzuziehen. Wo der WG-Genosse gar nolens volens in die Rolle der Hauptansprechperson fürs Kind rutscht, ohne eine solche Verantwortung tatsächlich übernehmen zu wollen.

Das und Ähnliches passiert unweigerlich, wenn alle Themen, die auf dem eigenen Radar umherschwirren, die gleiche Wichtigkeit haben. Präziser gesagt: Wenn das, was gerade dran ist, in dem Moment die oberste Priorität bekommt. Aus den Augen, aus dem Sinn – das war möglicherweise einmal hilfreich als Basis, ist aber weder für das eigene Kind noch für Kunden oder Vorgesetzte auf Dauer aushaltbar beziehungsweise akzeptabel.

Zu Hause passt Firefighting, vor allem für kleinste Kinder. Und in der Firma? Wie genau kommen wir raus aus diesen Ansätzen, die auf direkter Ansprache und konkreter Gegenwart beruhen? Jetzt soll es doch bitte um Prioritäten gehen … Letztlich wissen alle Frauen, die so etwas ausprobiert haben, wie zermürbend diese schnelle Umstellung wirken kann – vor allem wenn nicht alles glatt läuft. Wenn das Kind krank ist, der Kollege nicht einspringen kann, der Kunde doch noch etwas anderes wünscht. Gerade dann, wenn andere Menschen nicht so »funktionieren«, wie wir es am liebsten hätten, greifen die Ansätze von direkter Zuwendung oftmals nicht. Sie liefern keine Lösungen, sind nicht nachhaltig und zermürben uns und die anderen.

Ebenso sind die spontanen Appelle oder Überfälle von uns wohlwollenden Menschen vielleicht für Notfälle tauglich, nicht aber für den normalen Alltag. Erinnern wir uns: Es gibt keine eingeübten und schon gut erprobten Modelle in unserer Gesellschaft, wir können hier und da ein wenig abkupfern, von den Frauen um uns herum lernen – und das selbst aus den trivialsten Fernsehsendungen.

Es liegt an uns, die wir in den Zeiten dieses Übergangs leben, unsere Komfortzonen zu verlassen und die neuen Räume zu gestalten – gerade weil wir am meisten zu gewinnen haben. Dabei ist mit Neuland zu rechnen und also damit, dass wir stolpern, wieder aufstehen, stolpern, wieder aufstehen und abends entsprechend fix und fertig sind. Mehr Routine ist wünschenswert, sicher, doch die erwerben wir erst durch unser Tun.

Zu den blinden Flecken von Frauen gehört dabei die Vorstellung, wir könnten es allen gleich recht machen. Das kann funktionieren – aber im Zweifelsfall zahlen wir ganz persönlich den Preis. Hören Sie auf mit dem Programm, *everybody's darling* zu sein! Wer stets geliebt sein will, verzichtet darauf, mit sich selbst gut zu sein. Umso wichtiger wird das Priorisieren im heimischen Kosmos – so verhalten sich Königinnen.

Das Eisenhower-Prinzip

Beim Priorisieren hilft uns das Prinzip, das nach dem US-Präsidenten Dwight D. Eisenhower benannt ist; angeblich soll er es selbst genutzt haben. Seine Grundidee: eine gezielte Kategorisierung von Aufgaben stets im Hinblick auf ein bestimmtes Ziel. Als Autorin habe ich beispielsweise einen Abgabetermin für mein Buch. An diesem Tag möchte ich ein qualitativ hochwertiges und dem Verlag passendes Manuskript abliefern. Vor diesem Hintergrund kann so gut wie alles, was mir in meinem Leben widerfährt, geordnet werden.

Zum Konzept gehört es, zwischen »wichtig« und »dringend« zu unterscheiden. Wenn ein Kind schreit, ist das meist dringend – je kleiner das Kind, desto größer der emotionale oder physische Notstand. Dieser Notstand duldet keine Wartezeit. Bei größeren Kindern, im Haushalt oder im Unternehmen ist dieser Notstand meist anders einzuordnen. Heißt: Es geht um einen normalisierten Umgang mit dem, was dringend erscheint.

Im Zeitmanagement wird »dringend« so definiert: Etwas ist dann dringend, wenn es an einem bestimmten Zeitpunkt in naher Zukunft seinen Sinn verliert. Das hört sich monströs an, wenn wir es auf Menschen und Bedürfnisse beziehen. Grundsätzlich ist diese Kategorie aber für eine eigene, nüchterne Einschätzung interessant: Ist die Aufgabe, um die es geht, nicht genauso gut zu einem anderen Zeitpunkt zu erledigen? Wenn ja, dann ist sie nicht dringend.

Die zweite Kategorie ist die Wichtigkeit einer Aufgabe. Die zentrale Ausgangsfrage lautet hier: Bringt mich die Erledigung der Aufgabe meinen Zielen näher? (Ein solches Ziel könnte auch ein energetisierender Alltag sein.) Tut sie das nicht, ist die Aufgabe als unwichtig einzustufen. Diese Einteilung führt zum folgenden Schema:

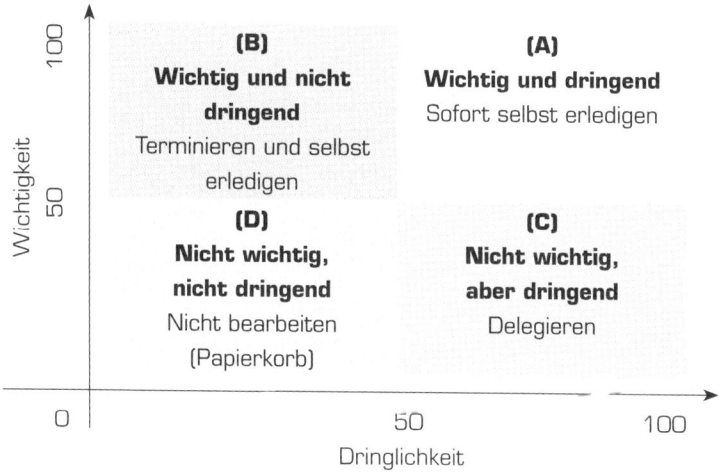

Oberste Priorität haben die Aufgaben unter A, also die wichtigen und dringenden Dinge. Danach kommt das Wichtige, erst dann das Dringliche. Alles, was damit nicht erfasst ist, sollte gar nicht erledigt werden – es gilt als Hobby oder als überflüssig. Bitte fühlen Sie sich frei, ein eigenes Konzept zu entwickeln!

Für viele Frauen ist die Kategorie »wichtig« aber nicht existent beziehungsweise zu vernachlässigen. Das erleben Frauen im Beruf oft genug am eigenen Leib, wenn sie sich nach »dringend« ausrichten. Oder sie sehen es in ihren Sekretariaten. Vielfach sind die – falls überhaupt noch vorhandenen – Sekretärinnen oder Assistentinnen genauso gestrickt. Sie können ebenfalls nicht priorisieren und bringen damit die Chefin leicht in Teufels Küche. Was einen Blick auf die engsten Mitarbeiter erlauben sollte.

Die Haltung macht den Unterschied

Welchen Unterschied macht es nun, ob man als Prinzessin oder als Königin im Leben steht? Probieren Sie es einmal aus: Denken Sie an sich als Prinzessin. Genießen Sie es! Was bedeutet das? Und jetzt das Gleiche als Königin! Schließen Sie die Augen, seien Sie hoheitlich! Spüren Sie den Unterschied?

Als Königin komme ich sofort in eine aufrechte Haltung. Ich merke sehr genau, wie ich an Souveränität zulege. Ja, an guten Tagen fühle ich sogar meine ganz persönliche innere Autorität wachsen, wenn ich nur dieses eine tue: mich mit der Rolle identifizieren. Ich kann dann sehr gut Verantwortung übernehmen, ich merke, wie sich meine Schultern senken, mein Brustkorb weit wird: Ich stehe hier, und ich bin bereit, sie zu tragen.

Gehe ich in die Rolle der Prinzessin, werde ich sofort unruhiger. Ich bewege mich mehr, gucke hier und da, ob nicht jemand zurückschaut. Ich bin leicht, ich fühle mich im Vorteil, fühle mich singulär und ziemlich klasse. Ehrlich gesagt: Natürlich könnte ich jetzt ganz entzückend von Verantwortung reden! Das hätte aber in etwa die Qualität, als säße ich auf dem Fußboden und würde erklären, wie Walzer zu tanzen ist. Die Königin in mir durchschaut das kluge Geplapper sofort.

Mir hat diese Haltungsübung sehr geholfen, als Professorin vor den Studierenden stehen zu können. War ich mir unsicher, ging ich innerlich ins Bild der Königin und kam sofort in eine aufrechte Haltung, die immer für die nötige und sinnvolle Distanz zu anderen sorgt. Das allein reichte jedoch nicht aus.

Trotz aller Freiheit als Hochschullehrerin – ich war heilfroh, dass ich weitere Dinge in der Wirtschaft gelernt hatte, ohne die es in meinem neuen Leben nicht zu gehen schien. Es machte einen zentralen Unterschied, Prioritäten setzen zu können, und auch die Idee des Hofstaats, der nur aus den Besten besteht, half mir entscheidend weiter.

Der Hofstaat: nur die Besten

Interessanterweise finde ich in den Vorzimmern von Frauen, ganz gleich auf welcher Ebene, außerordentlich loyale Mitarbeiterinnen, oft genug aber auch solche, die für die anstehenden Aufgaben nicht ganz die Richtigen sind. Und so ist es bei näherem Hinschauen die überloyale Chefin, die hier Spuren hinterlassen hat. Vermutlich kennen das alle: Frauen zeigen sich erkenntlich, und mag der erwiesene Liebesdienst eher klein gewesen oder lange her und möglicherweise schon vielfach entgolten worden sein. Danke, Schwester.

Eine Heldin lässt sich, selbstverständlich, von einer Superbiene leiten, die dafür sorgt, dass quantitativ nicht zu wenig geschieht. (Für die Qualität hilft dann immer beten.) Die Prinzessin? Hat keinen Hofstaat. Die Königin hat natürlich einen, die eigentlichen Hofbeamten – und zwar nur die Besten. Nur die besten Denker und Umsetzer im Lande sind tauglich, um im innersten Zirkel zu walten und zu schalten. Menschen, die wirklich für diese Aufgabe brennen. Haben Sie die an Ihrer Seite?

Was ich bei Frauen erlebe, hat eher die Qualität eines Auffanglagers: Da sammeln sich im Vorzimmer die, die sonst nirgendwo mehr unterkommen, die, die nicht geachtet werden, die, die sich nicht mehr ändern wollen. Nicht zu vergessen jene, die nach Ende ihrer regulären Arbeitszeit wirklich sekundengenau den Stift fallen lassen. Und dennoch bleibt die Chefin unbeirrbar loyal. Wie kann das sein?

Den Loyalitätsgedanken kennen wir auch von Männern, zumindest im Kern. Bei ihnen heißt das Seilschaft und gilt für den Berg wie für den Krieg. Keiner bleibt im Gebirge oder an der Front zurück, jeder wird mitgenommen, der hingebracht wurde. Seilschaft ist ein löbliches und von Frauen bei Männern oft geschmähtes Konzept, das bei Rückzug ganz selbstverständlich greift. Genau, Frauen verschmähen Seilschaft – sie nennen es Schwesternschaft. Schließlich geht es im Vorzimmer gar nicht um Rückzug, sondern nur – um einen unproblematischen Alltag. Und zwar für die, die uns irgendwann einmal und vielleicht sogar aus größtem Eigennutz aus der Patsche geholfen hat. Wir bekommen dafür lebenslänglich.

Männer dagegen nutzen Seilschaften sehr systematisch. Kein Mann würde sie aber für den Vormarsch einsetzen. Nach vorne geht es mit ganzer Kraft. Und was ist mit uns Frauen? Wir sind loyal bis zum Abwinken. Kein Wunder also, dass wir nicht vorwärtskommen. Die Unterstützung, die uns nach vorne bringen würde, heißt Netzwerk.

Das jedoch, so meine Erfahrung, läuft bei Frauen etwas merkwürdig ab. Netzwerke zeichnen sich dadurch aus, dass hier die Besten zu finden sind. Diejenigen, die sich im Netzwerk zusammenfinden, sind an sich die, die wir unterstützen wollen und die sich von uns unterstützen lassen – die, mit denen wir Karriere wagen, Neuland betreten oder ein Abenteuer beginnen wollen und können.

Zwei Probleme aber torpedieren diesen Netzwerkansatz in Frauensachen:

a) **Geiz! Bitte Sonderpreise!**
   Frauen bieten und gewähren bei der Beauftragung von anderen in fast allen Fällen einen Sonderpreis. Schließlich ist die Akquise ja geradezu geschenkt, wir sind doch hier im Netzwerk.

Eben. Eben! Männer stärken sich, indem sie – im Netzwerk und unter Freunden – anständige Preise fordern und bezahlen. In Notsituationen geht auch mal was anderes. In Notsituationen, wohlgemerkt. Frauen schwächen sich also durch ihre Netzwerke viel eher, als dass sie sich stärken. Jeder Auftrag aus dem Netzwerk ist ein schlecht bezahlter. Das kann einfach nicht sein. Das zweite Problem lautet:

b) **Lift statt (Karriere-) Leiter**
   Im Netzwerk für Managerinnen sind nur wenige Managerinnen, dafür eine vielfache Menge an Frauen, die in der Warteschleife kreisen.

Junge Frauen gehen davon aus, dass die wenigen, die es nach »oben« geschafft haben, sie mit größter Selbstverständlichkeit ebenfalls nach oben ziehen. Die Idee der Schwesternschaft lässt wieder einmal grüßen! Diese Frauen haben aber bislang weder Qualität gezeigt, noch haben sie die wesentliche Spielregel *Tit for Tat*[29] begriffen, noch sind sie auf dem echten Absprung zur Königin. Im Gegenteil: Es läuft die volle Prinzessinnen-Show!
Wir alle, nicht nur wir Frauen, brauchen die allerbesten Teams um uns herum. Es reicht nicht, wenn wir loyale Mitarbeiter beziehungsweise mittelmäßige, dafür loyale Manager mitschlep-

pen – etwa beim Wechsel in ein anderes Unternehmen. Gerade wenn der Wechsel ein Sprung nach oben sein soll: Bitte achten Sie auf Qualität!

Für das beste Team um uns herum benötigen wir kluge, loyale – und je höher die Position ist – politisch unerschrockene Menschen, die gut vernetzt sind und mit uns an einem Strang ziehen. Stellen wir sicher, dass unser sogenanntes Vorzimmer kein Museum alter Liebesdienste ist! Die Regel heißt: Niemals den Zweitbesten nehmen – es sei denn aus strategischen Gründen. Aber nie aus Bequemlichkeit. Wir müssen deshalb nicht illoyal sein. Wir können uns angemessen bedanken bei Menschen, die uns unterstützt haben, und dürfen dann weitergehen. Das ist uns erlaubt!

Möglicherweise haben die Frauen um uns herum wenig Verständnis dafür, dass wir ohne sie auskommen. Schauen Sie die Damen an: Vermutlich handelt es sich dabei um Prinzessinnen, die selbst mit Mitte vierzig oder fünfzig nicht bereit sind, Verantwortung für sich selbst zu übernehmen. Diese werden im Zweifelsfall immer als Opfer dastehen. Das Königinnen-Prinzip gilt also auch für unser Vorzimmer.

Übergriffe und andere Störungen

Machen wir uns nichts vor: Wenn unser Hofstaat, also der *inner circle*, nicht einwandfrei, kreativ und kraftvoll hinter uns steht, müssen wir auf jeder Baustelle unseres Königreichs selbst erscheinen und Anweisungen geben. Kommt es zu diplomatischen Verwirrungen, Störungen oder sogar Übergriffen zwischen den verschiedenen Reichen, habe ich für genau diese zentralen Topaufgaben keine freien Kapazitäten.

Für die Königin gilt: Krisen erfordern jetzt und hier Aufmerksamkeit; diese Zeit muss jederzeit zur Verfügung stehen. Sie ahnen es spätestens an dieser Stelle: Als Superbiene lässt sich kein Königsthron erringen! Freie Kapazitäten haben und diese dann lediglich in Notfällen nutzen? Wo hat die Superbiene so etwas Verrücktes schon einmal gehört? Auch die Heldin findet das total unsexy: Das stört ja ihre Spontaneität! Und Spontaneität ist für Heldinnen und Helden fast immer die Basis ihrer Kreativität. Für die Königsdisziplin rate ich aber dazu, Spontaneität umgehend und sofort durch Offenheit für neue Lösungen zu ersetzen, wenn es um Gestaltungsfragen geht. Nur so produzieren Sie neue Ideen zur richtigen Zeit.

Je höher die Königin in der Unternehmenshierarchien steht, desto notwendiger wird es, nicht allein auf den Hofstaat und eine gute Organisation zu bauen. Es ist absolut erforderlich, darüber hinaus verschiedene Supportteams parat zu haben. Privat beispielsweise geht es um den Handwerker, der sofort und umgehend kleine Pannen behebt, oder die sensationelle Catering-Firma, die spontan ein Abendessen anliefert

Im Unternehmen gilt das Gleiche: Gerade als frisch gekürte Königinnen brauchen wir auf neuen Positionen Menschen, die wir als professionelle und hilfreiche Partner aus anderen Zusammenhängen kennen, deren Art zu arbeiten und zu handeln wir einschätzen können und die uns kurz- und mittelfristig stärken und stabilisieren. Wie hilfreich ist es, sich von einem ehemaligen McKinsey-Berater, zu dem wir schon im letzten Job Vertrauen gefasst haben, die McK-Techniken erläutern zu lassen – noch vor dem ersten Termin mit den vom CEO angeheuerten McKinsey-Beratern!

Nach einem Rollenwechsel will Ihr neues Team möglichst schnell in eine gute Arbeitsenergie kommen und sich nicht lange mit Ihnen durch die »sumpfigen« Gelände von Nahkampf- und Organisationsphase durcharbeiten. Bitte achten Sie bereits vor dem Aufstieg darauf, für diese Situationen gute Trainer, Coaches und Berater an Ihrer Seite zu wissen. Wenn Sie bei null anfangen, werden die ersten hundert Tage im neuen Job ein Vabanquespiel.

Dabei könnte diese Zeit, in der Sie Ihr Reich kennenlernen, wirklich eine Zeit für Erkenntnisse, neue Einsichten und schnelle Erfolge sein! Wenn Sie denn den Kopf und das Herz frei haben.

Wo bitte sind die Könige?

Das möchten alle gern wissen. Wie finden wir als Königinnen bloß diese neue Sorte Mann? Wir hatten es vorher mit Prinzen zu tun und vielleicht auch mit Fröschen, möglicherweise mit Männern, die sich uns als Könige vorgestellt haben. Woran aber erkennen wir jetzt diese Gattung? Gibt es sie überhaupt?

Nimmt eine Frau die Haltung einer Königin ein, verliert sie oftmals eines: die Aufmerksamkeit von herumvagabundierenden Prinzen. Das mag sich im ein oder anderen Moment anfühlen wie Unsichtbarkeit, ist jedoch eine Gewohnheitssache. Naturgemäß wollen die wenigsten Königinnen dauerhaft mit Prinzen zu tun haben – es sei denn aus gutem Grund. Schließlich gibt es Männer, jünger oder sogar deutlich jünger als wir, die uns guttun. Die lange nicht mehr so tief im patriarchalen System stecken wie Männer unserer eigenen Generation. Letztens hatte ich mit einem Witwer zu tun, der sich für mich interessierte. Bei einem Kaffee erklärte er mir seine Art zu leben und ich ihm die meine. Er war völlig sprachlos und beendete diese Verabredung mit dem Satz: »Dann haben Sie ja nie gelernt, einen Mann zu versorgen und ihm richtig Gutes zu tun.«

Ja und nein. Einerseits kenne ich mich mit Männern ausgezeichnet aus. Immerhin arbeite ich im Wesentlichen mit Männern, interessiere mich privat für Männer, und ich führe ein freies Leben. Ich weiß von Männern einiges, auch was das Wohlbefinden befördert, was stärkt und das Leben zum Genuss macht. Andererseits, im Sinne des gerade beschriebenen Erlebnisses: Von der alten Trennung und der Unterwerfung unter den Mann stammt mein Erfahrungswissen mit Männern gerade nicht. Und mein wirklich empörtes Gegenüber hatte schon recht: Ich werde sicher nicht anfangen, für einen Mann zu bügeln – es sei denn, er bittet mich darum, und es handelt sich um eine Ausnahme.

Ich hatte es bei diesem Witwer nicht mit einem König zu tun, oder wenn doch, dann mit einem »vom alten Schlage«. Und solche Männer brauchen Königinnen naturgemäß nicht. Als erwachsenen Frauen ist uns schließlich klar: Wir können alles selbst. Wir brauchen niemanden »unter uns« oder auch »über uns«, um unser alltägliches Leben zu bewältigen. Wir brauchen Beziehungen, wir brauchen gelingende Beziehungen für ein reiches, erfülltes und gelingendes Leben!

Zum Finden eines Königs habe ich vor Jahren einmal ein sogenanntes Pleasure-Coaching gemacht. Dazu war es erforderlich, a) einen Wunschzettel für den gedachten Mann zu formulieren (ungebunden, heiter, Bauland und so weiter) und dann b) nach Jagdgründen für solche Exemplare zu fahnden. Mir erschien das zunächst etwas läppisch, weil nah an den Partnerportalen. Doch dann war mir die Sache einen Test wert.

Am Ende habe ich beim Herumexperimentieren mit meinen alten und neuen Männerbildern ganz aufregende Erfahrungen gemacht. All das führte zu reizenden Begegnungen und einem neuen aktiven Umgang mit Männern in Gesprächen an der Bar, im Theater oder im Wald, bei denen ich übte, lässig und charmant die Führung zu übernehmen, ohne dominant zu sein.

Könige wachsen nicht auf den Bäumen. Sie reifen, entwickeln sich. Haben Sie Mut, treten Sie näher und schauen Sie sich genau an, mit welchem Exemplar von Mann Sie sich treffen! Wir lernen dabei etwas über uns selbst und unsere unbewussten Motive.

Zwischenfazit: die Grenzen des Königinnen-Konzepts

Sie schreiten durch die Menge, finden gelassen einen Weg mitten durch Menschen, die Sie nicht kennen, den Kopf erhoben, der Blick freundlich – Ihre innere Autorität ist spürbar und wird beachtet.

Mit diesem Bild geht es Ihnen als Königin hoffentlich richtig gut. Es stellt sich an dieser Stelle die Frage, was noch helfen kann beim königlichen Leben. Was unterstützt eine Frau im kraftvollen Modus einer Königin, in allen Lebenslagen entspannt und souverän durch ihren Alltag zu surfen?

Lassen Sie mich zunächst kurz resümieren, was den Unterschied zur Prinzessin ausmacht. In erster Linie sind das: Übernahme von Verantwortung für das, was geschieht, sowie ein angemessener Umgang mit der Wirklichkeit. Das bringt uns auf die nächste Entwicklungsstufe. Wie das konkret aussieht und was es für jede Einzelne bedeutet, ist individuell – und damit ist es auch eine individuelle Arbeit.

Kommen Sie aus dem Konzept der Superbiene und haften noch stark am Fleiß, müssen Sie diesen mit Reflexion und Kenntnis der eigenen Beweggründe überwinden: Was hält Sie so fleißig bei der Stange? Wie könnten reifere Formen aussehen? Haben Sie dazu erste Ideen, kann das Königinnen-Format gute Hilfestellung für die nächsten Schritte leisten.

Falls Sie bislang die Heldin bevorzugt haben und deren Isolation nicht wünschen, wagen Sie den Sprung: raus aus der Täterenergie, die Sie befähigt, immer einen Vorsprung zu haben, und rein in die Verantwortung für Ihr Leben und Ihre Arbeit. Unterstützung finden Sie genug. Schauen Sie sich um!

Wollen Sie es riskieren, dann gilt: Nehmen Sie Ihr Reich in Beschlag! Und wenn Sie das im Inneren, also im Zentrum der

Macht erledigt haben, gibt es noch zwei, drei empfindliche Punkte, von denen hier die Rede sein soll. Ich spreche vom großen Auftritt auf der Bühne, im Beruf und im Leben, der all denen besonders schwerfällt, die sich eher als introvertiert oder zurückhaltend beschreiben würden. Und ich meine etwas, das auf der Ebene von Staaten als »Grenzkonflikt« bezeichnet wird.

Lassen Sie mich jedoch beginnen mit Konflikten an der ersten Grenze eines Menschen, mit Konflikten um die eigene Haut – um das eigene Aussehen. Es gibt zunehmend Frauen, die uns zeigen, wie ein selbstbestimmtes und selbst gewähltes Leben aussehen kann. Diese Frauen sind keine Schönheitsköniginnen, aber Königinnen in Geiste dieses Buches. Eine von diesen Frauen ist jene bereits erwähnte Sheryl Sandberg, die mitten in ihrer Karriere zwei Kinder bekommen konnte, das zweite sogar beim Wechsel auf einen neuen Vorstandsposten bei Facebook, und die in ihrem Buch *Lean In* für vieles einsteht, was ich hier geschrieben habe.

Sie versteht die Spielregeln der Wirtschaft und benennt sie klar. Mir hat am besten gefallen, dass sie das Bild von der Karriereleiter in den Staub tritt. Und sie vergleicht, ich wies schon daraufhin, Karriere mit einem Dschungelcamp. Wer im Dschungelcamp am Ende siegen will, muss – ob im Fernsehformat oder im Unternehmen – durch viele merkwürdige Abenteuer hindurchgehen. Die Haltung macht den Unterschied: Nur mit entsprechender Haltung wächst in mir die Bereitschaft, all das mitzumachen, situativ zu gestalten und, wo nötig, Grenzen zu setzen.

Als ich Sheryl Sandberg bei einem ihrer ersten Interviews im deutschen Fernsehen sah, hatte ich sofort ein Bild vor Augen: Da stand vor mir eine zukünftige Präsidentin der Vereinigten Staaten von Amerika. Sie ist, so meine Wahrnehmung, noch längst nicht da angelangt, wo sie hinwill – und auch hinkommen kann. Die Entscheidung liegt bei ihr.

Die Königinnen-Rolle liefert uns viele Vorteile. Es gibt überhaupt keine Verpflichtung für Frauen, ältere, unleidliche oder gar fiese Prinzessinnen abzugeben. Wir können von der Königin lernen, uns souverän zu verhalten, und wir können lernen, wie wir in Gelassenheit reifen, an Ausstrahlung zulegen, ohne dass wir ständig sexy aussehen müssen. Wir dürfen in Schönheit immer mehr wir selbst werden.

Und wir müssen als Führungsfrau nichts vergessen oder vernichten: Wir können das Repertoire der Prinzessin für andere Gelegenheiten aufheben. Vielleicht ist es gelegentlich klasse, mit einem Prinzen beim Dinner zu sitzen und sich von A bis Z verwöhnen zu lassen. Lassen Sie sich doch einmal von einem jüngeren Mann einladen, der noch nicht mit allen Wassern gewaschen, sondern von Ihnen verzaubert und betört ist. An einem solchen Abend könnte es sehr schön sein, sich aus den diversen Brunnen der Stadt die goldene Kugel wieder herausholen zu lassen – um anschließend das heimliche Versprechen dazu einzuhalten. Oder auch nicht. Sie entscheiden.

Es geht darum, eine Wahl zu haben, ein Repertoire zu entwickeln. Dabei helfen uns die bekannten Rollen durchaus. Und dennoch gibt es viele Löcher, viele Unwägbarkeiten, und insgesamt sind diese Rollen vielleicht ein wenig zu eng. Eine gute Orientierung, ja, und das will schon etwas heißen.

Mir selbst hat die Königinnen-Rolle gut geholfen beim Aufstieg, beim inneren Wachstum. Aber ein fader Nebengeschmack blieb zurück: Wie auch immer wir es betrachten, die Rolle ist eine hierarchische, sie schreit sozusagen nach Untertanen. Die Königin übt Macht aus. Und die Frage, wie ein Leben auf Augenhöhe und in persönlicher Stärke zu führen ist, lässt sich gerade mit Macht nicht beantworten. Aber wie sonst?

5

Identität ist die Lösung

Auf einem Podium traf ich eines Tages auf einen anregenden Mann, einen begnadet intelligenten und dazu sensiblen Kerl, der mich weder von unten anbetete noch von oben großzügig auserkor. Beides war ich gewohnt und zugleich total leid. Er aber ging es ganz anders an als die Männer vorher: Diese hatten das Ziel gehabt, mich »zu kriegen«. Der Prozess, die Anbahnung oder die Jagd machten ihnen (manchmal auch mir) Freude. Es wurden die besten Seiten gezeigt, es wurde jedes Schild, jede Waffe geputzt, es war ein Aufmarsch der richtig guten Seiten. Es ging um die jeweiligen Stärken. Und definitiv um das eine Ziel: Ich war die Beute, die jeden Einsatz lohnte.

Völlig atypisch verhielt sich nun dieser neue Typ. Er tat etwas Verblüffendes: Er lernte mich kennen. Kein Kampfgeschrei, keine silberne Rüstung, kein lautes Gejohle. Wir verbrachten Zeit miteinander. Er zeigte sich mir als der, den er kannte. Er wusste viel von sich, auch von seinen Schwächen, von seinen Sorgen und seinen Träumen für sein Leben. Noch irritierender: Er interessierte sich für mich, für meine schwachen Seiten, für meine Fragilität, für meine Ängste und meine Träume von meinem Leben.

Er wollte herausbekommen, ob wir gemeinsam etwas zu teilen und dann auch etwas zu wagen hätten. Und ich? Ich zog blank, war vollständig überfordert: Ich wusste nur von meinen Stärken, nichts von meiner Angst. Ich konnte sprechen von meinen Siegen, jedoch nicht von meinen dunklen Nächten. Ich fand Worte für meine guten Seiten – und war ohne jedes Wort für meine Kämpfe, meine Not, meine Einsamkeit. Entsprechend desorientiert stolperte ich neben ihm über verschiedene Waldwege, unfähig, mein Menschsein auszudrücken, und ohne Worte für meinen nur gefühlten Mangel.

Im Prozess dieser gescheiterten Annäherung begriff ich meinen Verlust. Weder Prinzessin noch Superbiene, geschweige denn die Heldin, aber auch nicht die Königin hatten es mir ermöglicht, mit diesem Mann auf Augenhöhe zu kommen. Dafür hätte ich eine eigene Identität haben müssen statt eines völlig unbewussten Flickwerks verschiedener Rollen, statt einer illustren Sammlung merkwürdiger Reste von überholten Vorstellungen, statt eines auf die bloße Überwindung von Widerständen ausgelegten Stücks Existenz.

Ich hätte etwas wissen müssen davon, wie ich mit einem anderen gemeinsam einen Weg gehen könnte und wollte. Ich hätte wissen müssen, dass uns letztlich unsere Schwächen miteinander verbinden und vertraut machen, gar nicht so sehr unsere Stärken. Ich hätte mehr von Beziehung generell wissen müssen. Und etwas von Qualität.

Stattdessen wusste ich nur, dass ich »ziemlich gut« war – ich konnte mich mit anderen vergleichen, in irgendwelchen Rankings einen vorderen Platz belegen. Anders formuliert: Ich war quantitativ bestens aufgestellt. Ich hatte verschiedene Hochschulabschlüsse, ich verdiente viel Geld, ich verfügte über viele gute Zeugnisse. Ich war attraktiv, trug teure Kleidung, ich war eine wunderbare Superbiene gewesen, hatte alles richtig gemacht, war früh zur Königin gekommen – und ich war mir immer noch sicher: viel hilft viel. Würde mein Leben nicht mit viel Ruhm automatisch glücklich werden?

Würde nicht irgendwann, nahezu alchemistisch, die große Masse Erfolg umschlagen in das Glück, in die Qualität, nach der ich mich sehnte? Ich war so auf der Erfolgsspur, dass jetzt das letzte Puzzleteil doch dazukommen müsste: Beziehung. Liebe. Anders gesagt: Wenn ich quantitativ ganz weit vorne war, in meinem Beruf erfolgreich und geachtet – musste sich dann nicht automatisch die Qualität in meinem Leben öffnen wie eine herrlich duftende Blüte? So habe ich das erlebt: Mir fehlte es nicht an vorzeigbaren Dingen, im Gegenteil. Davon hatte ich mehr als genug. Mir fehlte, wie ich im Prozess mit diesem Mann erlebte, etwas ganz Grundsätzliches. Ich spürte einen sensationellen Mangel, ein tiefes Defizit, für das ich keinen Namen hatte.

Damals schrieb ich wieder Gedichte. Ich spürte, die Seele floss sich nicht tot, und irgendwie starb ich auch nicht an unbestimmtem Kummer. Aber ich wusste auf eine eindeutige Art und Weise, auf Zellebene sozusagen, dass ich etwas vermisste, das ich nicht formulieren konnte. Ich vermisste nichts aus der Rankingliste, nichts Quantitatives, ich vermisste etwas, das beim Kennenlernen dieses Mannes an mein Herz gerührt hatte. Heute nenne ich das Liebe, Beziehung und in Summe: qualitative Lösungen für mein Leben.

Wir kennen das von Lottogewinnern, die – trotz Millionen – sich dennoch entscheiden, das alte Leben weiterzuführen. Das Glück liegt eben nicht in der Menge an Geld, die sich ausgeben lässt. Auch die Journalistin Meike Winnemuth, die bei Günther Jauchs *Wer wird Millionär?* eine halbe Million gewonnen hatte und davon auf Weltreise ging, kehrte zurück, ohne das Geld gebraucht zu haben – schließlich schrieb sie unterwegs fleißig Artikel. Und sie hatte einiges verstanden. Etwa dass das Glück auch darin liegen kann, wenig zu haben. Sich zu reduzieren. Im Downsizing.

Menschen kommen auf unterschiedliche Art dazu, das zu finden und benennen zu können, was ihr Leben wirklich erfüllt. Quantität hilft da meist wenig: Versuchen Sie einmal, mit zehn Paar Baumwollsocken im russischen Winter Ihre eiskalten Füße warm zu bekommen. Geht nicht! Quantität, das weiß ich heute, schlägt niemals in Qualität um. In Sibirien braucht es Schafwollsocken. Noch nie hat sich »viel Baumwolle« in »genug Schafwolle« transformiert.

Die Professorin rüstet um

Das Thema »Qualität« hatte mich erreicht, persönlich wie im Beruf. Ich spürte den Mangel an Qualität überall und konnte nicht mehr wegschauen. Hochschule war für mich ein vor allem quantitativ forderndes Programm: Aufgrund des Lehrkräftemangels und von Einsparungen allerorten teilten sich Kollegen die offenen Lehrverpflichtungen auf. In manchen Semestern hatte ich dreiundzwanzig Stunden zu unterrichten – mehr als so mancher Lehrer. Wo blieb hier die Kreativität?

Die Hochschule selbst erlebte ich als kontrollierend, überstrukturiert und dabei als dysfunktional: Es kostete mich mehr Aufwand, hundert Blatt Kopierpapier zu bekommen, als eine Vorlesung zu halten – infantilisierend! Wir ahnen es, auch hier waren Fleiß und Quantität die Kriterien, die Engpässe definierten. Qualität gab es ja frei Haus, denn Freiheit der Lehre wurde mir zugetraut. Quantität wurde dagegen kontrolliert. Gerade solche Widersprüche erlebte ich als zynisch. Irgendwann musste ich eine Entscheidung treffen – wollte ich ein solches Leben?

Ich entschied mich, das System Hochschule zu verlassen und mich wieder in das Feld der Wirtschaft zu begeben. Dazu holte ich mir einen Coach an die Seite und ließ mich begleiten, beispielsweise bei meiner Bestandsaufnahme. Die sah so aus: Der Wirtschaft war ich stets treu geblieben, meine Themen waren weiterhin Management, Führung und Medien. Dennoch stand ich als Professorin – draußen. In der Hochschule realisierte ich noch einigen Unterricht, um den Übergang bis zu einer Nachberufung zu erleichtern. Meinen Titel durfte ich behalten – wunderbar, allerdings gehörte ich nicht mehr dazu.

Ein Neuanfang geht immer

Zwischen zwei Stühlen fühlte ich mich komfortabel geerdet. Ich entschied mich, meine Themen der Vergangenheit mit meinem Wissen aus den bisherigen Bereichen zu kombinieren und obendrauf noch einiges an therapeutischen Weiterbildungen zu setzen: Ich entschloss mich, als Coach zu arbeiten.

Meine Konzernkarriere hatte Etliches an Führungs-, Organisations- und Entwicklungskompetenzen geliefert, das Durcharbeiten meiner praktischen Erfahrungen als Professorin zudem mein Erfahrungswissen geschärft und mir zu einem klaren Blick verholfen – jetzt gab ich noch einmal Gas. In dieser Zeit großer Veränderungen, die mein gesamtes Leben umwarfen, baute ich mir zwei Leitplanken für einen sicheren Übergang vom Alten ins Neue. Ich wollte alles, was mir begegnete, mit folgenden Fragen auf den Prüfstand stellen:

1. Will ich das wirklich für mich?
2. Ist das anschlussfähig? Anschlussfähig an die Menschen um mich herum, an mein Feld, an meine Kunden? Aber auch an

meine Themen, an meine Vorstellungen von Ökologie, an diesen Planeten?

Mit diesen beiden Fragen verknüpfte ich in den ersten Monaten nach der Entbeamtung meine Entscheidungen, denn es gab noch nicht das klare Licht am Horizont, wo genau es wie hingehen sollte. Also suchte ich mir Weiterbildungen aus, die teilweise über fünf und mehr Jahre liefen. Ich lernte viel zum Thema »Sucht«, auch zu Arbeitssucht und anderen Prozesssüchten wie Besserwissen, Rechthaben und »Machen«. Letzteres kam mir sofort total vertraut vor: Als Superbiene war ich ehedem eine sehr talentierte Macherin gewesen, fleißig über alle meine Grenzen hinaus.

Hier traf ich auch auf andere Frauen, die genauso fleißig waren wie ich früher – und wie es mir immer noch in den Knochen steckte. Wir waren uns alle sehr ähnlich: Statt die Verantwortung für uns selbst zu übernehmen, hatten wir alle sofort und ohne jedes Federlesen die Verantwortung für etwas anderes übernommen. Vorzugsweise: für eine andere Person.

So berichtete eine der Frauen von ihrem Chef, der sich sofort Urlaub nahm, als sie kaum einen Monat da war. Schließlich hatte er auf so eine geniale Mitarbeiterin fast zwei Jahre gewartet! Die Mitstreiterin in dieser Weiterbildung erkannte sehr schnell, dass sie sofort und ständig diesen Mann in Schutz nahm. Er war ja so nett, so freundlich, so gar nicht fordernd.

Genau! Auch auf diese Weise lassen sich Menschen manipulieren. Und schon fällt eine Frau wieder zurück in den Superbienen-Modus, obwohl sie lieber den Teufel treffen würde. Unbewusstheit, das ist das Zauberwort: Ihr war nicht bewusst, welchen Knopf dieser Mann bei ihr drückte. In der Weiterbildung stellte sich dann heraus, dass bereits der Vater dieser Frau so zu guten Ergebnissen bei ihr gelangt war. Mit Dackelblick und liebenswürdigem Lächeln hatte er seine Tochter jahrelang dazu gebracht, für ihn stets eine Extrameile zu gehen.

Kein Wunder also, dass Sucht ein Schwerpunkt für meine Entwicklung wurde. Die Knöpfe von Superbienen interessierten mich, speziell die Frage, wie sich diese Knöpfe millimetergenau drücken ließen. Ich profitierte persönlich enorm, und ich merkte: Fleiß oder der Wunsch, sich beschäftigt zu halten, die eigenen Gefühle nicht zu spüren, sich selbst nicht zu ernst zu nehmen, das hatte immer noch mit mir selbst zu tun. Wenngleich vielleicht nicht mehr an so vielen und gut sichtbaren Stellen meiner Person.

Ich übte mich in der Therapieform der Gestalt und lernte von der Kraft des genauen Beschreibens; in der Traumatherapie löste ich alte Muster so auf, dass Energie frei wurde, ebenso in der Aufstellungsarbeit, mit der sich Familien wie Organisationen hilfreich und neu betrachten lassen. Ich saß bei Organisationsentwicklern, um die Kraft »analoger Interventionen« bei mir zu stärken. Ich suchte und fand Supervision und weitere therapeutische Einzelberatung. In Summe: Ich stellte mich meinem Leben und war bereit, ja entschlossen, mich damit ins Einvernehmen zu setzen.

Schließlich schlug ich mit all diesem Wissen aus Selbsterfahrung, reflektierter Erfahrung und Methoden bei meinen Kunden auf: im Topmanagement der Medienbranche sowie in einigen hochkarätigen Denkzellen von DAX-Konzernen. Und tue das noch heute.

Muss ich betonen, dass mir all dieses psychologische und emotionale Wissen so guttat wie einer ausgetrockneten Pflanze der Regen? Ich lernte, wie sehr Therapie in unserer Gesellschaft abgewertet wird. Kaum eine meiner Freundinnen hielt therapeutische Unterstützung wirklich für lohnenswert. Ausflüge ins therapeutische Lager wurden als unangenehm beschrieben: Therapien dauerten lange (und es war unklar, ob wegen des Ratsuchenden oder wegen des Therapeuten), Kurztherapien würden nur auf Nachfrage angeboten und moderne »Abkürzungen« ständen bei alten Profis nicht im besten Ruf. Gute Therapeuten pflegten ihre Wartelisten …

Eine Freundin von mir, ebenfalls eine gelernte Superbiene, schaffte es kaum, sich für eine angemessene Zeit krankschreiben zu lassen, als sie mit einer Lungenentzündung herumlaborierte. Solange sie nicht tot sei, so ihr ständiges Reden, könne sie auch arbeiten. Nachdem ich mir einige Jahre diese Sätze angehört hatte, mochte ich mir das nicht mehr antun. Ich legte Beschwerde ein und schlug ein Gespräch mit einem Therapeuten vor.

Eine andere Bekannte rutschte in einen Burn-out – und war dann sehr glücklich mit der therapeutischen Arbeit. Während ich das schreibe, wird mir bewusst, wie sehr Therapie doch ein Reparaturbetrieb war und noch ist, hauptsächlich für die von der Arbeitswelt verursachten Probleme.

Müssten hier nicht eigentlich mehr Leute zu finden sein, die uns – neben Reparaturen – auch bei Sinnstiftung, Bewusstheit, neuen Weltbildentwürfen helfen könnten? So jedenfalls wünschte ich mir das. Das wollte ich gern anders handhaben, und sehe auch heute im Coaching dazu richtig gute Möglichkeiten.

Damals allerdings war ich unsicher. Ich wurde in dem Jahr, als ich die Hochschule verließ, vierzig. Es gab fast nur Gegenwind, selbst aus meinem Freundeskreis, für diese »extreme« Entscheidung, wie viele fanden. Wer verzichtete schon auf eine sichere Pension? Mein Berufsleben stellte ich auf null, und privat sah es nicht besonders stabil aus.

Ich überdachte meinen eigenen Entwicklungsprozess erneut – so wie Sie ihn teilweise in diesem Buch mitverfolgen konnten. Mein Fazit lautete: Es muss noch etwas anderes geben. Und: Es gilt, das Überholte, das wenig Geachtete zu akzeptieren und mitzunehmen auf den neuen Weg.

Wie überholt Prinzessin, Superbiene, Heldin und Königin jeweils sein mögen, sie haben mit uns zu tun, und wir haben mit ihnen mehr oder weniger praktisch gelebt. Ob wir von ihnen profitiert haben, ist eine zweite Sache. Sie lieferten uns immerhin ein umfangreiches Repertoire, das wir als Kinder, als Mädchen, als erwachsene Frauen in diesen Rollen erprobt haben. Wir müssen vielleicht einiges ausmustern, so wie die Kleider von früher, die wir irgendwann nicht mehr tragen.

Fehler und praktikable Lösungen

Es scheint mir heute so, als hätten diese alten Rollen noch große Kraft und als wäre der typische Frauenlebenslauf der früheren Jahre, der Zeit vor 1968, zu einer Art »Normalbiografie« geworden. Die typische Kleinfamilie mit Vater, Mutter, ein, zwei Kinder. Haben wir es etwa in der Aufbruchstimmung der letzten vierzig Jahre nicht hinbekommen, brauchbare Alternativen »marktfähig« zu gestalten? Ist es wirklich so, dass nur diese Normalbiografie Aussicht auf ein gutes Leben bietet? Welche Frau mit Kindern und ohne Mann kann es sich heute vorstellen, Eigentum zu erwerben – es sei denn, sie erbt? Welche Frau mit Kindern fühlt sich sicher im staatlichen Korsett von Hartz IV? Ist es nicht vielmehr so, dass die Fähigkeit zu und die Bereitschaft für Kinder für Frauen eine deutlich bessere Absicherung erfordert?

Alle anderen Lösungen wirken zwar munter, aber unsicher: Die Generationen der heute Fünfzig- oder Sechzigjährigen haben ja wirklich Etliches ausprobiert, getestet und ermöglicht: Ob die Schwulenehe oder die Patchworkfamilie, die Senioren-WG oder das Leben als Single – es ist alles da. Es gibt Lebensmodelle, Wohnformen und jede Menge Ideen für ein gelingendes Miteinander.

Was es nicht gibt: die Sicherheit, dass eine dieser Formen hält beziehungsweise dass die Folgen einer Trennung nicht in die Katastrophe führen. Und natürlich gibt es darüber hinaus keine Verheißung, keine Gewissheit, dass wir – einmal angekommen – für immer bleiben können. Das könnte ein echter Nachteil sein. Doch vielleicht ist gerade das der Gewinn? In einem Start-up würde man vermutlich an dieser Stelle ausrufen: *It's not a bug, it's a feature!* – »Es ist kein Fehler, sondern ein Merkmal!«

Es könnte also der Gewinn der letzten vierzig Jahre sein, dass wir alle mehr oder weniger Folgendes begriffen haben:

- **Beziehung kann, muss aber nicht ewig halten**
  Auch wenn wir uns mit einem anderen zusammentun, ist das keine Garantie dafür, dass wir uns gleich und gemeinsam entwickeln.
- **Wir erfinden uns immer wieder neu**
  Wir entwickeln uns als Menschen, und zwar viel stärker und kraftvoller, als das vorherige Generationen ahnen konnten, die mit vierzig oder fünfzig am natürlichen Ende ihres Lebens standen.
- **Kind kann, muss aber nicht für ein erfülltes Leben stehen**
  Wir können Kinder als ganz natürliche Option betrachten, aber keineswegs als Zwang oder Selbstverpflichtung.

Ist dieser Erkenntnisgewinn möglicherweise zu gering? Zu gering für die jungen Frauen, die jetzt ihre biologische Uhr ticken hören, die ihre Entscheidungen treffen müssen, die keine andere, keine neue Sicherheit haben als allein den Mann an ihrer Seite? Ist das wirklich so?

Es sieht in manchen Momenten vielmehr nach einer Superanpassung junger Frauen aus. Als Frau, die in Berlin lebt, denke ich da an die Mütter vom Kollwitzplatz, die als Latte-macchiato-Mütter für Aufsehen gesorgt haben – jene bestens ausgebildeten Frauen, die passende Männer heiraten, mit diesen früh Eigentumswohnungen an den richtigen Stellen kaufen, darin anständige Ehen absolvieren und ein bis zwei absolut vorzeigbare Kinder aufziehen.

Ich denke an solche Frauen, die berechtigt und legitim ein gutes Leben führen (wollen) und sich dabei konsequent an den gesellschaftlichen Symbolen für Erfolg und Akzeptanz orientiert haben. Vorbildfunktion liefern also nicht die theoretischen Konzepte, sondern die in persönlicher Anschauung als hilfreich betrachteten Lebensentwürfe, die gerade das ermöglichen: ein Leben mit Kindern.

So oder ähnlich sehen die typischen Effekte aus, die immer wieder beim Einschwingen auf eine neue Ebene anfallen. Kommt etwas Neues in die Welt, dann schlägt das Pendel eben mal vor und mal zurück, dann sind konservative Rückbezüge ebenso erwartbar wie das lauthals geäußerte Bedürfnis nach mehr intersexuellen Spielräumen. Durch die Gleichzeitigkeit von Lashback, also von Rückwärts- und Vorwärtsbewegung, schaffen wir heute die Bewegungsräume, innerhalb derer Vielfalt erst möglich ist.

Schauen wir also im Meer der Optionen nach: Wie bitte sollen denn unsere exzellent ausgebildeten jungen Frauen um die dreißig mit dem Thema Kinder umgehen? Was hat es mit der Mutterschaft auf sich? Und wozu ist die Ehe gut? Seien wir realistisch. Die noch immer durch die Gesellschaft wabernde Hürde für Alternativen ist ebenso alt wie hinderlich: der Familienstand.

Das Ende des »Fräulein-Zirkus«

Bei Männern spielt der Familienstand überhaupt keine Rolle, weder für die gesellschaftliche Anerkennung noch fürs Selbstverständnis. Ganz anders bei Frauen. Ich erhielt einmal bei Bertelsmann, immerhin im Jahr 1992, eine kleine Prämie, weil ich vorschlug, Türschilder mit Vor- und Nachnamen zu beschriften statt mit »Frau«, »Fräulein« oder »Herr X«. Wohlgemerkt, die Deutsche Post hatte die Anrede »Fräulein« schon 1971 abgeschafft – das war in den folgenden zwanzig Jahren allerdings noch nicht bis nach Gütersloh vorgedrungen.

Mein Vorschlag damals war ein wenig frech: Ich regte dazu an, auch für Männer den Zusatz »heiratsfähig«, ergänzt um die für uns Frauen sicherlich interessante Rubrik »Bauland ja/nein«, ins interne Telefonbuch aufzunehmen für den Fall, dass man sich vom »Fräulein« nicht trennen mochte. Man wollte sich aber im Unternehmen sehr gern trennen. Die Firma ließ zügig neue Namensschilder für ein paar tausend Mitarbeiter herstellen. Ich erhielt meine Anerkennung für diesen betrieblichen Verbesserungsvorschlag – und stieß plötzlich auf Widerstand.

Der erwischte mich im Treppenhaus, ganz unverfänglich, und kam aus den vermeintlich eigenen Reihen: In den Sekretariaten waren überhaupt nicht alle Frauen meiner Meinung. Der Ärger war in zwei Fällen so groß, dass ich persönlich beschimpft und diskreditiert wurde – als eine Frau, die selbst keinen (Mann) abbekommen hatte und jetzt aus blankem Neid heraus anderen Frauen denselben ebenfalls nicht gönnte.

Zwischen verheirateten und unverheirateten Frauen existiert weiter eine unglaubliche Kluft, die sowohl gesellschaftlich überwunden werden muss als auch von jeder Frau selbst. Ob ledig oder nicht, ist immer noch eine Frage, die vor allem eines offensichtlich macht: Es geht nur darum, auf Frauen zu schauen unter dem Aspekt des Mangels. Haben sie einen Mann oder haben sie keinen?

Damals habe ich zudem verstanden, warum Frauen im Beruf nach aktueller Leistung, nach Performance beurteilt werden und Männer nach Potenzial: weil es sich genauso im privaten Leben verhält. Frauen suchen sich Männer, die vielversprechend sind im Sinne von Wohlstand und Versorgung. Das muss aber schon zu einem recht frühen Zeitpunkt erkennbar sein. »Aus dem wird mal was!«, wäre der Kommentar meines Vaters gewesen. Ein gutes Auge fürs Potenzial ist also bei der Männerwahl sehr wesentlich.

Männer dagegen brauchen bei der Wahl einer Frau den Blick für das, was sie in der Gegenwart erleben: Sie suchen Frauen aus, die ihnen neben Schönheit und erotischer Stimulanz die Versorgung von Haushalt und Kindern, von Mahlzeiten bis hin zur Kleidung sicherstellen. Und das lässt sich von einem fleißigen und dazu hübschen Mädchen durchaus erwarten. Potenzial? Ist hier nur für den Weitsichtigen von Interesse.

In Unternehmen verhält es sich sehr oft ähnlich. Immer wieder erlebe ich, wie von einem jungen Manager gesagt wird: »Der kann sicher Europa, soll er doch mal ausprobieren!« Von einer Managerin aber: »Lass sie sich erst einmal in Deutschland beweisen, wenn's klappt, dann geben wir ihr noch die Schweiz dazu. Läuft alles glatt, geht natürlich auch Europa!« Die Unterscheidungen, die früher für die Partnerwahl hilfreich und zielführend waren, sind im Unternehmen total unpassend, ja schreiend ungerecht.

Oft geleugnet, aber wirksam: Rang

Ein typischer Workshoptag für Frauen. Ich habe am Nachmittag einen Vortrag mit dem Titel »Von der Prinzessin zur Königin – Erfolg wagen« zu halten, gut sechzig Managerinnen nehmen teil. Eine von ihnen spricht mich in der Pause vorher kurz an: Sie sei nicht mit von der Partie. Schließlich habe sie zwei Kinder und sei auf gar keinen Fall mehr eine Prinzessin. Ich musste lachen. Verständlich und trotzdem zu wörtlich genommen! Der Workshop zielte auf Frauen, die sich in Unternehmen immer wieder als Prinzessinnen erleben, ganz gleich, ob unverheiratet, verheiratet oder Mütter.

Dennoch hatte diese Frau einen wunden Punkt angesprochen: den Rang oder die im Hintergrund weiterhin mitlaufende Klasse. Gerade Prinzessinnen haben für Klassen- oder Rangunterschiede, für Rollenklarheit gar keine Antennen. Es hatte mich also in diesem konkreten Fall ganz offensichtlich eine Königin angesprochen – jedenfalls war sie sich klar in Sachen ihres eigenen Rangs.

Sie haben von Rang so noch nie gehört? Kein Wunder. Eigentlich wäre vermutlich »Klasse« das richtige Wort. Wir sind, entgegen allen Beteuerungen aus der Politik, in meinen Augen eine sehr gut durchstrukturierte Klassen- oder Ranggesellschaft. Aber das verträgt sich so gar nicht mit unserem Ideal von einem Umfeld, in dem jeder alles werden kann. Nachkriegsdeutschland und Amerika – definitiv zwei Gesellschaften, in denen »Klasse« nicht offen diskutiert wurde respektive wird. Ganz anders in Indien: Hier existieren bei aller Modernität die traditionellen Kasten, die eine deutlich sichtbare Klassengesellschaft beschreiben.

Ich persönlich habe mit dem Begriff zu tun, seitdem ich mich mit Familienaufstellungen und den dazugehörigen Ordnungen in Familien oder auch in anderen Systemen beschäftige. 1994 begriff ich bei der Analyse meiner eigenen Herkunftsfamilie, was es mit der Macht der Systeme und Ordnungen auf sich hat. Dabei habe ich zunehmend mehr über die verborgenen Strukturen im Hintergrund gelernt und verstanden – etwa auch, dass sie nicht gut benannt werden können. Das passt offenbar nicht zu unserem Verständnis von »alle Menschen sind gleich«.

In meiner Arbeit mit Gruppen machte ich dann die Erfahrung, dass große Veränderungen möglich waren, wenn sich alle »an ihrem Platz« wiederfanden und quasi die Ordnung hergestellt war. Diese Ordnung zeigte sich in so einfachen Dingen wie »Alter kommt vor Jugend«: Ältere Menschen haben einen höheren Rang, haben mehr erlebt, erfahren, auch erlitten. Die jüngeren müssen sich diesen Rang erst noch erarbeiten.

Schauen wir uns heute in öffentlichen Verkehrsmitteln um, so ist zu sehen, dass Schulkinder nicht mehr für ältere Menschen aufstehen. Sie haben schwere Schultaschen zu schleppen, klar, und sie hatten einen harten Schultag. Aha … Der Respekt vor dem Alter schwindet, und damit könnte sich ebenfalls der Rang bald verlieren. Noch ist es nicht soweit. Lasse ich nämlich zu Beginn eines Workshops – beispielsweise zur Zusammenlegung von zwei Abteilungen zu einer Abteilung – eine Sitzordnung herstellen, die sich zuerst nach Hierarchie und darin wiederum nach Alter sortiert, stellt sich nach einigem »den eigenen Platz suchen« umgehend eine höchst friedvolle Koexistenz ein, die mit Händen greifbar ist.

An seinem Platz zu stehen oder zu sitzen, reicht mir aber bei Weitem nicht. Ich halte das Bewusstsein hinsichtlich des eigenen Rangs für eklatant wichtig, um erfolgreich und sinnvoll handeln zu können – in der Familie, aber noch viel mehr im großen Kontext von Arbeit und Gesellschaft.

In Grund und Boden nivelliert

Im Anschluss an die Finanzkrise im Jahr 2008 rutschten wir in Deutschland in eine Kapitalmarktkrise. Während die Finanzkrise alle spürten, die nur ein klein wenig Vermögen in Aktien angelegt hatten, traf die Kapitalmarktkrise vor allem institutionelle Anleger hart, darunter Stiftungen sowie alle Menschen, die wir gemeinhin als reich bezeichnen. Bleiben wir bei den Stiftungen: Die legten bis dahin das gestiftete Vermögen an und gaben die jährlich am Kapitalmarkt erwirtschafteten Zinsen aus. Wer 50 Millionen Euro angelegt hatte zu fünf Prozent Zinsen, konnte im Jahr etwa 2,5 Million Euro an Projektmitteln ausgeben.

Das änderte sich plötzlich massiv. Wer heute Geld anlegt, kann froh sein, wenn es noch ein Prozent Zinsen gibt. Die Stiftungen sind auf einmal damit konfrontiert, statt der 2,5 Millionen Euro im Jahr bloß noch 500 000 Euro zur Verfügung zu haben. Was jetzt tun mit Festangestellten, mit freien Mitarbeitern und mit begonnenen Projekten?

Eine Freundin, nennen wir sie Renate, erlebte den ständigen Verfall der Zinsen, den Niedergang der Anlagen ihrer Stiftung und geriet in Not: Wie sollte sie bitte die Leute bezahlen, wovon sollten die Projekte weiter finanziert werden? Für sie war die Situation außerordentlich belastend, sie schlief so manche Nacht nicht, und auch tagsüber ließen sie die Sorgen nicht los. Gab es eine Lösung, die andere ausprobiert hatten?

Auf einer Tagung ihrer Stiftung sprach sie mit einigen Frauen über den Zinsverfall, den Niedergang des Kapitalmarkts und über die Differenz zwischen zwei und drei Prozent Zinsen. Alle Frauen blieben merkwürdig still. Die ein oder andere vergewisserte sich mit Blicken, dass es den anderen nicht viel besser ging. Ganz klar: Renate stand hier vor Frauen, die nicht wussten, wovon die Rede war, und die sich dafür auch nicht im Geringsten interessierten. Das Ergebnis war doppelt schlecht:

Renate fand ihre Zuhörerinnen merkwürdig desinteressiert an einem doch brandaktuellen Thema, das ja gerade auch diese Stiftung betraf. Sie verstand die Zurückhaltung und die Wortkargheit der Gruppe nicht. Die Teilnehmerinnen dagegen waren ratlos: Ihnen, die sie mit normalen Gehältern oder gar als Freiberuflerinnen mit wechselnden Unsicherheiten lebten, waren die Zusammenhänge nicht klar, und die Zahlen sagten ihnen gar nichts. Sie schlugen den Transfer zu dieser Tagung überhaupt nicht, die für sie ganz selbstverständlich »von einer reichen Stiftung« veranstaltet wurde. Und sie fragten sich, ob Renate jetzt Dank von ihnen brauchte oder was um Himmels willen ihr Anliegen eigentlich war.

Für beide Seiten war das Gespräch unerfreulich. Wäre Renate sich ihres Rangs und damit verbunden ihrer Privilegien, aber auch ihres besonderen Zugangs zu Ressourcen bewusst gewesen, hätte sie das Gespräch in dieser Form vermieden. Jetzt hatte sie von den Teilnehmerinnen einen eher unbeteiligten Eindruck. Umgekehrt wappneten sich die Damen innerlich gegen die bei ihnen entstandene Vorstellung, sie müssten besonders dankbar oder gar devot sein, weil das Geld so kostbar war. Am Ende standen Unbehagen, Distanz und Unverständnis auf beiden Seiten.

Fazit: Da war jemand nicht rangsensibel. Es wurden all die vergrätzt, die keinen Einblick hatten, wie unterschiedlich ihr Rang war, wie unterschiedlich die Rollen in dieser Situation verteilt waren. Möglicherweise war hier wieder einmal die alles übertünchende und damit auch ziemlich laue Schwesternschaft eingezogen, die uns über Rangunterschiede hinweg bei den anderen Frauen einhaken lässt: Wir sind doch alle gleich! Sicher aber waren alle in Unklarheit geblieben, was denn hier eigentlich schieflief, nicht stimmte.

Wir können Rang ignorieren – es hilft leider nicht. Und wenn das so ist: Woran erkennen wir nun den Rang? Und wer hat denn Vorrang vor wem? Rang bedeutet die Anerkennung, das Respektieren eines »Vor-rangs«. Dieser Rang resultiert aus dem Zugang zu Optionen, zu Spiel- und Handlungsräumen, zu bestimmten Gruppen, aber ebenso zu Macht und Geld. Der soziale Rang etwa gilt zwischen einzelnen Menschen oder zwischen Familie A und Familie B. Sie unterscheiden sich in ihrer grundlegenden Bildung, ihrer ethnischen Zugehörigkeit oder ihrem Zugang zu Netzwerken.

Ich komme wie gesagt aus einer Arbeiterfamilie. Das ist weder gut noch schlecht, heißt jedoch, ich hatte in meiner Jugend beispielsweise keine Zugänge über den alltäglichen Freundeskreis meiner Eltern zu Akademikernetzwerken, durfte nur gegen den Widerstand meiner Klassenlehrerin aufs Gymnasium und musste da kämpfen und für mich sorgen, wo andere entspannt und absolut selbstverständlich unterstützt Schritt für Schritt vorwärtsgingen.

In Unternehmen gibt die hierarchische Struktur die Rangfolge innerhalb des Systems vor. In Bürokratien, etwa in Ministerien, ist die Hierarchie sogar an den Ordnungsnummern der Stellen (und der ihnen zugehörigen Telefonnummern) erkennbar. Weniger bürokratisch organisierte Firmen weisen mit den jeweiligen Statussymbolen aus, wer wo welchen Rang hat: Das kann die Zahl der Fenster im Büro, die Größe des Firmenwagens oder die Parkplatzordnung sein – und natürlich der Zugang zum Kapitaleigner.

Der Rang, den wir in unserer gesellschaftlichen Realität einnehmen, ist oft verbunden mit Stereotypen darüber, »wie wir zu sein haben«. Ökonomische Situation, Beruf und die dazugehörige Bildung sind ebenso wie die kulturelle Zugehörigkeit zentrale Definitionsgeber für unseren persönlichen Rang. Aber auch Geschlecht und sexuelle Orientierung, der individuelle Lebensstil sowie Gesundheit, Alter und Aussehen ordnen uns in dem großen Feld zu, das unsere Gesellschaft darstellt.

Wenn Frauen also zu Botox greifen, dann kann das auf ein (mehr oder weniger) klares Rangbewusstsein hindeuten: Schließlich erhöht ein gutes Aussehen den gesellschaftlichen Rang. Alter ist ebenso ein Kriterium für Rangunterschiede. Da in unserer Gesellschaft ältere Frauen eher als »beschädigt« (wie etwa in der Werbung für Slipeinlagen, Einschlafhilfen und Verdauungsprobleme) betrachtet werden, ist für die ein oder andere Frau die gesichtstechnische Verjüngung vielleicht so etwas wie ein letzter Rettungsanker.

Es gibt noch andere Möglichkeiten, den eigenen Rang zu erhöhen, etwa über unsere Persönlichkeit. Wer viel von sich und anderen weiß, also psychologisch sehr gut sortiert ist, dem wird eher ein hoher Rang zugeschrieben. Wer durch viel Leid, durch ein schweres Schicksal oder große Missgeschicke gegangen ist und das verarbeitet hat, ist zu einer Persönlichkeit gereift, die möglicherweise eher am Rande dieser Gesellschaft steht, aber für die innere Festigkeit, für die Integrität nach einer so herausfordernden Reise hoch geachtet wird. Spirituelle Führer und Berater lassen sich hier verorten.

Einen dritten Raum für Rang gewährt unsere Arbeitswelt. Hier wird er strukturell zugeordnet. Gemäß eines mehr oder minder bekannten Organigramms, also eines Organisationsdiagramms, erkennen wir, wer oben und wer weiter unten steht. Die Struktur ist entscheidend, doch es gibt auch jenseits von ihr so etwas wie Relevanz und Einfluss: So stehen beispielsweise in vielen Konzernen die Leute, die Events organisieren, ziemlich weit unten in der Hierarchie. Da sie es aber sind, die für Vorstände und deren Kunden den Zugang zu Veranstaltungen, zur Formel 1 oder zur ausverkauften Oper besorgen, sind ihre Dienste sehr gefragt, ihre Relevanz ist entsprechend hoch. Das verändert den Rang, keine Frage.

Der Wunsch der Unternehmerstochter, »Bitte behandeln Sie mich wie alle anderen!«, ist ein frommer Wunsch, der nicht eingelöst werden kann – außer im Kino oder im Konzert. Wer so redet, weiß nichts von seinem Rang, von den Privilegien, die damit unweigerlich verbunden sind.

Meine beste Schulfreundin konnte sich ein Leben ohne Pferde überhaupt nicht denken. Kein Wunder, dieses Privileg gehörte damals zu ihrem Rang – sie kam aus einer Arztfamilie. Ich hingegen stammte aus einer Handwerkerfamilie, und entsprechend gab es in meinem Kinderzimmer kein Möbelstück, das nicht aus der eigenen Werkstatt stammte. Mir war das anfangs völlig gleich, erst später erkannte ich, wie dürftig die Zimmer der Töchter aus besseren Häusern oft ausgestattet waren. Das, was wir kennen, erscheint uns sehr lange völlig normal.

Wenn Frauen beispielsweise »nach oben« heiraten, ändert sich diese Wahrnehmung. Häufig genug ist der Unterschied zwischen Herkunfts- und selbst gewählter Familie gar nicht so groß – und wenn doch, zeigt »er« ihr gern, wie »sie« alles richtig macht. Er bringt ihr bei, wie sie sich passend verhält im neuen Umfeld, und die Prinzessin freut sich über diese Anleitung, für die es auch noch ein schönes Schmuckstück als Belohnung gibt. Eine Superbiene erarbeitet sich den neuen Rang oder geht über das Unwohlsein hinweg, das die neuen Möglichkeiten und Pflichten verursachen. »Ich bin doch immer noch die Gleiche«, summt sie und ignoriert die neuen Räume.

Für eine Königin ist es bedeutsam, ihren eigenen Rang zu kennen und auch ihre Privilegien. Sie leiten eine Rechtsanwaltskanzlei? Dann sind Sie die Erste unter den Anwälten dieser Kanzlei. Schauen Sie hin: Wo genau sind die Rangunterschiede zwischen Ihnen und den Kollegen beziehungsweise Kolleginnen? Welche Privilegien haben Sie, die anderen nicht zur Verfügung stehen?

Die Königin respektiert ihr Königinnen-Sein

Meine Titel waren mir nie wichtig. Mittlerweile aber erlebe ich sie als Privilegien und als sehr gut sichtbare Merkmale meines Rangs als seniore Persönlichkeit. Das wiederum erlaubt es anderen gerade nicht, sie mir ungefragt nicht zu gewähren. Genau das ist heute meine Haltung dazu.

Das war längst nicht immer so: Ich habe Zeiten erlebt, da fand ich Titel absolut überholt, quasi feudal und undemokratisch. Damals war ich selbst noch nicht promoviert und strich meinen männlichen Kollegen mit dem entsprechenden Zusatz vor dem Namen diesen problemlos, eigenmächtig und mit heimlicher Freude. Ganz prinzessinnenhaft und ohne zu fragen.

Im Konzern habe ich – viel mehr als vorher in dem mittelständischen Unternehmen – sehr deutlich gespürt, dass die Machtzugänge sämtlich von Männern besetzt waren. Um es mit Worten einer Ranggesellschaft auszudrücken: Männer rangierten vor Frauen. Das mitzubekommen, ging nicht spurlos an mir vorbei. Ich fühlte mich unzulänglich, entwertet und oft ohnmächtig.

Waren die Junioren, eine Gruppe von besonders geförderten Nachwuchsführungskräften, zum abendlichen Kamingespräch mit dem Vorstand eingeladen, erfuhr ich oft genug als Einzige erst am nächsten Tag von aufregenden Informationen aus erster Hand vom Big Boss – und von diesem Termin. Ich war gar nicht eingeladen worden. Das Selektionskriterium für den damals ausgedruckten Serienbrief war die Anrede »Herr«.

Im wahrsten Sinne des Wortes fühlte ich mich wie »ohne Glied« in einem Männerclub – und ich bin mir seither nicht sicher, ob das nicht die korrekte weibliche Form von Mitglied ist. An dieser Situation hat sich bis heute nicht allzu viel geändert. Nur wenige Frauen haben Zugang zur Macht, hier sind die alten wie die neuen Gatekeeper immer noch Männer.

Der alte Vorrang der Männer vor den Frauen ist damit weiterhin aktiv – das macht natürlich kirre. Kein Wunder also, dass Frauen um Aufsichtsratsmandate und Vorstandspositionen kämpfen, auch wenn auf diesen Positionen am Ende nur wenige landen werden. Es geht um Gerechtigkeit, um Chancengleichheit, um Möglichkeiten, um Optionen – und nicht darum, dass jede Frau Aufsichtsrätin werden muss. Muss sie nicht.

In einer gleichrangigen Welt sähe die Sache anders aus. Solange das nicht der Fall ist, fühlen sich Frauen benachteiligt, vielleicht auch bedürftig, jedenfalls schnell im Mangel. Dann heißt es, nicht in eine Opfermentalität hineinspringen, sondern sich an diesem Punkt selbst begreifen und friedlich mit sich umgehen. Schließlich erwirken wir gleiches Recht für alle weder durch Abwertung anderer noch durch lässige Selbstaufwertung (ein durchaus freundliches Wort für Anmaßung). Gleiches Recht erwirken wir durch Änderung der inneren Gesetze unserer Gesellschaft.

Die Königin erlaubt dem Prinzen, sie beim Vornamen zu nennen. Das klingt altertümlich, ist aber der inneren Ordnung unserer Kultur geschuldet: Hier haben die Alten Vorrang vor den Jungen, die Ahnen vor den jetzt Lebenden, die mit besseren Zugängen zu Macht, Einfluss und Geld vor denen ohne diese Zugänge. Dabei bestimmen wir mit unserer Kultur, welche Werte wir als hochrangig definieren.

Prinzessinnen ignorieren gern den Rang

»Prinzessin« ist naturgemäß ein niedrigerer Rang als »Königin«, das ist klar. Die Königin hat mehr Macht, mehr Verantwortung, mehr Möglichkeiten. Dieses Mehr liefert den höheren Rang: Rang steht für einen anderen Zugang zu Ressourcen und Optionen.

Rang existiert. Er ist ein qualitatives Konzept, das bedeutet: Der Rang einer Person lässt sich nicht (quantitativ) messen, sondern lediglich beschreiben. Für eine solche Beschreibung ist es erforderlich, eine klare Wahrnehmung für den Rang einer Person zu entwickeln beziehungsweise offen dafür zu sein, dass es Unterschiede gibt. Frau ist nicht Frau.

Rang ist dann relevant, wenn alle von gleicher Art zu sein scheinen. Den möglicherweise höheren Rang von Männern zu ignorieren, ermöglicht es Prinzessinnen natürlich, »nach oben« in Kontakt zu treten, womöglich sogar dorthin zu heiraten, sich also aus der eigenen sozialen Schicht wegzubewegen und sich, wie meine Mutter es genannt hätte, zu verbessern.

Sensibilität und Respekt für den eigenen Rang und den anderer ist ein Kennzeichen, das eine Königin ausmacht. Deshalb sind es die Prinzessinnen, die in die Schwesternschafts- oder Facebook-wir-sind-alle-Freunde-Falle laufen: Das ist naiv und wenig hilfreich, um mit der Wirklichkeit in unserem gesellschaftlichen Alltag zurechtzukommen. Es lässt sich nicht ignorieren, dass es Spielregeln gibt für den Umgang mit Menschen, dass dabei eine innere Ordnung herrscht, die Nähe und Distanz untereinander regelt.

Ich selbst erlebe dieses Prinzessinnen-Verhalten häufig und habe Antennen dafür entwickelt, mittlerweile bin ich jedoch nicht mehr angefasst. So wurde ich letztens in einem hervorragenden Luxushotel von der Empfangsdame mit »Frau Witzer, bitte einen Moment!« freundlich und in der Sache passend geparkt, während der Mann neben mir mit »Herr Professor Schulze, Sie haben Zimmer 524« weitaus respektvoller angesprochen wurde.

Auf meine Frage, warum sie mich denn ohne Titel angeredet habe, antwortete die Frau am Empfang ganz locker: »Unter uns ist das doch nicht nötig.« Der Unterschied zwischen Professor

Schulze und mir? Das Geschlecht. Männer werden von Frauen immer noch respektvoller behandelt als andere Frauen; ihr gesellschaftlicher Rang ist höher.

Wie geht die Superbiene mit dem Thema um? Wie immer: Sie ignoriert, wenn irgend möglich, die Differenz im Feld, im System und arbeitet sich darüber hinweg. Ihre Fähigkeit, sich ins Machen, in den Fleiß zu stürzen, ist ihre beste Waffe gegen die feine Wahrnehmung dessen, was eigentlich los ist. Sie ignoriert auch hier, weil es schmerzt zu fühlen, dass ein Rang nicht zugestanden wird, dass dieses Zugeständnis von Frauen – aber auch von Männern – nicht gemacht wird. Sie redet es als für sie irrelevant »weg«. Vorläufig.

Und die Königin? Wichtig ist, das eigene Rangbewusstsein zu signalisieren: »Liebe Empfangschefin, Sie haben den Kollegen Schulze so freundlich angesprochen – wenn Sie mich wertschätzend empfangen wollen, dann tun Sie das, indem Sie mich ebenfalls mit meinem Titel ansprechen.« Lassen Sie keine Hektik aufkommen, keinen harten Ton. Im Gegenteil, verlangsamen Sie das Gespräch. Dann fällt es leichter, wirklich königlich die eigene Verantwortung für den eigenen Rang und das Privileg der entsprechenden Anrede zu übernehmen.

Rang ist, das sehen wir spätestens an dieser Stelle, absolut relevant für die Beschreibung der eigenen Identität. Schaffen Sie die erforderliche Bewusstheit für den eigenen Rang, für die Rollen, die Sie ausfüllen, und für Privilegien wie Ressourcen, die Ihnen zustehen. Dann gewinnen Sie ein Selbstkonzept, das in der Realität verortet und mit Ihrem Leben deckungsgleich ist. Und wie sieht das mit den Rollen genau aus?

Rollen für multiple Möglichkeiten

Nicht nur der Rang unterscheidet Menschen, auch ihre Rollen. So habe ich eine Berufsrolle als Rednerin, wenn ich einen Vortrag halte und vor Zuschauern stehe, und eine als Coach, wenn ich mit jemandem unter vier Augen arbeite. Daneben bin ich in der Rolle der Schwester gefragt, wenn meine Geschwister sich melden, oder in der Rolle einer Tante, wenn meine Nichten vor der Tür stehen. Ab und zu bin ich in der Rolle als Gastgeberin gefordert, aber häufiger nehme ich die Rolle als Gast wahr und genieße es, von einem Gastgeber verwöhnt zu werden.

Rollen erfordern ein Gegenüber oder ein Umfeld: Ohne meine Geschwister tue ich mich in der Schwesternrolle schwer, ohne meine Nichten kann ich als Tante nicht wirksam werden. Stehe ich als Zuhörerin bei einem Konzert unter vielen tausend anderen Zuhörern, bin ich als Person nicht so wichtig. Gehöre ich jedoch zur Rettungscrew, werde ich umgehend in meiner Rolle als Sanitäterin ganz neu und anders relevant.

Rollen sorgen für eine sichtbare, spürbare Ordnung in dem gesellschaftlichen Feld, in dem wir uns jeweils bewegen. Sie sind Leitplanken und stellen sicher, dass wir professionell und in unserer Rolle erkennbar von anderen gesehen und verstanden werden. Bin ich als Tante unterwegs, lasse ich den Coach als Rolle zu Hause – es sei denn, es gibt »Nichtenalarm«. Dann bin ich bei den Töchtern meiner Schwester auch als Profi gefragt und unterstütze sie natürlich sehr gern. Würde ich aber in meiner Rolle als Tante ständig coachen, würde die Beziehung zu den Nichten sicherlich leiden. So etwas nervt und ist vor allem eines: nicht rollengerecht, sprich: unprofessionell.

In der Wirtschaft sorgen Rollen für einen Abbau von Hierarchien und für eine neue Möglichkeit zu Augenhöhe. Mit Rollen, so der konzeptionelle Ansatz, lassen sich alte Hierarchien aufbrechen. Die Idee dahinter ist denkbar einfach: Wie bei Rollen auf der Gardinenstange haben unterschiedliche Rollen unterschiedliche Aufgaben. Wo die eine am Ende das Runterfallen verhindert, sorgt die andere für einen kurvigen Fall des Stoffes – die Röllchen selbst jedoch befinden sich alle auf gleicher Höhe.

In den USA, wo diese Rollen sehr offensiv gelebt werden, ist es denkbar, dass der CEO eines (mittleren) Unternehmens zum Barbecue bei einem Mitarbeiter hereinschneit, aber als Jack oder John, nicht als Mr. CEO. Das heißt, er kann informell sein und neben der Berufsrolle als Mensch und Nachbar handeln, ohne dass jemand das durcheinanderbringt. Der Kontext ist entscheidend. Im informellen Rahmen kommt der CEO nicht als Chef, sondern als Nachbar. Auf Augenhöhe.

In den Staaten stellt sich das meist leicht und spielerisch dar, ist es allerdings nicht immer. Bei uns gibt es zwei Ausnahmen, die aus diesen Berufsrollen herausfallen: zum einen die Vorstandsvorsitzenden, die fast nie informell sind. Sie sind eben nicht John oder Peter, sondern immer der Vorstandsvorsitzende Herr XY. Zum anderen die Frauen.

Sie agieren auf der informellen, also zwischenmenschlichen Ebene meist nicht »auf Augenhöhe«, sondern mit den Mechanismen, die wir schon im ersten Kapitel bei den Prinzessinnen gesehen haben und die ihnen in einem traditionell eher selbstbezogenen Leben geholfen haben: mit Abwertung anderer, mit wenig Prozessverantwortung und mit fehlender Verantwortung für die Beziehung zu Vorgesetzten, Peers, Mitarbeitern oder auch Kunden.

Augenhöhe heißt, in der passenden Rolle den Rang des Gegenübers achtend mit ihm in Beziehung, in Austausch, ins Gespräch zu kommen. Auch Männer berücksichtigen den Rang des anderen, wenn sie informell gemeinsame Zeit verbringen, und sind sich bei aller Augenhöhe bewusst, wie weit sie die Bezie-

hung belasten können. Sie stellen sich im Allgemeinen untereinander sofort und ständig auf ihre interne Rangordnung ein, ob
zu Beginn von Sitzungen oder in Workshopsituationen, am Fuß-
ballfeld oder in der Kneipe.

In diesen und ähnlichen Situationen werden Ränge meist von
den Anwesenden neu verhandelt. Männer wissen das, spielen
dieses Ausverhandeln auf ihre Art schon lange und nutzen also
entsprechend ihre Themen. Die ersten fünf Minuten in einem
wichtigen Meeting werden vielfach dem Fußballspiel vom Wochenende gewidmet oder dem letzen Formel-1-Rennen. Was
Frauen nicht sehen: Wie konkret dieses Gespräch die Rangordnung klärt. Ergebnis: Wer nicht mitredet, landet auf den hinte-
ren Plätzen.

Frauen tun sich offenbar schwer mit dem Akzeptieren eines
Rangs und damit mit dem Akzeptieren einer Rangordnung beispielsweise im Meeting. Sie wundern sich, dass sie – obwohl inhaltlich topfit und bestens im Thema – nicht mehr Wertschätzung erfahren, nicht zu Ende angehört oder nicht ernst genommen
werden. Es handelt sich also um einen doppelten Fehler: Sie wissen nicht, dass es diese Rangordnung gibt, und deshalb halten sie
sich raus, wenn diese Rangordnung verhandelt wird.

Wenn Sie als Königin im Unternehmen aktiv sein möchten,
geht es in jedem Fall darum, solche Spielregeln zu kennen und
nach Belieben zu spielen oder sie auszuhebeln.

Karrierefrauen vernachlässigen arbeitslose Männer

Wer also verinnerlichte Normen verändern will, der sollte besser
etwas davon wissen. Für Frauen heißt diese Norm, einen Mann
a) gefunden, dann b) gebunden und c) auch gehalten zu haben.

Das war die große Leistung in einer weiblichen Biografie zu patriarchalen Zeiten. Die sind längst nicht überwunden! Würden sonst Sätze wie »Für Frauen über vierzig ist es wahrscheinlicher, vom Blitz erschlagen zu werden, als einen Mann zu finden« grassieren, von Frauenzeitschriften aufgegriffen und zelebriert? Sie zeugen davon, dass der Mann weiterhin als Engpass gehandelt wird und Frauen ganz offenbar ein richtiges Problem haben, wenn sie ohne auskommen müssen.

Die gesellschaftliche Realität zeigt das ein wenig anders. Wer lebt denn heute als Single? Die beiden größten Gruppen sind erfolgreiche Berufsfrauen und arbeitslose Männer. Mit dem Unterschied, dass die allein lebenden Frauen selbst schuld sind und den arbeitslosen Männern zum besseren Dasein und für eigenen Erfolg bloß die richtige Frau fehlt. Vermutlich macht die ja gerade ihre eigene Karriere.

Theoretisch ist uns allen klar: Es gibt ein Leben ohne Mann. Sogar ein wunderbar selbst gestaltetes. Aber praktisch? Da stehen Beweise und gute Konzepte bislang aus. Der Mangel (am Mann) dominiert den gesellschaftlichen Mainstream, die alte Abhängigkeit ist so schnell nicht abzuschütteln. Und sie ist dort, wo Geld im Spiel ist, noch viel deutlicher beziehungsweise grotesker.

Meinen letzten Urlaub verbrachte ich in Florida, sehr munter und allein. Jeden Abend ging ich aus für ein feines Dinner, und am letzten Abend gönnte ich mir im Toprestaurant von Fort Lauderdale einen Tisch am Wasser. Ein Platz war reserviert, das Taxi fuhr mich vor, ich eilte frohen Mutes zum Restaurantmanager, um diesen wunderbaren Abend zu beginnen. Der begrüßte mich reizend und teilte mir dann mit, die Reservierung nur eines einzigen Platzes im Blick: *Oh, little Lady, I've a great table for you. Please, follow me, little lady.* Sie ahnen meine Empörung?

Ich bin deutlich über fünfzig, ich bin knapp ein Meter achtzig groß, und ich bin eine kraftvolle Erscheinung. Diesem Restaurantmanager in Fort Lauderdale fehlte definitiv das Repertoire, um mit mir angemessen umzugehen.

Die Macht des blinden Flecks

Was konnte oder wollte dieser Mann nicht sehen? Konnte er es sich gerade noch vorstellen, für reiche Männer Tische zu reservieren, für begüterte Paare oder Familien? Eine erwachsene, schon ältere Frau konnte oder wollte er hingegen nicht angemessen und wertschätzend behandeln. Möglicherweise hatte er auch nur einen blinden Fleck und behandelte mich deshalb wie eine Zwölfjährige, die ohne ihre Eltern zum Essen kommt.

Wenn wir unseren blinden Fleck kennen, können wir genau das sehen, was an der ausgeblendeten Stelle passiert. Anders gesagt: Um die männliche Vorherrschaft und ihr hierarchisches Gefälle zu übersehen, war ein blinder Fleck für Frauen und wohl auch für Männer erforderlich, ja sogar unumgänglich.

Im Prinzessinnen-Kapitel wurde die typisch patriarchale Rollenverteilung klar: Männer waren im äußeren Leben und als Haushaltsvorstand dominant, sie hatten Felder, Wirtschaft, Hausbau, Wahl des Wohnorts sowie Repräsentation in der sozialen Gruppe fest für sich in Beschlag genommen. Frauen dagegen hatten das Sagen innerhalb der Familie, waren tonangebend, was Mode, Gesundheit und Ernährung betraf.

Die Superbiene hat uns gezeigt: Mit Fleiß putzen wir uns über alle Veränderungsimpulse hinweg. Mit fleißigem Machen können wir ausgezeichnet sicherstellen, dass die Dinge sich nicht ändern, dass wir nicht wahrnehmen, was wir wahrnehmen könnten. Fleiß ist der beste Stabilisator blinder Flecken in unserer eigenen Sache, den ich mir denken kann. Fleiß hält uns auf dem Minimumlevel der bisherigen Emanzipation fest:

Einen gesellschaftlichen Konsens dürfte es darüber geben, dass Frauen im äußeren Leben einen großen Schritt nach vorn getan haben. Sie machen Karriere (noch nicht so recht in Vorständen und Aufsichtsräten, aber jedenfalls Stück um Stück), sie wählen (seit 1971 selbst in der Schweiz), sie leben eigenständig, sie führen ein freies Leben. Das alles ist auf dem Weg. Dennoch war und ist das Beharrungsvermögen der Männer nicht gerade gering.

Allerdings ist das Beharrungsvermögen von Frauen auch nicht ohne. Fleiß ist hierbei wieder eine »sichere Sache«, um beim alten Prozedere zu bleiben. Und das Bewährte, das gute alte Verhalten können wir anscheinend nur sehr schwer aufgeben – wir wissen einfach nicht, wo neue Sicherheit herkommen sollte. Kein Wunder also, dass wir den Männern nichts von unserer Macht abgeben mögen:

- *Die Gleichberechtigung der Frauen hat ihnen zwar den Zugang zu den männlichen Lebenswelten ermöglicht,* aber nicht umgekehrt: Männer werden im Alltag oft für unfähig gehalten, für Kleinkinder einzukaufen, Kinder anständig zu erziehen oder sich selbst interessant anzuziehen.
- *Die Felder, die Frauen neu besetzen, erleben seither eine gesamtgesellschaftliche Abwertung,* so etwa im Beruf:
  Der Sekretär war wer, die Sekretärin ist dagegen an Bedeutungslosigkeit schwer zu übertreffen und fast schon wieder abgeschafft.
- *Es wird in vielen Bereichen nicht auf Gleichheit zugearbeitet,* sondern darauf, dass Frauen das stärkere Geschlecht sind und sich dazu herablassen, Männern auf Augenhöhe zu begegnen.

Es bleibt dabei: Frauen scheinen lieber das bekannte, alte Problem der neuen, unsicheren Idee vorzuziehen.

Hier möchte ich eine wissenschaftlich durchaus gut belegte Erkenntnis der letzten Jahre, insbesondere dieses Jahrhunderts hinzufügen. Wie der blinde Fleck noch heute wirkt, können Sie möglicherweise gut bei sich selbst überprüfen, wenn es um sexuelle Neigungen geht.

Lieber Fleiß als zu viel Lust?

Eine breite Debatte löste in den USA das 2013 auch bei uns erschiene Buch des *New-York-Times*-Journalisten Daniel Bergner aus: *Die versteckte Lust der Frauen*[30]. Es bringt verschiedene verstörende Erkenntnisse an den Tag, deren alltagstaugliche Hitliste ich wie folgt definieren möchte:

- Frauen verlieren in festen Beziehungen viel schneller das sexuelle Interesse am Partner als Männer.
- Frauen sind (gerade deswegen) nicht »natürlich« monogam – eher sogar weniger als Männer.
- Weil wir in einer sexuell befreiten Welt leben und Lust also quasi als Pflicht angesehen wird, ist Frust in Beziehungen vorbestimmt.

Bergner befasste sich über Jahre mit der Erforschung sexueller Lust. Seine Ergebnisse beziehen sich vorrangig auf amerikanische Frauen, sie sind aber ebenfalls durch europäische und deutsche Studien belegt. In Deutschland sind ähnliche Erkenntnisse dazu unter Studierenden gewonnen worden sowie bei Frauen bis fünfundvierzig.

Um es konkreter zu sagen: Frauen sind offenbar nach zwei, maximal drei Jahren sexuell nicht mehr besonders interessiert am Partner. Stattdessen interessieren sie sich für andere Männer und, sexuell, gern auch für Frauen. Haben wir das nicht immer ganz anders unterstellt? Der Mann wiederum findet seine Partnerin meist viel länger sexuell anziehend. Vielleicht erklärt das, warum es so viele Mechanismen im Patriarchat gibt, um Frauen stabil in der Zweierbeziehung zu halten. Wir denken nur an Schleier und Burka.

Die *Zeit-online*-Autorin Tina Klopp ging noch einen Schritt weiter und sah in den Genitalverstümmelungen wie in der männlichen Erbfolge eine mögliche Konsequenz aus diesem bislang so erfolgreich unterdrückten weiblichen Sexualverhalten.[31] Sprich: Frühere Gesellschaften wussten möglicherweise um diese weibliche, sagen wir, Beweglichkeit und haben dagegen ihrer Zeit entsprechende, mehr oder weniger grausame Maßnahmen entwickelt – mit dem Ziel, die männlich-monogame Lebensweise zu erhalten.

Das ist bis hierher äußerst spannend, aber der Aha-Effekt kommt noch. Besonders interessant fand ich nämlich, dass wir Frauen davon nichts wissen oder wissen wollen. In Bergners Buch werden etliche Studien zur Lust analysiert, darunter die Ergebnisse langer Testreihen mit Frauen, die pornografische Filme schauten – mit wechselnden Protagonisten, einem und mehreren Männern sowie mit Frauen. Dabei wurde ihre Körperreaktion (erregt oder nicht) untersucht, gleichzeitig befragte man sie nach ihrer mentalen Reaktion (erregt oder nicht). Was die Forscher überraschte: Obwohl die körperliche Reaktion – eine Veränderung der Schleimhaut – deutlich auf Lust hinwies, blieben die Frauen mental unbeteiligt. Das betraf wechselnde Partner ebenso wie Sex mit Frauen. Fast alle Frauen in den Versuchsreihen blendeten diese Dissonanz jedoch weg und wussten nichts von ihr. Ein typischer blinder Fleck.

Ich war ebenfalls erstaunt – mir war nicht klar, dass es im Keller unserer patriarchalen Vergangenheit noch solche Geheimnisse gibt. Aber ich mache mir nichts vor: Das muss erst einmal öffentlich bekannt, öffentlich diskutiert werden, in die Küchen und Schlafzimmer der Republik kommen, damit es weitergeht, damit es ein Wissen, ein Zulassen der körperlichen Wahrheit und anschließend einen neuen Umgang mit dieser gibt.

Führen wir uns die Schlussfolgerungen genüsslich vor Augen: Frauen sind möglicherweise polygam, interessieren sich sexuell für Männer und für Frauen mehr als bislang angenommen und das jenseits genereller Vorlieben. Dann hieße das, weitergedacht, dass wir völlig andere Formen, Konzepte für Gemeinschaft brauchen. Das hört sich für mich, mit Verlaub, nach einer Heidenarbeit an.

Doch bevor es dazu kommt, müssen wir mit unserer kulturellen Gehirnwäsche in Sachen Lust erst einmal umgehen. Das könnte geschehen, indem wir alle, Männer und Frauen, der Lust erst einmal zu Leibe rücken, uns mit ihr befassen, intellektuell, emotional, sexuell. Das heißt sicher auch: Fleiß, hinweg mit dir! Denn gerade er hält uns ja ab von der Wahrnehmung dessen, was in uns vorgeht. Ich habe keinen Zweifel, dass wir uns die Lust ebenfalls mit der guten alten Wunderwaffe bestens wegputzen könnten.

Wenn die Lust unter dem Fleiß stecken bleibt, ist noch einiges »liegen zu lassen« und eben gerade nicht aufzuräumen – bis es dann problemlos möglich ist, die begonnene Liste der blinden Flecken von Männern und Frauen so weiterzuführen:

- **Frauen könnten polygam sein**
  Sie vermitteln derzeit den Eindruck, als wären sie das monogame Geschlecht und vergleichsweise »ungefährlich« in Sachen eigener sexueller Lust. Das scheint von aktuellen Forschungen nicht belegt zu sein, ja, das Gegenteil ist sogar eher wahrscheinlich.

- **Frauen stehen auf Männer und Frauen**
  Frauen interessieren sich körperlich sowohl für Männer als auch für Frauen. Der sexuelle Ausschlag im Kontakt mit beiden Geschlechtern scheint bei ihnen höher zu sein als der von Männern.

Das ist zumindest interessant zu denken. Ich jedenfalls frage mich immer wieder mal, wie weit ich mir selbst eigentlich trauen darf – und ich traue meinem Körper mehr als meinem Verstand. Ein nettes Experiment, das ich weiterempfehlen kann.

Bagatellisieren gehört auch dazu

Blinde Flecken verwehren die freie Sicht auf genau jene Anteile unserer gesellschaftlichen Ist-Situation, die wir nicht wahrnehmen wollen. Psychologen nennen sie deshalb auch Abwehrmechanismen. Blinde Flecken helfen uns, auf altem Verhalten zu beharren und unerwünschte Einsichten zu verhindern.

Es geht also um ein Muster, das unbewusst greift und von uns selbst nicht gesehen wird, von anderen aber registriert werden kann. Mit blinden Flecken lassen sich in der Wirtschaft von beiden Seiten, vonseiten der Frauen wie vonseiten der Männer, trefflich neue Einsichten abwehren. Typische Kommentare, die Hierarchie, Ungerechtigkeit oder fehlende Zugänge beider Geschlechter bagatellisieren, lauten etwa:

- **»So schlimm war das ja auch wieder nicht«**
  Das kann den männlichen Schlag auf den Po der Kollegin ebenso betreffen wie die laute Überlegung der Kassiererin, ob der junge Vater im Supermarkt überhaupt fähig sei, die richtige Babynahrung auszusuchen.

- »Der Zweck heiligt die Mittel«
  Das Rationalisieren von Unrecht könnte ebenso auf die beiden gerade geschilderten Situationen angewendet werden: Ich habe schon erlebt, dass ein Schlag mit der Befähigung, im Außendienst zu arbeiten und etwas wegstecken zu können, begründet wurde. Die Unterstellung, der junge Vater hätte keine Ahnung von Babynahrung, ließe sich prima mit dem höheren Interesse des Säuglings rechtfertigen.
- »Es ist doch gar nichts passiert«
  Schlichtes Leugnen ist ein immer wieder angewandtes, früher sehr probates Mittel. Abwertende Worte werden reduziert auf »nur Worte«, ein Schlag ist entsprechend »nur ein Klaps«; beide Übergriffe werden klein geredet.

Wir alle haben mehr oder weniger damit zu tun. Das ist vielleicht wenig angenehm zu begreifen und dennoch eine gut erforschte Erkenntnis, deren Grundlagen unter dem Titel »kognitive Dissonanz« bekannt geworden sind.

Fleiß hält Gefühle in Schach

In meiner Familie wird zu vielen Anlässen, vor allem zu Festtagen und Geburtstagen, der Titel der »Tophausfrau« vergeben. Hier zeigt sich, was möglich ist und wie gute Pflege aus einem normalen Haushalt eine strahlende Schatzkiste machen kann. Dann glänzen alle Zimmer, die Möbel riechen nach Politur, Böden werden intensiv gepflegt, und selbst Abstellkammern werden zur Zierde der Gastgeberin.

Als ich in meiner Studentenbude zum ersten Mal Besuch von Eltern und Geschwistern, also meinen Liebsten, erhielt, war Chaos pur angesagt. Ich hatte weder groß etwas inszeniert noch grob für Ordnung gesorgt – es war nicht gespült oder gesaugt. Kaffee und Kuchen hatte ich besorgt, ich war ganz aufgekratzt und freute mich sehr auf meine Familie, auf einen Spaziergang, auf gemeinsame Zeit. Die Familie aber freute sich kein bisschen. Mein kleines Apartment wurde kritisch betrachtet, die fehlende Reinlichkeit total moniert, und als alle weg waren, war ich mit den Nerven fertig: War das ein Gewitter gewesen oder doch meine Familie?

Jedenfalls waren sämtliche Tassen benutzt, und beim abschließenden Spülen ging ich meiner Verstörung nach. Ich heulte ein paar Tränen ins Spülwasser, putzte mir die Nase und – mein Blick fiel auf den Durchlauferhitzer. Auf den hatte ein Finger in Schreibschrift geschrieben: »Schwein!« Erst musste ich lachen, dann blieb meine Verstörung doch stärker als die Absurdität der Situation. Was um Himmels Willen hatte ich nicht kapiert?

Dabei war es so einfach: Ich hatte die weibliche Familientradition nicht fortgeführt. Die älteste Tochter war quasi aus der Art geschlagen; meine »Leute« waren peinlich berührt. Nichts glänzte, nur ich hatte gestrahlt. Nichts war super geputzt, nur ich flog in die Arme meiner Lieben. Offenbar hatten mir meine liebsten Menschen außerhalb solcher Rituale, Symbole und gemeinsamen Traditionen wenig zu sagen oder zu geben. Einerseits. Andererseits hatte ich meine Mutter sicher verletzt, die extrem gern extrem fleißig war. Und die mich zwar nicht beschimpfen wollte, aber ihrer Enttäuschung doch Ausdruck verleihen musste. Diese Putzaufforderung war ein Affront und zugleich ein Abwehrmechanismus.

Abwehrmechanismen sind ja an sich nichts Schlechtes, weil sie zunächst versuchen, die Differenz zwischen Realität und Wunsch nicht offenkundig zu machen, also diese Lücke zu reduzieren. So verschaffen wir uns Frieden an Stellen, wo uns ebendieser Friede nicht wirklich zusteht – das wiederum wird kognitive Dissonanz genannt.

Darunter fallen folgende Sachverhalte:

- Wir treffen eine Entscheidung, die sich anschließend als Fehlentscheidung herausstellt.
- Wir treffen eine Entscheidung, auch wenn die Alternativen attraktiv sind.
- Wir stellen fest, dass eine begonnene Sache anstrengender ist oder unangenehmer wird als erwartet.
- Wir verhalten uns gegen unsere Überzeugungen, ohne dass es dafür eine äußerliche Rechtfertigung gibt wie etwa eine Belohnung oder sogar eine Bestrafung.

In all diesen Fällen versucht die Person, die die Entscheidung getroffen hat oder die handelt, das eigene Verhalten zu legitimieren, also den inneren Widerspruch und die kognitive Dissonanz zu reduzieren. Eine Beispielsituation vom Kleiderkauf: Ich musste mich für eines von zwei tollen Kostümen entscheiden, schweren Herzens tat ich das – und traf am nächsten Tag eine Frau mit genau dem gleichen Outfit.

Aushaltbar wird das durch Abwertung der anderen: »Schade, dass sie keine Klasse mit den Accessoires zeigt!« Oder: »Vermutlich ist sie vorher zu einer Typ- und Stilberatung gegangen.« Ihr werden Eigenständigkeit, Attraktivität oder kluge Wahl abgesprochen.

Oder wir haben der Freundin versprochen, die Blumen ihrer Mutter in beider Urlaub mitzugießen – und stehen entsetzt vor einem wahren Dschungel. Den Vorschlag, vorher einmal alles anzuschauen, hatten wir vorher mit einer Geste vom Tisch gefegt. Jetzt wird die kleine Aufgabe zum logistischen Unterfangen! Die ganze Schlepperei mit dem Wasser – viel Zeit und auch noch eine gewisse Struktur in der Arbeit werden von uns abverlangt. Kein Wunder, dass da die Mutter der Freundin »zur Aus-

beuterin«, die Freundin selbst zur »unfairen Geheimniskrä-
merin« wird.

Abwertungen und Entwertungen dieser Art, Schuldzuweisun-
gen, aber auch die Überhöhung der eigenen Motive oder das Be-
schämen und Diskreditieren anderer – das sind typische emotionale Entlastungen, die wir uns selbst gönnen. Haben wir dann
die Situation überstanden, sind wir auch meist wieder fähig, Verantwortung zu übernehmen und eine recht passable Mitbürge-
rin zu sein.

Mit diesem Grundmechanismus lässt sich ebenso erklären,
warum in Zeiten männlicher Machthoheit weder Frauen noch
Männer aus der gegenseitigen Abwertung ausgestiegen sind.
Warum beide Seiten in der bürgerlichen Ehe sichergestellt haben, dass die Abhängigkeiten der Frau vom Verdienst des Mannes und die Abhängigkeiten des Mannes von der Haushalts- und
Kindererziehungsarbeit der Frauen sich in immer neuen Mustern zementierten. Der Begriff, zum Nachspüren: kognitive Dissonanz. Missklang in unserer Wahrnehmung.

Wenn wir uns vorstellen, dass das über Jahrzehnte, Jahrhunderte so geht und sich fortsetzt, sehen wir auch, wie damit der
blinde Fleck stabilisiert und fixiert wird und alles Anrühren dieses blinden Flecks zum großen Aufschrei führt: bloß nicht!

»Victim blaming« heißt: selbst schuld!

Im Talentprogramm eines großen Unternehmens sind drei Frauen
und drei Männer gelandet, die besonders entwickelt und für höhere Aufgaben vorbereitet werden sollen. Alle sechs erhalten die gleiche Führungsübung. Sie müssen einen Mitarbeiter dafür gewinnen, eine Aufgabe, die ihm nicht behagt, kurzfristig zu übernehmen,
ohne mit finanziellen Anreizen locken zu können.

Die Teilnehmer treten einzeln in den Raum und präsentieren den vier Trainern und Personalfachleuten ihre Lösungen. Zunächst Herr Meyer. Er macht dem Mitarbeiter eine klare Ansage: »Ich erwarte von dir xy, bitte mach es!« Dann war Frau Schultz an der Reihe. Sie ist ebenfalls klar und kommt mit fast wortgleicher Ansage: »Ich brauche hier deine Unterstützung. Bitte mach es!«

So weit, so gut. Völlige Überraschung am Ende bei der Einschätzung der »Jury«: Herr Meyer wird gelobt für die saubere Führung und die Eindeutigkeit seiner Ansage. Frau Schultz wird für ein gleiches Verhalten angezählt, sie habe sich bossy und viel zu pushy verhalten.

Doch damit nicht genug: Alle drei Frauen fallen insgesamt am Ende aus den guten Noten, die sie bis dahin in den Bewertungen erhalten hatten. Und allen dreien wird mitgeteilt, dass sie sich das selbst zuzuschreiben haben. Gerade von ihnen habe man sich mehr versprochen … Die Bewertungen gehen an die Führungskräfte der Frauen, die Karriere hat einen Knick.

Diese Sonderform der kognitiven Dissonanz nennt sich *victim blaming*. Sie ist sehr gut untersucht als früheres Verhalten bei Vergewaltigungen, wo zu Zeiten eines gut funktionierenden Patriarchats das Opfer doppelt diskreditiert wurde: Da wurde das Opfer nicht nur vom Täter, sondern oft genug auch von der Justiz verantwortlich gemacht für die erfolgte Vergewaltigung. Wir alle kennen die Sprüche, dass die Frau aufgrund von Kleidung oder Aussehen gleichsam zur Tat eingeladen habe.

Victim blaming gehört zu den perfidesten Abwehrmechanismen des eigenen Fehlverhaltens, weil nach der Zumutung körperlicher Gewalt dem Opfer zusätzlich die Schuld zugewiesen wird. Auf das Talentprogramm übertragen heißt das: Der blinde Fleck sitzt bei den Tätern, die Beurteilungen wie auch die Konsequenzen wurden komplett den Opfern zugeschrieben.

Mehrfach habe ich das selbst erlebt, zuletzt 2014, und bin erstaunt, wie stark sowohl in den Managementberatungen mit Personalbeurteilungskompetenz als auch in den Personalabteilungen das Unwissen über dieses Muster verbreitet ist. Die Konsequenzen für die Frauen sind dennoch real. Ist es dann ein Wunder, wenn Träume zusammenbrechen und Frauen lieber fleißig sind, als klare Ansagen zu machen?

Emotionale Entlastung durch Schuldzuweisung

Kognitive Dissonanz gibt es natürlich ebenso bei der Frauenbewegung beziehungsweise bei ihren Protagonistinnen. Ich glaube, dass die Frauen, die den Feminismus in Europa maßgeblich getragen und öffentlich befördert haben wie Simone de Beauvoir oder Alice Schwarzer, mit einem zentralen Problem zu kämpfen hatten: Sie haben sich zu Opfern und die Männer zu Tätern erklärt. Damit tragen die Männer die alleinige Schuld für die Unterdrückung der Frauen über Jahrhunderte.

Heute definiert sich der moderne, sehr ausdifferenzierte Feminismus – eher wissenschaftlich, still und leise – als Bewegung von Frauen und Männern mit dem Ziel, die männliche Vorherrschaft in unserer Gesellschaft zu beenden. Die ruhige und unaufgeregte Stimme dieser Gleichberechtigungsbewegung ist leider nichts für unsere Medien: keine Polarität, keine extremen Aussagen, also wenig Futter für die hungrigen Talkshowkonsumenten.

Wirkungsvoller in einem doppelten Sinne ist es, einem anderen Schuld zuzuweisen und ihn damit zum Täter zu stempeln. Die Konsequenz ist einerseits, dass das vermeintliche Opfer sich emotional entlasten kann und wieder einen klaren Kopf bekommt. Schuldzuweisung entlastet emotional enorm. Andererseits wird über die Schuldfrage für viele die Frage der Verantwortung geklärt. Die lässt sich aber nun gerade so nicht beantworten. Schuld verweist immer und grundsätzlich auf eine Täter-Opfer-Dynamik. Wer darin gefangen ist, kann nur schwer Verantwortung übernehmen.

Alice Schwarzer nutzt die subjektiv hilfreiche, erste Entlastung, indem sie mit einem bohrend-spitzen Finger auf »die Männer« zeigt. Jeder versteht: Die Opfer sind die Guten, die Täter die Schlechten. Ihr Konzept ist dabei umwerfend erfolgreich, weil sie zum einen die Definitionsmacht behält (wer ist Täter?) und »die Frauen« und sich selbst zum Opfer macht (die Guten!). Zugleich neigt sich dabei die Wippe zur entgegengesetzten Seite. Denn Feminismus à la Schwarzer heißt: Die Frauen erhalten Tätermacht, sollen die Männer jetzt mal spüren, wie das ist, Opfer zu sein.

Pikant hier, wie Alice Schwarzer die eigene Täterenergie nach der öffentlich gewordenen Steuerhinterziehung legitimiert: Sie schob die Steuerhinterziehung zur Seite; hier war sie Täterin. In den Mittelpunkt der Diskussion wollte sie die Indiskretion stellen; hier war sie Opfer und quasi auf vertrautem Terrain. Die alte Frauen-Opfer-Inszenierung griff allerdings nicht. Wir sind gesellschaftlich offenbar durchaus weiter.

Der erste und zentrale blinde Fleck der Frauenbewegung ist in meinen Augen der, den Männern die Schuld für das Patriarchat komplett zuzuweisen. Ich glaube hier nicht an eine rein geschlechtsspezifische Sicht, sondern plädiere dafür, dass einerseits Kirche sowie Feudal- und Wirtschaftssystem die jahrhundertelang erprobten Mechanismen wechselseitig verstärkt und befördert haben. Frauen wirkten dann andererseits an ihrer eigenen Unterwerfung immer erfolgreich mit, sei es bei der Erziehung der Kinder und der Verbreitung des für ein Patriarchat erforderlichen Gedankenguts, sei es bei der Anpassung an männliche Erfolgs- und Machtstrukturen.

Anstatt Verantwortung zu übernehmen, bleibt Schwarzer stecken im polarisierenden Opfer-Täter-Denken: Der Täter ist der Böse, und ich, die ich die Tat sehe und verurteile, ich bin die Gute. Das schafft eindeutige Verhältnisse und schützt den Beobachtenden, ermöglicht durch die Entlastung einen Blick auf das bislang nicht Gesehene, ermöglicht hinzuschauen. Über Entlastung hinaus hilft das Konzept nicht. Es hilft nicht dem Feminismus, der von dieser Dynamik weiter ganz gut lebt, aber mittlerweile an seine Grenzen stößt und für viele junge Frauen nicht gerade attraktiv scheint.

Die Autorin Esther Vilar hat in ihrem Buch *Der dressierte Mann*[32] eine Gegenposition zu Schwarzer entwickelt mit der These, dass Frauen generell die Männer ins Patriarchat geführt haben. Mir erscheint auch diese Position zu einseitig. Ich setze an dieser Stelle vielmehr auf das Konzept der Mittäterschaft.

Mittäterschaft formuliert die Einsicht, dass es immer zwei Personen braucht, wenn eine Täter-Opfer-Dynamik dauerhaft greifen soll, und dass sowohl Täter wie Opfer die Hälfte des Beitrags zur Realisierung liefern.[33] Das Konzept wurde formuliert in der Anfangszeit der Frauenhäuser. Damals blieben trotz der neuen Option überraschend viele misshandelte Frauen bei ihren Männern und nahmen diese trotz deren Gewaltbereitschaft weiterhin in Schutz.

Diese Frauen waren einerseits Opfer, andererseits Mittäterinnen: Indem sie bei ihren Misshandlern ausharrten und sich unter Entschuldigungen wie »Wie soll er denn allein zurechtkommen?« oder »Es ist ja nicht so häufig« weiter verprügeln ließen, zeigte sich, dass sie nicht nur Opfer waren. Indem sie nicht die Verantwortung für sich selbst und ihr eigenes Wohlergehen übernahmen, wurden sie zu Mittätern. Denn feststeht: Weder Täter noch Opfer übernehmen Verantwortung für sich. Sie sind gefangen in einer Dynamik der gegenseitigen Abhängigkeit.

Wie könnte nun generell eine Mittäterschaft von Frauen ausgesehen haben? Schaue ich in meine eigene Kindheit, fällt mir die Geschichte einer Schulfreundin ein. Sie sah ihren Vater in der Woche nie, weil der immer zu spät von der Arbeit heimkam und morgens sehr früh losmusste. Ganz »rationale« Gründe, möchte man meinen. Werfen wir einen anderen Blick auf die Situation, ließe sich auch sagen: So lässt sich den Kinder der Vater vorenthalten.

Ähnliches geschah, wenn auf Geburtstagen in meiner großen Familie den anwesenden Männern erklärt wurde, was die Kinder meinten, wollten, ausdrückten, sobald deren Gesichtsausdruck sich veränderte. Meine Großmütter beherrschten das beide perfekt. In meiner Gegenwart hat nie ein Onkel, Vater oder Großvater diese Autorität angezweifelt oder gar ein Kind gefragt, ob es mit der vorgegebenen, oft genug beliebigen Deutung einverstanden sei.

Mein Bruder zog eine Schnute? Meine Mutter entschied, dass Schlafenszeit sei, und entzog meinem Vater den selten erlebten Nachzügler in der Geschwisterreihe. Meine Schwester zog eine Schnute? Meine Großmutter nahm sie an die Hand und verbat mit Verweis auf das arme Kind den Männern im Raum, weiterhin so laut zu schwadronieren, oder unterband den Zigarettenkonsum.

Aber nicht nur die Kinder waren dieser Deutungshoheit ausgesetzt. Die Männer in unserer Familie wurden hier von den Frauen angewiesen: So wurde generell unterstellt, dass Männer Fleisch brauchen. Mein Onkel, der Schweinebraten nicht mochte, aß sich tapfer durch die große Scheibe inklusive Schwarte – meine ganze Kindheit lang konnte ich das beobachten. Er war ja Handwerker und musste unbedingt arbeitsfähig bleiben.

Mein Vater entschied sich mit fast sechzig, sein Gewicht zu reduzieren, und stieß bei meiner Mutter auf vollständiges Unver ständnis. Und in der Folge auf Widerstand durch Ignorieren seiner Wünsche. Sie stellte das Kochen ein und verweigerte allgemein eine kalorienreduzierte oder fettarme Küche – wer wusste hier schließlich, was »der Mann« wollte? Die Ehefrau, versteht sich.

Solche oder ähnliche Beispiele werden heute selten diskutiert, ziehen sich aber immer noch durch unseren Alltag. So erlebte ein Freund von mir, der seit Jahren allein für sich sorgt und einkauft, einen veritablen Aha-Effekt, als ich ihn zur Fleischtheke begleitete: Er fragte nach einem Entrecôte – die Verkäuferin präsentierte mir das Fleisch. Er bat um ein kleineres Stück – auch das wurde mir gezeigt. Und obwohl ich es nicht kommentierte, sondern auf den Freund verwies, wurde mir zu guter Letzt das Gewicht mitsamt Preis genannt.

Wo es noch hapert mit der Augenhöhe

Kein Wunder also, dass sich weltweit (und durchaus laut in Deutschland) Vertreter einer Gleichberechtigungsbewegung für Männer finden lassen, die sogenannten Maskulinisten[34], die über den Feminismus hinausgehen, ihn teilweise konterkarieren und sich stark für Väterrechte engagieren. Dieser Bereich scheint intransparent mit der rechten Szene verwoben; die Männer diskutieren hier schon mal die Erneuerung männlicher Hegemonie, also die erforderliche und wiederherzustellende Vorherrschaft der Männer. Andere Väterrechtler gehören eher zu Gruppierungen, in denen man sich als Opfer der (geschiedenen) Ehefrauen begreift – viele haben sich in ihrer Situation dauerhaft eingerichtet und leben damit immerhin die andere Seite der alten Dynamik. Sie sind Opfer, vorher waren sie Täter.

Was können wir von solchen Gruppen lernen? Da sie ihr Augenmerk sehr genau auf Gleichheit im Umgang mit den Geschlechtern richten, hier gezielt auf Gleichheit in den ehemals typisch weiblichen Bereichen, werden Schwachpunkte einer gesamtgesellschaftlichen Entwicklung durchaus erkennbar. Ihre Mitglieder beklagen unter anderem, dass zurzeit auf der gesellschaftlichen Agenda nur Frauenthemen Platz haben – Männer würden mit ihren Belangen als nachrangig ausgemustert. Das deckt sich mit meinen persönlichen Erfahrungen.

Ein kleines Erlebnis, das mir letztens eine frischgebackene Großmutter erzählte, deren Söhne in Elternzeit sind und Kleinkinder großziehen. Der eine junge Vater wird im Supermarkt zunächst in der Fachabteilung, dann an der Kasse von verschiedenen Frauen darauf angesprochen, ob er wirklich die richtige Größe ausgesucht hat. Er wurde für inkompetent gehalten, diese von seinem Kind zu wissen, für inkompetent, das Richtige vom Ständer mit Babykleidung genommen zu haben – ja, die fragenden Frauen unterstellten ihm sogar, von seiner Ehefrau »geschickt« und damit ohne eigenes Verständnis zu sein. Der Mann, ein Alien im Frauenparadies?

Solche Dinge meine ich, wenn es um Gleichberechtigung geht. Denn wenn wir Augenhöhe mit Männern wirklich wollen, gilt es, endlich auch die Hoheitsgebiete der Frauen anzuschauen und einzuebnen. Ganz konkret erlebe ich die folgenden Ungleichgewichte, und zwar gerade da, wo die Täterschaft von Männern uns zupasskommt beziehungsweise der Opferstatus uns Vorteile bringt:

- **Männer sollten für Frauen zahlen, wenn Kinder da sind**
  Wir gehen bei Scheidungen immer noch davon aus, dass der Mann allein bleibt und Frau und Kind wirtschaftlich versorgt. Der umgekehrte Fall scheint absurd, dabei müsste er mit gleichem Recht und Ernst geprüft werden.

- **Väter sind inkompetente Kindergroßzieher**
  Wir setzen voraus, dass der Vater der Elternteil ist, der Kinder nicht anständig aufziehen wird.
- **Männer sind Vergewaltiger**
  Wir nehmen bei Vergewaltigungen nach wie vor an, dass der Mann per se die treibende Kraft und der Machtausüber ist. Hier sollte zunehmend achtsam hingeschaut werden. Je mehr Frauen das Täterinnenleitbild übernehmen, desto wahrscheinlicher wird, dass das Vortäuschen von Vergewaltigungen ein Mittel der Wahl für die eigenen Interessenslagen sein könnte.

All diese Beispiele weisen auf die Unterstellung hin, dass Männern in Haushalts- und Erziehungsdingen nicht zu trauen ist und dass sie generell nicht fähig sind, sich sexuell zu beherrschen. Ich kenne viele Männer, die immer noch denken, dass eine normale Schwangerschaft eine Frau massiv schwächt und sie am besten gar nichts tun sollte. Wer solche Mythen aufrechterhält, und das sind oftmals die Frauen, darf sich nicht wundern, wenn Frauen in den Unternehmen nicht nur in der Elternzeit als Ausfall betrachtet, sondern schon in der Schwangerschaft wie rohe Eier behandelt werden und man sie, was echte Mitarbeit betrifft, für indisponiert erklärt.

So halten individuelle Manipulationen, aber ebenso generelles, blankes Unwissen über biologische und kulturelle Wirkungen – etwa in Sachen Schwangerschaft – Vorurteile zugunsten der alten Täter-Opfer-Schere wach.

Massiv reklamieren Frauen, wenn auch unbewusst, die Macht am Herd für sich, obwohl sie doch Gleichberechtigung wollen. In den Bereichen, in denen Frauen seit jeher die Hoheit hatten, bekommen selbst heute Männer nur sehr begrenzt Zutritt. Das heißt: Wir selbst blockieren die Gleichberechtigung, wenn wir uns nicht von den weiblichen Domänen der Macht befreien zugunsten einer echten Wahlfreiheit.

Uns dafür zu geißeln, uns selbst dafür zu verurteilen, ist aber keine Lösung. Besser: Wir haben Geduld mit uns und unserem Begreifen! Wie kommen wir stattdessen heraus aus dieser Dynamik? Ein Beispiel können uns neuere Selbstverteidigungskonzepte liefern. Sie bauen darauf, dass Frauen Täterschaft anderer gar nicht erst zulassen. Solche Konzepte untersuchen die Anlässe für die jeweils individuelle Angst einer Frau, ihren »normalen« Umgang mit Übergriffen – das sind die wesentlichen »Einfallstore«. Frauen, die aufrecht und selbstbewusst gehen, werden nicht so schnell als Objekt der Begierde angegriffen.

Männer und Frauen könnten von einem solchen Selbstverständnis, von solch einer Haltung profitieren. Anscheinend wissen wir alle nur sehr wenig von uns selbst, und schon gar nicht verfügen wir über das Wissen, wie jeder Einzelne seine Grenzen erkennt, benennt und schützt. Wer hat das schon, einen klar formulierten und geübten Umgang mit Übergriffen? Anders gefragt: Wo finden wir das – ein alles in allem starkes eigenes Selbstvertrauen?

So unbekannt wie selbstverständlich: Identität

Vor einigen Wochen lud mich eine ehemalige Kollegin zu ihrer Housewarming-Party ein. Sie war in meine Nähe gezogen, in eine schöne, große Berliner Altbauwohnung. Ich war neugierig und gespannt, wie es bei ihr wohl aussehen mochte. Und ich war hingerissen vom Ergebnis: Da lebte eine Frau ihre Bedürfnisse aus, ohne den Eindruck eines *Schöner-Wohnen*-Schicks machen zu wollen.

Alle fünf Zimmer waren auf sie abgestimmt und hatten mit der traditionellen Zuschreibung von Schlaf-, Wohn- und Esszimmer überhaupt nichts zu tun. Stattdessen richtete sich alles nach ihr und ihren Prozessen: Die Kollegin arbeitet beispielsweise gern direkt nach dem Aufwachen und noch kurz vorm Einschlafen an Texten, also fand sich direkt neben ihrem Bett ihr Schreibtisch mit einem äußerst bequemen Stuhl. Das Bett war im hellsten Zimmer positioniert; in den Erker fiel garantiert die Morgensonne und verhalf der Frühaufsteherin zu wunderbaren Tagesanfängen.

Auf eine Abstellkammer hatte sie verzichtet. Sie stellt nicht mehr ab – entweder sie hat und zeigt, oder sie hat nicht und braucht es auch nicht. Im typischen Mädchenzimmer von einst war eine Sauna eingebaut worden, optimal. Und in der Küche fand sich eine zwei Meter lange Leiste, an der ein Staubsauger neben einem Besen und einer Bohrmaschine aufgehängt war. Ich musste sofort herzlich lachen.

Hier gab es keinen Trend, keine Konzession an das Übliche, sondern die Klarheit über die eigenen Wünsche, über mögliche Abläufe und eine völlig entschiedene Haltung. Hier gab es eine richtige, ganz eigene Identität.

Was ist darunter zu verstehen? Wir können aus unseren Rollen herauswachsen, das behaupten Soziologen, und statt des starren Korsetts der sogenannten Normalbiografie etwas eigenes, etwas Neues entwickeln: Identität. Identität dokumentiert zunächst der Personalausweis mitsamt Foto, erweist sich aber im Wesentlichen als psychischer Prozess. Theoretisch formuliert: Identität ist das Ergebnis eines ständigen Aushandlungsprozesses von Differenz und Widerspruch.

Was sagt uns das? Wir fühlen uns mit uns identisch oder haben ein starkes Gefühl der Ich-Identität, wenn wir darauf vertrauen können, deckungsgleich mit uns nach außen und innen zu sein. Identität stellt sich ein, wenn die Einheitlichkeit und

Kontinuität, die wir in den Augen anderer haben, der eigenen Fähigkeit entspricht, diese Einheit und Kontinuität in uns selbst herzustellen und zu halten.

Als ich mich seinerzeit entschied, als Coach zu arbeiten, traf ich auf einen Ex-Kollegen, der mittlerweile eine Spitzenposition in einem DAX-Unternehmen innehatte. Er zeigte sich entgeistert, ja entsetzt über meinen Wechsel in die Selbstständigkeit und das Beraterleben: Für ihn war und blieb ich Managerin. Er diskutierte ungefähr ein Jahr mit mir über die »unpassende Änderung«. Dann endlich lenkte er ein. Heute sehe ich, wie ich gerade im Ringen mit diesem Gegenüber meine eigene Identität in der neuen beruflichen Rolle formuliert und eingeübt habe.

Identität besagt auch: Das Vertrauen in uns selbst ist zu verschiedenen Zeiten unterschiedlich groß. Ganz normal und ganz zu Recht. Wer einen neuen Job beginnt oder eine andere Rolle annimmt, wer heiratet oder Kinder bekommt, Kinder loslässt und den Ehemann – dessen Vertrauen in die eigene Identität ist naturgemäß oft wackelig. Doch trotz aller Erschütterungen durch Brüche und Wechsel wird es durch Erkenntnis und Einsichten schlussendlich zu neuer Stärke.

Natürlich, Identität wandelt sich. Sie wandelt sich mit der eigenen Entwicklung, ebenso mit den Anforderungen an die eigene Person und bringt ein bestimmtes Selbstgefühl mit sich. Dieses »wächst sich schließlich zu der Überzeugung aus, dass man auf eine erreichbare Zukunft zuschreitet, dass man sich zu einer bestimmten Persönlichkeit innerhalb einer nunmehr verstandenen sozialen Wirklichkeit entwickelt«.[35]

Mich hat an dieser schon recht alten Definition berührt, dass Identität nicht nur eine leere Form, sondern vielmehr eine erreichbare Zukunft damit verbunden ist, dass ein Ankommen ständig möglich ist, vor allem ein Ankommen bei sich selbst, ohne dabei zum Eremiten zu werden – weil es im Einvernehmen mit dem Umfeld geschieht. Identität sollte auf keinen Fall mit dem oft deckungsgleich benutzten Begriff der Individualität verwechselt werden.

Individualität bedeutet, vereinzelt, also auch als einzelner Mensch erkennbar zu sein. Es ist der Blick der anderen, der mich als Individuum ausmacht. Individuelle Kleidung oder individuelles Aussehen führen zu einer Erkennung durch andere. Identität hingegen führt zu einem reflektierten Abgleich, wie andere mich wahrnehmen und inwiefern ich selbst deckungsgleich mit dieser Wahrnehmung bin – und das nicht nur im Äußeren, sondern im jeweiligen Lebensbereich.

Was aber passiert mit Identität, wenn mit mir etwas passiert?

Identität ist nicht Identität

Identität entwickelt sich. Zunächst merkt die betreffende Person vielleicht gar nicht, was da so im Umbruch ist. Dann jedoch gibt es eine Phase der Desorientierung, die schließlich in eine stabilere und neue Idee von sich selbst mündet. Das nennt sich »geklärte Identität«. Identitätsbildung ist ein ergebnisoffener Prozess und verläuft meist krisenhaft. Das Ergebnis zeigt uns eine neue, gestärkte Identität, meist gut erkennbar an der Art:

- wie wir Entscheidungen treffen (oder auch nicht),
- wie wir mit unseren Problemen umgehen,
- wie wir letztlich die Auseinandersetzung mit Themen der eigenen Identität führen.

Kommen wir also mit einer Identität in die Welt? Wer Kinder hat oder wie ich als Tante Kinder sehr nah aufwachsen sehen konnte, der weiß, wie unterschiedlich selbst Geschwister sind. Unterschiedlich in ihren Reaktionen, in ihrem Selbstausdruck. Sie scheinen früh eindeutig unterscheidbare Persönlichkeiten zu sein.

Sie haben tatsächlich eine Identität, eine sogenannte übernommene Identität. Das heißt, sie ordnen sich den Normen der Familie oder der Sippe unter. Entwickelt sich diese Identität nicht innerhalb der »normalen« krisenhaften Veränderungen, also in der Pubertät und im Erwachsenwerden, wird das als *foreclosure* bezeichnet, als Abschottung.

In der Arbeitswelt treffen wir heute kaum noch auf pubertierende Jugendliche. Durch die Intellektualisierung aller Ausbildungen muss heute nahezu die Friseurin Abitur haben, wenn ich das einmal etwas überzeichnen darf. Die Pubertät leben junge Leute in der Schule, in der Familie und im Freundeskreis aus. Dennoch gibt es vielfache Möglichkeiten der inneren Abschottung, die junge Leute etwa dadurch realisieren, dass sie nur noch im Internet in Kontakt mit anderen Menschen sind und keine realen sozialen Bindungen mehr pflegen.

Ich selbst habe erst mit Mitte dreißig verstanden, dass nicht alle Familien so funktionieren wie meine eigene. Die Erkenntnis, dass andere Familien ihre eigenen Funktionalitäten entwickeln, war für mich fast schockierend. Der Sohn eines Kollegen machte mir das sehr klar, als wir auf einem Fest über ein aktuelles Berliner Geschehen sprachen. Es ging um die Einrichtung einer Toilette für alle, die sich weder weiblich noch männlich fühlen, also für Unisex-Leute. Der junge Mann, frisch vom Dorf, war ohne jedes Fragezeichen sofort eindeutig mit einer totalen Verurteilung einer solchen offiziellen Einrichtung, wie er es nannte. Er kam aus dem ehemaligen Zonenrandgebiet Hessens und besuchte zum zweiten Mal seinen gerade in der Großstadt angekommenen Vater. Natürlich dürfte er stark an alten Rollenbildern orientiert aufgewachsen sein, während Großstadtkinder möglicherweise schon aus ihren urban ausgerichteten Familien neue Rollenmodelle mitbekommen haben oder diesen im sozialen Umfeld begegnet sind.

Da, wo die übernommene Identität ein klares Licht auf den eigenen Umgang mit der weiblichen Rolle wirft, müssen junge Frauen keine Auflösungs- und Aufklärungsprozesse mehr durchmachen. Sie sind beispielsweise nicht mehr bereit, die Opferrolle zu akzeptieren, wenn es um ihre sexuelle Identität geht, falls das in ihrer Familie bereits als ein solider, nicht mehr diskutierter Erkenntnisgewinn betrachtet wurde.

Eine andere Variante von Identität, die nicht durch eine Krise gereift ist, heißt »diffuse Identität«. Während sich die »übernommene Identität« den Werten und Normen der Herkunftsfamilie verpflichtet fühlt, fühlt sich ein Mensch mit diffuser Identität keiner Sache verpflichtet. Erkennen lässt sich das an kurzfristigen Planungen, an Unverbindlichkeit und an Vagheit bei allen Auskünften zu eigenen Zielen und Wünschen.

Eine solche diffuse Phase durchlaufen wir alle immer wieder im Leben. Wenn Entwicklung und Wachstum anstehen und wir diesen Ereignissen – aus welchen inneren Gründen auch immer – im Moment nicht standhalten, erleben wir uns als diffus, vage und ohne festen Boden unter den Füßen. Frauen, die noch stark an alten Normen hängen, aus traditionellen Familien kommen oder sich, weil sie nichts Handfesteres sehen, an der Prinzessinnen-Rolle orientieren, gibt es überall. Aber wir müssen da nicht kleben bleiben.

Identität als lebenslanger Prozess

Kurz vor dem Abitur hatte ich mich entschieden, Chemie zu studieren. Ich fand Naturwissenschaften gut, vor allem Mathematik, und beschloss einer Lehrerempfehlung zu folgen und mich meinem Leistungskursthema zu widmen. Um diese Entscheidung praktisch zu untermauern, besuchte ich in den Osterferien probeweise eine Vorlesung. Im Anschluss daran begriff ich ganz urplötzlich, im wahrsten Sinne des Wortes über Nacht, dass Chemie nicht infrage kam. Ich wusste auf einmal mit großer Klarheit, dass ich in einem Verlag arbeiten wollte, dass es um Literatur gehen müsste und dass ich als weit entferntes Berufsziel wie an die Wand gesprüht »Verlagsleiterin« lesen konnte.

Innerhalb von drei Wochen entwickelte sich das in mir und mit mir. Ich erklärte diese Veränderung Eltern und Freundinnen, was nicht nur zu Begeisterungsstürmen führte, und stürzte mich aufs Neue in die Wahl der passenden Universität. Zugleich war ich aber von mir selbst irritiert: Hätte ich das nicht vorher ahnen können? Schon seit Jahren schrieb ich Tagebuch, schrieb Gedichte, liebte Bücher über alles.

Trotz dieser Talente, dieser Hobbys erfolgte die elementare Wandlung für mich völlig überraschend: Von einer Frau, die eher beliebig das studieren wollte, was die Schulfächer nahelegten und was zudem verheißungsvoll für eine sichere Anstellung schien, war ich gereift zu einer sortierten, in dieser Sache sogar glasklar orientierten Person. So kam ich zu einer ersten selbst erarbeiteten Identität.

Typischerweise werden in der Pubertät, also in der Krise des Erwachsenwerdens, die alte, vielleicht übernommene oder diffuse Identität und das bisherige Weltbild infrage gestellt. Hier eröffnet sich also die erste Möglichkeit, sich aus Fleiß- sowie anderen Mustern der Familie herauszubewegen und neue, eigene Entscheidungen zu treffen. Diese Phase wird Moratorium genannt, eine Art Stillstand oder Stillhalteabkommen. Ein derartiges Moratorium erlebte ich also kurz vor dem Abitur.

Im weiteren Bekanntenkreis von mir gibt es eine Frau, die ganz anders gehandelt hat. Sie studierte Mathematik, weil ihr partout sonst nichts einfiel. Das blieb so das gesamte Studium über; nichts zog sie an, ihr Blick fiel auf keine Wiese mit grünerem Gras. Und das, obwohl sie merkte, dass sie nicht recht bei der Sache war und sich überhaupt nicht vorstellen konnte, später als Mathematikerin bei einer Versicherung oder bei der Rentenanstalt anzufangen. Sie ging dennoch nicht von der Stange, absolvierte ihr Examen und begann nach dem Studium – eine Weiterbildung zur Heilprakterin. Heute arbeitet sie als Therapeutin, glücklich, entspannt und sehr sortiert.

Mathematik sei ein Fleißfach, bei dem man sich die Dinge erüben müsse, bis es im Gehirn »klick« mache, erzählte sie mir mehrfach. Hatte sie also ihren Fleiß genutzt, um zu den Klicks zu kommen und so die inneren Prozesse elegant übertölpelt? Noch interessanter ist aber die schnelle Abkehr nach der Diplomprüfung: Wieso war auf einmal klar, dass es Therapie sein sollte? Was war da passiert? So oder ähnlich hört es sich an, wenn nach Krisen und nach Moratorien am Ende nach der eigenen Identität gefragt wird.

Mit welchen Strategien lässt sich nun dieser Entwicklungsprozess begleiten? Es geht im Wesentlichen um zwei elementare Pole: zum einen um eine deutliche Informationsorientierung und zum zweiten um die Bereitschaft, die eigene Meinung und Haltung flexibel den neuen Einsichten anzupassen.

Wer das einmal verinnerlicht hat, lernt ständig dazu. Wir sind in der Lage, angesichts von Krisen, Veränderungen und neuen Erfahrungen unsere Identität zu überprüfen und durch Entwicklungsprozesse zu gehen. Wir können uns immer wieder selbst neu erfinden. Möglicherweise nicht ganz so brandneu, wie es der Spruch suggeriert, aber doch im Rahmen unserer Möglichkeiten.

Ich hatte, wie schon beschrieben, nach meinem Studium bei einem Computerbuchverlag angefangen. Das entsprach eigentlich nicht meiner Identität, denn was ich dort vorfand an Geschriebenem, das hatte mit Literatur, die mich interessierte, anging, berührte, nicht im Geringsten etwas zu tun. Dennoch bin ich geblieben – damals gepackt vom Motor der Superbiene: vom Anreiz, das Thema in den Griff zu bekommen und mir diesen Arbeitsbereich geradezu einzuverleiben.

Hätte ich mich allein auf mich verlassen, hätte ich vielleicht sogar Rat eingeholt, der über »Ein sicherer Job – bleib bloß!« hätte hinausgehen können. Dann wäre ich eventuell mehr bei mir geblieben, meiner Vision treu und selbstidentisch mit mir. So wurde ich stattdessen erfolgreich.

Die Frauen mit einer sichtbaren Identität, die ich kenne, wissen alle um die Arbeit, die eine solche Identität bereitet: Eine Seniorkollegin hat zwei Söhne großgezogen, sich scheiden lassen und sich trotz schwieriger Situation mit Mitte vierzig ein Grafikstudium verpasst. Mag sein, dass ihre Familie schon immer unkonventionell war und sie darin bestärkt hat, ihr eigenes Ding zu machen – heute ist sie jedenfalls eine Frau Ende sechzig, die ebenso mutig ist wie wild und ebenso neugierig wie munter. Sie lässt sich kein X für ein U vormachen und nimmt neuerdings die Rolle als Großmutter mit Freude, aber kein bisschen altbacken wahr. Ein Spruch von ihr: »Kinder sind etwas für junge Menschen!« Und glücklich lachend reflektiert sie im nächsten Moment mit mir meine Strategien für ein detailliertes Führungsthema.

Ich schätze das Vorbild älterer Frauen, selbst wenn ich weiß: Allzu viele sind von der Sorte mit eigener Identität nicht unterwegs. Aber, liebe Frauen, auch nicht ganz wenige! Es gilt nicht nur bei den Erfolgreichen zu schauen, sondern die Qualität des Lächelns in Betracht zu ziehen. Letztlich haben Erfolg und ein gelingendes Leben so viel miteinander zu tun wie äußere Anerkennung und inneres Glück.

Der Auftrag zum Wandel

Zwei Dinge sind als Erkenntnisse aus der Identitätsdiskussion besonders wichtig für mich: Das eine ist so etwas wie eine Selbstverpflichtung zur eigenen Identität. Denn dies öffnet uns Möglichkeiten, authentisch oder integer, auf jeden Fall aber erkennbar identisch mit uns selbst zu handeln. Es gibt uns ganz offensiv mehr als nur die Erlaubnis, uns zu wandeln – es ist nachgerade ein Auftrag zur Veränderung, zur Wandlung.

Das andere ist ein erweitertes Verständnis für die Frauen, die nach uns kommen. Mit meinen Nichten erlebe ich das: Wir gehen aus und unterhalten uns kompetent und sehr vernünftig über Themen, von denen ich in ihrem Alter noch keinen blassen Schimmer hatte. Eine von ihnen ist unter dreißig und selbstständig mit der kompletten Verantwortung und den Sorgen, die damit verbunden sind – wie Rücklagen bilden für Steuern, wenn das Geld nicht sofort fließt, oder was tun, wenn etwas angeschafft werden muss, aber die Bank einen nicht für kreditwürdig hält und Bürgen verlangt.

Wie oft habe ich da heimlich gedacht: So reif war ich in ihrem Alter nicht – toll, dass sie das alles zur Verfügung hat! Kein Wunder. Die Generation nach uns geht mit der Identität ins Leben, die sie von uns übernommen hat.

Das lässt sich auch mit Evolution bezeichnen: Die Startposition für den individuellen Reifeprozess bei dieser Generation ist also eine andere. Auf der Basis der Normen, die sie von uns mitbekommen hat, nimmt sie nach uns an Fahrt auf mit einer erarbeiteten Identität, indem sie sich von den von uns übernommenen Werten befreit, sich den eigenen Themen stellt, den eigenen Lebenswelten. Wir geben den goldenen Ball weiter und dürfen jetzt zusehen, wie es die Frauen nach uns machen. Und wir dürfen unterstützen, gerne Bravo rufen, gratulieren, wenn es klasse läuft.

Wie schaffen wir es nun, ohne auf die jeweils nächste Generation zu warten, unsere Identität zu weiten, uns als Frauen eine Identität zu erarbeiten, die ebenso über die Normen der patriarchalen Konzepte wie über die des Feminismus der ersten Stunde hinausgeht? Denn auch darum geht es: einen Normenkanon zu finden, mit dem wir weitergehen können.

Hinter der Fassade?
Realismus ist ganz brauchbar

Wir haben die Wahl, und erfreut dürfen wir auf die Vielfalt reagieren. Deshalb könnte es sinnvoll sein, sich das eigene Selbstkonzept anzuschauen, die eigene Selbstdefinition oder Selbstbeschreibung.

So etwas kennen immer mehr Menschen, denn: Selbstbeschreibungen von uns fordert heutzutage jedes bessere Partnerportal im Internet. Hier sind alle Teilnehmer aufgefordert, Auskunft über sich zu geben und etwas zu bestimmten persönlichen Verhaltensweisen und Vorlieben zu sagen. Wie gehen wir mit Kritik um? Wie gestalten wir unsere Freizeit? Was essen wir gern? Was nicht? Was sind unsere Hobbys?

Natürlich steht hier sofort wieder eine ganze Industrie am Start, um denjenigen, die dem naiven »Ich sage die Wahrheit über mich« anhängen, dabei zu helfen, die richtigen Worte zu finden und nicht nur von sich zu erzählen, sondern das auch attraktiv und wirkungsvoll zu verpacken. Die Onlineratgeber für wahlweise Frauen und Männer sind voll mit Tipps und Tricks – und ebenso damit, was das jeweils begehrte Geschlecht denn derzeit für angesagt hält. Ich verrate sicher nicht zu viel: »Gemütlich« und »spirituell« kommen momentan bei beiden Geschlechtern nicht gut an. Also Augen auf bei der Selbstvermarktung!

Wie vieles beginnt »Selbstkonzept« mit der Vorsilbe »selbst«. Es geht um unsere je eigene Art und Weise der Problemlösung, den individuellen Umgang mit relevanten Prozessen und dem eigenen Verhaltens. Was ist es, das Sie treibt? Wo finden Sie den Sinn in Ihrem Leben? Oder ganz praktisch: Wie beginnen Sie (gelingende) Beziehungen? Was sind Ihre Erfolgskonzepte im Umgang mit Menschen, die Ihnen guttun? Und was macht Sie zu einem schwierigen Partner?

Verhindert wird Klarheit in einer solchen Selbstdefinition manchmal trotz guten Willens durch einen ebenso unerwünschten wie erfolgreichen Mechanismus: durch den des blinden Flecks. Und durch den Wunsch, eine Fassade zu beschreiben, statt in aller Aufrichtigkeit sich selbst.

Die Chance eines dynamischen Konzepts

Identität ist ein wunderbarer Auftrag für uns alle. Ein selbstidentisches Leben führen – das hört sich passend und sehr nach Augenhöhe an. Aber wie finden wir in eine solche Dynamik hinein? Es steht ja niemand an der Straße und hilft uns dabei. Unterstützung könnte von den Therapeuten kommen. Die aber sind ja eher damit befasst, den Reparaturbetrieb für die von unserer Wirtschaft und Gesellschaft Verwundeten zu betreiben.

Und selbst wenn sie es könnten: Lust auf therapeutische Begleitung über Jahre verspürt kaum jemand, und das Vertrauen in die eigene Reflexionsfähigkeit und Selbstheilungskraft scheint ständig zu sinken. Stattdessen wachsen Konsum und Zuschauerschaft. Oft genug gilt das ebenso für Therapie wie Coaching: Beide Angebote für das Selbst werden zunehmend konsumiert.

Derjenige, der Coaching oder Therapie in Anspruch nimmt, befasst sich nicht (mehr) mit dem Wahrnehmen der eigenen inneren Prozesse, sondern notiert die Ansätze, Ratschläge und Ideen des Profis ihm gegenüber. Ziel einer solchen Session wäre dann, die Fassadenhaftigkeit zu stärken, statt mehr von sich selbst zu erfahren. Interessiert an dieser Fassade wären sowohl der Held als auch die Superbiene – wenn sie sich lieber nicht verändern möchten.

Genau das aber hilft aus meiner Sicht so gar nicht aus dem Dilemma einer Zuschauermentalität, aus einem uninteressanten und belanglosen Leben heraus. Es hilft überhaupt nicht bei der Beantwortung der Frage, wie ein gutes, ein gelingendes Leben überhaupt aussehen kann. Dafür müsste derjenige nämlich schon etwas von sich selbst wissen.

Mehr als schick: Reflexion

Aber Selbstreflexion steht bei uns gesellschaftlich im Schatten, gut versteckt hinter dem Fleiß, ist entsprechend wenig verbreitet und kaum positiv belegt. Wir verbinden damit schnell Therapie oder bestenfalls Coaching. Und wer braucht das schon? Wir neigen doch alle zur kritischen Auseinandersetzung mit uns selbst, also zur Be- und Abwertung.

Leider hilft uns diese Bewertungsmanie kaum weiter, wenn es darum geht, mehr von uns selbst zu erfahren, uns zu kennen und etwas von uns zu begreifen. Was also tun, wenn wir dieses Bedürfnis verspüren? Dann stehen wir einem Heer an Ratgeberliteratur gegenüber. Diese kann uns mit ihren Rezepten über Rezepten jedoch bestenfalls dabei helfen, genau herauszufinden, welchen Namen das aktuelle Problem hat. Ist es Hochsensibilität oder Hochbegabung, ist es ein körperliches oder seelisches Trauma?

Die Flut der Managementratgeber ermöglicht es uns, jeden Tag einen anderen Ratgeber zu kaufen, zu lesen – und zu vergessen. Ratgeber helfen uns höchstens, ich betone es nochmals, bestimmte Effekte oder Phänomene zu benennen. Und ein Rezeptewissen in allen Ehren – es ist die erste Form des Wissenserwerbs und auf Dauer keine Lösung. Wer einmal einen Marmorkuchen gebacken hat, der optimiert höchstens sein bewährtes Rezept und sucht nicht wöchentlich im Internet nach einer neuen Variante. So ist es auch mit der Selbstreflexion: Wir können unserem Wissen trauen. Und das, ohne sich ständig einer Mode, einem neuen Rezept oder einer neuen Überschrift zu unterwerfen.

Mit den Rezepten anderer Leute, mit deren Zutaten, deren Erfahrungen werden wir ebenfalls nur schwerlich zu individuellen, für uns persönlich hilfreichen Lösungen kommen. Ich bleibe dabei: Wir brauchen ein größeres Wissen von uns selbst und vor allem von unseren Bedürfnissen.

Wir müssen mehr von uns, mehr von dem wissen, was unsere Identität beschreibt oder was zu ihr gehört. Dazu gehört es, dass wir unsere persönlichen Erfahrungen nicht nur machen, sondern sie auch beschreiben können. Dann wird aus Erfahrung Erfahrungswissen, ein solides Wissen von und über uns selbst. Erfahrungswissen gehört für mich zur individuellen, höchstpersönlichen Innensteuerung.

Reflexion ist nicht an Schulbildung oder gar an einen IQ gebunden. Es geht darum, sich anzuschauen, was geschehen ist, es zu begreifen, zu verstehen, daraus zu lernen. Führungswissen beispielsweise ist reines Erfahrungswissen: Nur schwer können wir anhand von Büchern oder in Seminaren lernen, wie wir gut führen. Natürlich gibt es hilfreiche Instrumente, die nicht jeder wieder neu erfinden muss, und natürlich gibt es Moden, die vielleicht ab und an beherrscht werden müssen. Im Wesentlichen gewinnen wir aber Kenntnis von unserer eigenen Art zu führen, wenn wir uns anschauen, wie wir mit Menschen in Führungssituationen umgehen, was wir tun und sagen, wie sie reagieren und wie wir zum Ziel gelangen oder eben nicht.

Wenn Sie für sich wissen, wo Sie vorankommen, wie Sie es schon erfolgreich getan haben, dann gewinnen Sie ein Muster für sich, das Sie im weiteren Verlauf Ihrer Führungsaufgaben fein polieren, schön entwickeln und umfangreich ausbauen können. Erfahrungswissen ist solide, hat zutiefst mit Ihnen selbst zu tun, bedarf der Reflexion und ist – immer emotional gesteuert. Unsere Emotionen sind nämlich ausschlaggebend für unsere Erfahrungen.

Das Prinzip, durch Reflexion von sich selbst mehr zu wissen und daraus etwas zu machen, das zur Selbstnavigation taugt, nenne ich schlicht und einfach Innensteuerung.

Wirkt jedes Jahr mehr: Innensteuerung

Meine Freundin Renate verlässt sich nur auf ihre Innensteuerung. Sie hört sich an, was Berater ihr sagen, und spürt dabei vor allem ihrem inneren Widerstand nach. Diesen Widerstand analysiert sie anschließend sehr gründlich: Will sie etwas nicht sehen, gibt es einen blinden Fleck bei ihr? Oder kann sie sich auf ihre Einschätzung verlassen und stimmt etwas nicht beim Beratungskonzept?

Die gründliche Bearbeitung aus zwei Perspektiven führt zu zwei guten Ergebnissen: Zum einen erweitert Renate dadurch ständig ihr Wissen über ihre eigenen Methoden, sich selbst zu überlisten, zum anderen hat sie ihr Gespür für gute Beratung in ihrem ganz persönlichen Sinn stark ausgeprägt. Sie ist interessiert an einem dialogischen Umgang – und sie schlägt entsprechend jeden Berater schnellstens in die Flucht, der ihr zwar einen Dialog verspricht, dann aber einen Monolog organisiert beziehungsweise ein Verhör mit ihr durchführt.

Renate ist über die Jahre genau da im Vertrauen mit sich, wo viele Frauen ratlos sind. Sie hat ihren eigenen Weg gefunden. Genau darum geht es mir mit dem Begriff der Innensteuerung: mehr von sich selbst zu wissen und dabei zu einem immer wieder neu gestärkten, überprüften und sich entwickelnden Selbstvertrauen zu kommen. Wir haben meist viele Jahre eines guten Lebens vor uns: Es lohnt sich, tagtäglich Vertrauen in die eigene Wirksamkeit und in das eigene Können zu sammeln und sich dieser Ressourcen sehr konkret bewusst zu werden.

Die eigene Stärkung, dieser achtsame Umgang mit sich selbst bedeutet: Ich nehme mich selbst ernst. Und das fördert die Innensteuerung, weil ich, frei von den Urteilen anderer, entscheiden kann, was mir guttut und was nicht. Das Gegenteil dazu, die Außensteuerung, teilt mir etwa über die Medien, die Freunde, die Familie mit, wie diese bestimmte Situation einzuschätzen ist.

Die Zeitschrift *Focus* nutzte mich 2004 als Musterexemplar einer Frau, die den Ausstieg aus dem konventionellen Leben erfolgreich geschafft hatte.[36] Unter der Titelgeschichte »Darf es etwas weniger sein?« wurde ich als Beispiel dafür vorgestellt, dass weniger mehr ist. In diesem Fall: dass weniger Status zu mehr Glück führt. In der Geschichte war Raum für verschiedene Personen, die es aus einem nach außen hin erfolgreichen Leben zu anderen Ufern gezogen hatte, um statt Erfolg mehr von einem gelingenden Leben zu finden.

Genau dieses gelingende Leben ist aber nicht in Ratgebern, nicht in den Erfahrungen anderer zu finden – also außen –, sondern in dem Einzelnen selbst: Was genau macht mich glücklich und froh? Was betrübt mich und schadet mir? Die Antworten darauf findet jeder nur für sich selbst und in sich selbst. Wie wir erleben und erfahren, wie genau wir von uns und anderen denken, das gibt uns Informationen über die Art und Weise unserer Innensteuerung. Wie gehen Sie mit Ihren Gefühlen, Ihrem Verstand und Ihrem Körper um?

Mehr Auskunft zu der individuellen Gefühlslage geben Fragen wie: Was berührt mich? Was geht mir ans Herz oder an die Nieren? Wo wiederum bin ich robust, sogar ganz stabil, was mein Fühlen, Empfinden und Spüren angeht? Bei welchem Menschen benötige ich mehr Abstand, wo kann ich gut Nähe aushalten? Was brauche ich jetzt, während ich unruhig auf meinem Stuhl hin und her rutsche? Einen Apfel, einen Spaziergang oder doch etwas völlig anderes? Wann traue ich meinen Ahnungen und wann wiederum habe ich ihnen nicht getraut – und was wurde daraus?

Viele von uns stecken fest im Klammergriff ihres Verstands: Ihr Verstand hat sie – und nicht sie haben ihren Verstand. Wie geht es Ihnen damit? Was sind unsere typischen Denkmuster: Werten wir schnell ab oder auf? Sind wir eher pessimistisch oder optimistisch? Wie lernen wir? Was sind erfolgreiche und weniger erfolgreiche Strategien, um zum Beispiel eine Sprache zu lernen oder sich in ein Thema einzuarbeiten? Wie genau beherrschen Sie Ihren Verstand? Können Sie ihn nach Belieben auf eine Spur setzen und sich dann darauf verlassen, dass solide Arbeit getan wird? Das wäre nämlich sein Job.

Die letzte Frage betrifft die Art und Weise, wie wir mit unserem Körper umgehen: Wo hören wir auf andere, wenn es um unser Wohlergehen geht? Wissen wir, was und wie viel uns schmeckt, oder verlassen wir uns auf Vorgaben? Wissen wir, was für ein Sport uns guttut und wann? Oder richten wir uns nach Empfehlungen von Experten, die in zwei, fünf, zehn Jahren für waghalsig oder hochriskant eingestuft werden – weil wir selbst gar nicht merken, was wirklich gut für uns ist?

Das Wissen um und der Umgang mit unserer ganz persönlichen Innensteuerung macht jeden Menschen einzigartig, unverwechselbar – *unique*. Das ist der Ausgangspunkt, von dem aus wir wirksam werden, von dem aus wir unsere Stärken und Talente machtvoll in diese Welt bringen können.

Wir wissen heute: Gefühle dominieren unser Denken, sie sind die entscheidende Information, aber sie sind auch konstruktiv für jeden Einzelnen von uns, Situationen adäquat einzuschätzen und zu bewältigen. Angst zu fühlen angesichts eines dunklen Waldstücks ist eine konstruktive Information, die uns Taschenlampe und Stock mitnehmen lässt. Im Klartext: Gefühle geben Orientierung. Und zwar valide, sauber.

Eine bessere erste Orientierung in einer neuen Situation lässt sich kaum denken. Weil sie persönlich ist, das Hier und Jetzt betrifft – weil sie also individueller, zeitnäher und lokaler ist, als es der Intellekt vermag. Allerdings nicht immer.

Wenn Gefühle nicht so klar sind

Wer in der Kindheit gelernt hat, seine Gefühle umzulenken oder sie zu instrumentalisieren, wird sich auch als Erwachsener nicht ganz leicht mit ihnen tun. In meiner Arbeit erlebe ich es immer wieder, dass angesichts von angstauslösenden Situationen völlig unvorhergesehene Dinge geschehen. So wird der Mann, der gelernt hat, dass Angst unmännlich ist und er sich dafür zu schämen hat, mit dem Gefühl von Scham angesichts einer gefährlichen Situation nichts anfangen können. Das passende Gefühl, Angst, wird nicht mehr wahrgenommen. Stattdessen hat sich das »erworbene« Gefühl Scham darübergelegt.

Mir ging es ähnlich, als ich Anfang der Neunzigerjahre zum ersten Mal in Moskau war und erlebte, wie auf der Straße geschossen wurde und Menschen zusammenbrachen. Die brave Deutsche, die ich war, wollte sofort zu Hilfe eilen und Leute retten – korrekt wäre es gewesen, an dieser Stelle Angst zu spüren und entsprechend achtsam zu überlegen, was genau ich in dieser heiklen Situation machen könnte.

Frauen spüren Angst oft sehr gut, dafür sind bei uns aggressivere Gefühle unterbelichtet beziehungsweise überlernt: Welche Frau hat schon in der Kindheit die Resonanz bekommen, dass Wut ganz herrlich und Weißglut extrem zielführend sein könnte? Die wenigsten kennen diese positiven Wirkungen. Im Gegenteil: Wir hören Geschichten von Jähzorn und hemmungsloser Aggression und ziehen sofort unsere Krallen ein. Oder schmücken diese stattdessen mit bunten Gelnägeln, die uns genauso wirkungslos werden lassen, wenn es um Angriff oder solide Verteidigung geht.

Solche Um- und Ablenkungen lassen sich im Erwachsenenalter mit kleinem Aufwand wieder aufs »normale« Gleis bringen. Dafür gibt es vielfältige Angebote an üblicher Therapie, insbesondere Kurzzeittherapien, die in den letzten Jahren entwickelt wurden und ebenso schnell wie effektiv den Schaden beheben können.

Schwieriger stellt sich eine »Reparatur« von instrumentalisierten Gefühlen dar. Viele von uns haben als Kinder gelernt, wie wunderbar Schmollen, Weinen oder Flirten wirken. Und so nutzen wir heute Gefühle, um etwas zu erreichen, manchmal ohne Rücksicht auf den Rahmen: Wer im Unternehmen schmollt, beim Disput mit dem Vorgesetzten weint oder im Vorstellungsgespräch flirtet, dürfte sehr schnell auf die Nase fallen.

Zum Instrumentalisieren gehört es auch, wenn an sich simple Nachrichten (»Das ist in Ordnung«) emotional abweichend aufgeladen werden und etwa durch Betonung, Körpersprache oder Mimik den Gehalt von »Das ist überhaupt nicht in Ordnung«

bekommen. Hier ist die Rückmeldung selten so einfach wie bei Wut und Zorn: Wer sagt uns schon, dass wir uns vielleicht nolens volens zum Affen gemacht haben?

Erfahrungswissen ist ein großes, solides Pfund

Gefühle leiten uns und orientieren uns ständig und überall. Sie dürfen Gefühle ernst nehmen – und sich nicht sorgen, dass Sie sich einer unberechenbaren Macht unterwerfen. Denn faktisch sind wir unseren Gefühlen nur ausgeliefert, wenn wir sie abwerten. Erkennen wir, wie hilfreich sie uns steuern können, wird diese Sorge obsolet.

Erfahrungswissen liefert den Vorteil, ähnlich wie Emotionen sofort und ohne Umstände zur Verfügung zu stehen. Die Intuition wirkt offenbar dabei mit, aber letztlich handelt es sich um ein Wissen, das eben nicht über Analyse erst noch erwirtschaftet werden muss, sondern ganz leicht und selbstverständlich abrufbar ist.

In den USA läuft es bereits, das Geschäft mit dem Erfahrungswissen, den *deep smarts*. Mittlerweile ist sogar an den Universitäten angekommen, dass nicht jeder vom Menschen ausgeführte Prozess durch ein IT-Programm abgebildet werden kann. Wir kennen das aus der heimischen Küche: Großmutters Rezept vom Apfelkuchen in meinen Händen führt noch lange nicht zum gleichen Ergebnis …

Der Emergenzeffekt, dass das Ergebnis mehr ist als die Summe seiner Teile, ist im Apfelkuchen ebenfalls enthalten, vielleicht etwas versteckt. Trotz gleicher Zutaten und gleicher Herstellungsweise kommt etwas anderes beim Backen heraus. Ähnlich läuft es in Familien und in Teamsituationen – Emergenz sorgt immer wieder für überraschende Erkenntnisse. Warum nur beziehen wir das nicht mit ein, wenn wir auf uns selbst und die Vielfalt unserer eigenen inneren Ressourcen schauen?

Erfahrungen zählen jedoch nicht viel in unserer Gegenwart. Schlechter bezahlte junge Mitarbeiter lösen höher bezahlte erfahrene Profis ab, die gerade mit Mitte oder Ende fünfzig begriffen haben, über welche Kenntnisse sie eigentlich verfügen. Die alten Häsinnen und Hasen haben allerdings wenig Lust, sich von jungen Führungskräften die Welt erklären zu lassen – und ehe wir uns versehen, schließen hochqualifizierte Mitarbeiter zum letzten Mal ihren Spind ab. Weil quantitativ preiswerte Leute sie ersetzen können? Verrückte Annahme. Jugend kann Erfahrung nur da kompensieren, wo Erfahrung nicht gebraucht wird.

Was praktisch hilft: die eigene Vision

Qualität und Quantität kommen uns zu oft durcheinander. Vielleicht weil wir versuchen, Prozesse zu definieren, und das Qualitätsmanagement nennen? Der Begriff »Qualität« ist offenbar ein Türöffner. Allerdings ist Qualität ohne inhaltliche Füllung schwierig. Sie erinnern sich an meine Geschichte vom Studienfachwechsel? Mit achtzehn war mir plötzlich klar, dass ich Verlagsleiterin werden wollte. Mit achtundzwanzig war ich technische Verlagsleiterin – und komplett ratlos. Alles fühlte sich falsch an. Ich arbeitete viel zu viel. Und ich war überhaupt nicht glücklich.

Das eigentliche Problem lag, sage ich heute, gut vierzig Jahre später, im zunächst hohlen Begriff »Verlagsleiterin«. Denn eigentlich hatte ich ja Suhrkamp im Kopf oder Reclam – beides Verlage, die ich sehr gern geführt und mitgestaltet hätte. Ich hätte gern anregende Schriftsteller, verrückte und durchgeknallte

Existenzen kennengelernt, mich mit jeder Form literarischen Ausdrucks herumgeschlagen. Ich hätte gern gelesen, gelesen, gelesen. Dabei weiter meine Träume poliert, vertieft, Wörter gefunden, Sprache für Unaussprechliches. So etwas.

Zwar habe ich das Ziel »Verlagsleiterin« erreicht, dabei aber den Inhalt komplett verfehlt. Mit achtundzwanzig führte ich mehr als 120 Menschen, arbeitete autonom, war immer ganz vorn in Sachen technischer Innovation und verdiente ein Heidengeld.

Was ich daraus gelernt habe? Ich bekomme, was ich will, wenn ich es formuliere. Abstrakter gesagt: Wer einen Traum hat und sich auf den Weg begibt, den Traum zu leben, der kann erreichen, was er sich wünscht. Natürlich gilt es hier, nicht allein auf die Fassade zu schauen, sondern auch dem Inhalt treu zu sein. Genau das zeigte mein Beispiel der »technischen Verlagsleiterin«: Das Wort stimmte, aber der Inhalt hatte mit meinen Träumen wenig zu tun.

Ich wollte so nicht weitermachen. Ich wusste aber nicht, was mir fehlte und woran es mir innerlich mangelte. Außerdem kam ich nicht mehr auf die Idee, in einen Belletristikverlag zu wechseln – ich war finanziell so über die Einkommensgrenzen hinausgeschossen, dass mir das absurd erschien. Ich war stolz. Demut hätte hier geholfen.

Denn andere fingen in meinem Alter gerade mit einem Volontariat in einem literarischen Verlag an oder hatten eine erste Stelle. Mein Verdienst lag um ein Drei- oder Vierfaches darüber, mein Selbstbewusstsein war enorm, meine Gestaltungskraft beeindruckend. Vielleicht hätte ich ja noch einen guten Weg gefunden, aber es gab niemanden, der mich unterstützt oder gar qualitativ geschaut hätte: Was war noch die Sehnsucht? Wo genau lag der Traum? Beides hatte schließlich nichts mit einer Bezeichnung auf einer Visitenkarte zu tun.

Die Superbiene hatte mich hochkatapultiert, ich war an meiner tiefen Bereitschaft, aus der Situation das Optimum zu machen – eigentlich gescheitert. Ich hatte nicht meine Talente gelebt, nicht meine Ressourcen poliert, nicht meine Potenziale zum Strahlen gebracht. All das stand nicht auf meiner Agenda. Ich hatte vor allem dieses getan:

- Viel gearbeitet, extrem viel,
- für andere Leute die Kastanien aus dem Feuer geholt,
- Unmögliches ständig möglich gemacht.

Ich war der Superstar, der Troubleshooter und Firefighter. Und ich merkte es nicht einmal. Aber ich spürte die Leere, gegen die kein Geld der Welt hilft, und kündigte meinen Job – und wusste nicht, was jetzt.

Erst einmal blieb ich ohne einen neuen Traum. In dieser Ratlosigkeit nahm ich den hochwertigsten Job an, der mir damals angeboten wurde. Mit dem Effekt, dass ich die nächsten vier Jahre keine eigenen Träume realisierte, sondern als supertolle Nebendarstellerin in anderer Leute Film unterwegs war. Natürlich gab es da Oscars zu verdienen, natürlich profitierte ich finanziell von meinen neuen Aufgaben, aber mir fehlte der innere Kompass: Ich war desorientiert und deshalb auch nicht mit voller Wucht und Vitalität in meiner eigenen Sache unterwegs.

Letztlich nicht tragisch. Denn Hilfe war nahe: Ich besuchte zwei Seminare, die beide die Vision fürs Leben zum Inhalt hatten. Ich fand zu meiner Klarheit zurück. Heute habe ich diese Vision fast vollständig realisiert. Ich lebe das Leben, das zu mir passt, und kenne Spielräume, habe Träume, sehe interessante neue Türen.

Bitte verzeihen Sie mir, wenn ich so schwärme. Und das noch von mir selbst. Aber ich selbst bin ein ausgezeichnetes Beispiel dafür, welchen Unterschied es für Frauen macht, ob sie ein Ziel haben oder nicht. Wenn eine Frau weiß, wie sie mit vierzig, fünfzig oder sechzig leben, arbeiten und lieben will, kann sie unterwegs Entscheidungen immer so treffen, dass sie zu diesem Ziel passen.

Wer kein Ziel hat, der läuft in anderer Leute Leben eher mit. Auch *not too bad*. Aber ein ganz anderes Kaliber. Riskieren Sie es. Wunderbar helfen wird Ihnen dabei die Innensteuerung. Je mehr wir uns auf unser ureigenes System verlassen, je mehr wir auf uns selbst hören, je besser wir uns kennen, je mehr wir uns schätzen und je realistischer wir uns einschätzen, umso stabiler sind das Selbstvertrauen und die Identität der Frau, die uns da im Spiegel anlächelt. Gehen wir also Risiken ein! Wagen wir ein interessantes, anregendes, vitales und erfüllendes Frauenleben!

Natürlich birgt die eigene Vision jede Menge Risiken. Trotzdem: Vertrauen wir uns, stärken wir unser Vertrauen! Aber seien wir nicht blind, nicht naiv. Wir können ältere Freundinnen fragen, wir können Therapeuten engagieren, wir haben die Wahl, uns per Coaching unterstützen zu lassen. Suchen wir uns Beratung und Rückmeldung von jemandem mit klarem oder liebendem Blick. Aber hüten wir uns vor einem: der eigenen, gern überkritischen Skepsis.

6

Raus aus dem Fleiß!
Und rein ins Leben

Prinzessin und Superbiene hatten mir suggeriert, dass ich ein freies, lohnenswertes Frauenleben gerade und nur mit ihnen haben könnte. Kein Wunder, dass ich mich zur Heldin wandelte und von hier aus die Königin kennenlernte. Diese Reise hat mich über etliche Umwege zu einer eigenen Identität geführt. Sie lieferte mir dabei mehr Krisen, als ich mir das gewünscht hätte, mehr Widerstände als erwartet, und alles in allem: Das Ergebnis war teuer bezahlt. Und zugleich jeden Preis wert.

Heute führe ich ein weibliches Leben voller Selbstvertrauen, mit wachsender Gelassenheit und Klarheit, mit zunehmender Nüchternheit und zugleich mit viel Heiterkeit. Meine Identität zu finden und mich in ihr heimisch zu fühlen, das war erhellend und weitend – und bringt mich in eine ausgezeichnete Form für die nächsten Abenteuer, die sicherlich kommen werden. Meine Zeit ist mit siebenundfünfzig nicht vorbei. Da sind ja noch gute zwanzig, vielleicht dreißig oder vierzig Jahre zu erwarten, die aktiv gestaltet und gelebt sein wollen.

Es ging mir hier nicht allein um ein tragfähiges Selbstkonzept. Mir lag in gleichem Maße an Anschlussfähigkeit. Wie kann es mir als erwachsener, reifer Frau gelingen, mit anderen Frauen und mit Männern in gelingenden Beziehungen zu leben? Wie kann ich mich selbst finden und die anderen dabei nicht verlieren? Oder um die Frage aus der Einleitung aufzugreifen: Wie kommen wir bloß miteinander auf Augenhöhe?

Mein stärksten Lernerfahrungen helfen möglicherweise auch Ihnen bei der Beantwortung genau dieser Fragen.

Die Fleißlüge und ihre Folgen

Am stärksten erwischt hat mich, wie erbarmungslos Fleiß all das verhinderte, was mir vor Augen stand. Natürlich, auch die Vereinzelung der Prinzessin, die Probleme von Mutterschaft in unserer Gesellschaft und die in der Rolle angelegte Manipulation anderer war augenöffnend. Ebenso die Isolation der Heldin, hinter der kein starker Mann stand, ihre Kontaktarmut und die Beliebigkeit ihres Tuns haben mich erneut berührt und den Schmerz eines solchen Alltags fühlen lassen. Die Königin brachte erstes Aufatmen, aber immer noch war der Blick nicht auf Augenhöhe, sondern schaute – wenn es nicht um den König ging – geradewegs nach unten.

Doch das Kapitel zur Superbiene übertraf all meine Planungen. Bevor ich zu schreiben begann, war mir intellektuell klar, wie negativ Fleiß wirkt, wie nützlich er ist, um so »zu tun, als ob« wir etwas verstanden hätten. Die Wucht seiner verheerenden Folgen hatte ich so nicht erwartet. Schrecklich war die Erkenntnis, dass die Glasdecke zwischen Männern und Frauen eigentlich eine private Absicherung der gegenseitigen Abhängigkeit zementiert: Der eine ist Täter, die andere Opfer – wir haben uns da sehr gut eingerichtet. Die Glasdecke ist das sauber trennende Produkt aus fehlender Verantwortung und früh gebahntem Fleiß.

Ich begriff, dass Fleiß gesellschaftlich hoch akzeptiert und zugleich verheerend in seiner stillen Wirkung ist. Denn wer fleißig ist, der nimmt sich, seinen Körper und seine Gefühle kaum wahr. Im Gegenteil: Fleiß erlaubt es uns, all das nicht zu spüren zugunsten einer höheren Sache – dem fleißigen Tun. So öffnet Fleiß alle Türen sperrangelweit für jene Krankheiten, die wir uns durch das »Wegschauen« von psychischen Themen holen, wie beispielsweise Burn-out.

Hier liegt des Pudels Kern: Fleiß führt immer nur zu Quantität. Und wer glaubt, dass Quantität irgendwann in Qualität umschlagen kann, dem sei nachträglich ins Poesiealbum geschrieben: Das passiert auf keinen Fall! Sie können daran glauben, bitte, doch es wird nicht geschehen. Wenn dann die Hoffnung zuletzt stirbt, sind Sie selbst innerlich möglicherweise längst tot.

Geld, so ließe sich einwenden, ist auch »nur« quantitativ – und trotzdem benötigen wir eine gewisse Menge für unser Leben; wir brauchen Nahrung und ein sicheres Zuhause. Wie genau das aussieht, ist gesellschaftlich relevant, hat aber mit dem eigenen tiefen Bedürfnis wenig zu tun. Denn genau darum geht es: unsere Bedürfnisse erfüllen zu können. Das Bedürfnis nach Sicherheit, nach Nahrung, am Ende auch das Bedürfnis nach Selbstverwirklichung. Hier hilft die gesellschaftliche Absicherung einer Grundversorgung viel weiter als der gesellschaftliche Auftrag zu lebenslangem Fleiß.

Die Annahme, Sicherheit sei durch ein gekauftes Haus zu erreichen, erweist sich schließlich als eine komplette Illusion. Der Hauskauf hält mich über Jahrzehnte fest in der Fleißschleife, wenn ich nicht hellwach aufpasse. Sicherheit gewinnen wir mit zunehmendem Alter immer stärker daraus, dass wir akzeptieren: Es gibt keine Versicherung für eine solche Sicherheit.

Risiken sind der Motor
der Evolution

Das Leben besteht zu großen Teilen aus Wachstum, Veränderung, Entwicklung – unsere Gesellschaft hat daraus geradezu eine Versicherungsmentalität abgeleitet. Es muss alles ganz, ganz sicher sein … So ist die Welt nicht, die Natur nicht, das Leben nicht. Evolution heißt Veränderung. Veränderung begegnet uns in Form von Wagnissen, von Risiken. Ohne Risiko keine Chance! Aber in unserer Gesellschaft wird Veränderung vom Fleiß quasi weggeputzt, aufgewischt, wegradiert. Fleiß macht uns unempfindlich für die Veränderungen im Leben, im Umfeld – wer fleißig arbeitet, genießt den Frühling eher aus Versehen.

Fleiß hält Depressionen am Laufen, während wir uns »emsig bemühen«, produktive Mitglieder einer Konsumgesellschaft zu sein. Fleiß macht uns gefühllos, kalt uns selbst gegenüber. Wir spüren unsere Wahrnehmungen nicht, können unsere Bedürfnisse nicht erkennen und ihnen entsprechend auch kaum folgen. Wir schaffen es, mit Fleiß die Glasdecke auch in uns selbst fein säuberlich so zu bauen, dass Gefühle nicht hochkommen. Wo sitzt sie bei Ihnen, diese Glasdecke? In der Kehle? Genau da, wo vom Körper die Signale hochsteigen, die wir um Himmels willen nicht spüren, noch weniger deuten wollen?

Beim Nachspüren dieser Glasdecke während des Schreibens hätte ich manchmal schreien können wie eine angefahrene Katze: vor Verzweiflung und Schmerz angesichts unserer Leben, die dahinkrebsen statt zu blühen, die sich immer weiter reduzieren auf ein Minimalmaß an Freude, an Glück, auf ein Minimalmaß an Lebendigkeit. Die immer stärker aufgehübscht werden von Statussymbolen, von käuflicher Kosmetik und Verpackungsmaterialien, damit das Leid unsichtbar bleibt. Immer nach dem Motto: Was nicht sichtbar ist, das existiert auch nicht.

Statussymbole sind künstlich verknappte Güter, also teure Autos oder Büros, die in den typischen Verwaltungsbauten selten sind – die ganz oben liegen mit den besten Aussichten oder die Fenstern übers Eck haben. Für Frauen gehören Gesichtsoperationen und künstliche Brüste dazu, gern schon zum achtzehnten Geburtstag. Dabei gibt es alles, was wirklich wichtig ist, im Übermaß und kostenlos: Liebe oder Freundlichkeit stehen uns ohne Ende zur Verfügung. Respekt und Akzeptanz sind jederzeit zu haben. Gefühle erwachsen in uns, sind uns gegeben, wenn wir nur hinschauen, hinhören, ihnen nachspüren würden.

Aber das haben wir verlernt. Gefühle wahrnehmen und ihnen trauen, das heißt ganz praktisch und alltäglich, der eigenen Innensteuerung trauen. Was aber tun wir? Wir trauen viel lieber jeder x-beliebigen Fremdsteuerung. Der Meinung des Nachbarn, der Meinung aus der Zeitung – ja, ist uns selbst denn überhaupt zu glauben?! Wir richten uns gern nach dem, was andere uns erzählen, und verwechseln dabei unwillkürlich Bedürfnisse mit Bedarf – also das, was wir wirklich brauchen, mit dem, was die Industrie zur Absatzplanung braucht. Ist das nicht verrückt?

Und so ganz normal! Das hat Folgen. Wir lassen uns die Welt von C-Promis im Fernsehen erklären, wir glauben den Werbesprüchen der Industrie, und wenn nichts mehr hilft, suchen wir je nach Geldbeutel weiter Selbstvergewisserung im Außen, zwischen Astro-TV, McKinsey und der Kirche. Dabei ist Orientierung nah: Was das eigene Bedürfnis ist, finden wir heraus bei einem ehrlichen Dialog mit unserem Selbst, beim langen Blick in die Weite oder aufs Meer, beim absichtslosen, friedlichen Nichtstun.

Wenn wir uns entschleunigen, dann sehen wir bereits auf dem ersten Rastplatz: Auf uns wartet eine Welt voller Möglichkeiten, vielleicht voller Wagnisse. Für die Jüngeren sind diese Wagnisse Abenteuer, für die Älteren eher Herausforderungen – für beide aber gilt: Wenn wir das Leben nicht wagen, werden wir es auf keinen Fall gewinnen. Glauben Sie mir: Jeder Tag lohnt!

Fleiß stabilisiert alte Machtverhältnisse

An dieser Stelle ist uns allen klar: Das Hamsterrad ist weiß Gott keine Karriereleiter. Die echte Karriereleiter wiederum war bislang selten mühsam. Man(n) hatte wenig Aufwand damit und sah schon gar nicht verschwitzt oder gestresst aus. Gerade die gut ausgebildeten Männer unserer Arbeitswelt durften bisher ohne großes eigenes Zutun damit rechnen, sowieso Karriere zu machen. Eine hundertprozentige Quote machte es möglich. Und nun wollen justament die fleißigen Frauen, die bisher den Vorgesetzten inhaltlich top versorgt haben, die das Unternehmen am Laufen halten und insgesamt zwar viel Arbeit zu erledigen haben, aber wenig Arbeit machen – jetzt wollen diese Frauen in die Topetagen? Das ist natürlich eine Katastrophe. Zum einen, weil Fleiß dort kein bisschen hilfreich ist – wie soll man(n) das den Frauen bloß beibringen? Man(n) versteht es ja selbst nicht so recht.

Denn auch das sollten wir uns klarmachen: Die Geschlechter lernen voneinander und von ihren Rollen. Je fleißiger die Frauen, desto fraglicher für die Führungsmänner, wozu das dienen könnte – außer zur entspannten, großzügigen und schlecht bezahlten Ausbeutung dieser so gern gewährten Leistung. Und jetzt das: ganz oben mit Frauen! Neben alldem nicht zu übersehen die Kränkung der Männer – hier zerbrechen Illusionen. Allerdings, das wissen wir Frauen nur zu gut, findet sich sicher mindestens eine Frau, um die männliche Eitelkeit wieder auf repräsentables Format zu kneten.

Männer hier, Frauen dort – auf beiden Seiten geht es um eine neue Realität, um den systematischen Ausstieg aus alten Mechanismen und um folgende Erkenntnis: Diese Mechanismen dienten dem Aufrechterhalten einer krassen Ungleichheit. Nicht mehr, nicht weniger. Natürlich wird es etliche geben, die dieser Ungleichheit einiges abgewinnen können. Sicher. Sollen sie.

Aber für die gesellschaftliche Mehrheit dürfte der Kompass auf Gleichheit stehen. Es geht damit zugleich um das Ende von Macht »über« – nämlich über andere Menschen, eine insgesamt ziemlich würdelose Veranstaltung. Macht über Mitarbeiter, Macht über Familienangehörige, Macht über über über … Einen komplett anderen Schwerpunkt legte uns die Philosophin Hannah Ahrendt schon 1970 nahe: Macht »für« jemanden einzusetzen, das sei eine anständige Sache.[37]

Fleiß allerdings verhindert alle Konzepte, die Macht in ihrer alten Form auflösen helfen. In den Sozialwissenschaften gilt Macht als starkes »autoritatives Konzept«. Andere Konzepte favorisieren an oberster Stelle »Persönlichkeit« sowie »Präsenz«, um persönliche Autorität geltend zu machen. Wer eine Persönlichkeit hat, also Selbstvertrauen, Selbstdefinition und Sicherheit in sich selbst findet, der ist Machtstreben gegenüber ebenso gut gefeit wie jemand, der in einer Situation ganz bei sich, ganz präsent ist.

Fleiß – muss ich es noch erklären? – verhindert beides: Wer fleißig vor sich hin arbeitet, kann weder ein stabiles Selbstvertrauen entwickeln, noch ist er etwa in seinen Arbeitssituationen bei sich. Fleiß bringt uns dazu, uns immer weniger zu trauen, uns immer stärker anzupassen, immer konformer zu handeln. Nur dort sind wir sicher – vor Machtausübung, vor Herausforderungen durch die anderen. Der, pardon: die Fleißige beamt sich quasi weg und hinein in Situationen, in denen quantitativ gearbeitet wird. Quantität unterfordert uns, unsere Talente, unser Potenzial. Unser Menschsein.

Doch wie könnte es anders gehen? Was hilft uns raus aus unserer Augen-zu-und-durch-Mentalität, aus unserem Firefighting und aus unserem ständigen Reparaturmodus? Sicher ist zunächst eines: Die Klügere ist definitiv nicht fleißig. Und sie stärkt nicht, etwa durch Arbeiten an der Glasdecke, die vorhandenen Hierarchien. Im Gegenteil.

Entwicklung erfordert inneres Wachstum

Es geht nicht nur darum, dass wir als Frauen die Möglichkeit erkennen und nutzen, aus alten Rollen und ihren überholten Begrenzungen auszusteigen. Es geht um viel mehr: Es geht um das klare Vorantreiben des bislang erst begonnenen Ausstiegs aus der gewohnten männlichen Vorherrschaft und seiner wichtigsten Stütze, der Hierarchie.

Hierarchie liefert uns das bekannte und »bewährte« Oben und Unten. Wir wissen, wo wir in Relation zu einer Vergleichsgruppe stehen, können uns einordnen im Wettbewerb und kennen so unseren Platz. Jedes Topmodel kann sofort sagen, wer vor und nach ihm aus dem Casting geflogen ist, jede geschiedene Ehefrau kennt die Daten ihrer Vorgängerin und der Nachfolgerin. Jede Führungskraft im Konzern nutzt nicht unerhebliche Mengen an Arbeitszeit dafür, um die eigene Verortung im Vergleich mit anderen Führungskräften in Sachen Gehalt, Bonus und weiteren Optionen herauszufinden.

Wenn wir aus einem solchen System aussteigen wollen, bedarf es Veränderungen nicht nur im Selbstverständnis der einzelnen Personen – wie es etwa das Vertrauen auf die eigene Innensteuerung liefert –, sondern gleichermaßen von gesellschaftlichen Zielen, Werten, Paradigmen. Für mich geht es dabei vor allem um eines: um einen neuen Umgang mit Macht. Das scheint mir der stärkste Motor für eine andere Gesellschaft zu sein.

Machtgefälle und damit verbundene Täter-Opfer-Dynamiken sind vielfältig und gesellschaftlich bestens verankert. In Unternehmen erleben wir etwa, dass Strategie fast ausnahmslos die Inhalte dominiert. Ein interessanter Punkt gerade hinsichtlich der vermeintlichen Gleichbehandlung von Frauen und Männern. Wie oft habe ich schon weibliche Empörung erlebt, wenn Frauen sprachlos vor einem strategisch denkenden Kollegen standen, der problemlos und ohne größeren inneren Widerstand die Ergebnisse ihres Tuns zur Bedeutungslosigkeit verurteilte – einfach deswegen, weil er sich entschieden hatte, auf einem anderen Weg zum Ziel zu gehen.

Macht und damit alle Sorten von Hierarchien stellen sicher, dass Ungleichheit – von Menschen gemacht und heute ohne Not fortgeführt – existiert und in unserer Gegenwart einen beachtlichen Stellenwert einnimmt. Die Königin besteht auf ihrem Rang, um an der Macht zu bleiben. Für eine Übergangslösung ist das eine hilfreiche Sache – selbst vermeintlich machtlose Frauen entwickeln in dieser Rolle ein Gefühl für die eigenen Möglichkeiten und Optionen. Und dann gehen Sie bitte weiter zur eigenen Identität. Die verleiht uns Macht über Persönlichkeit oder über die Fähigkeit, wirklich präsent zu sein.

Aber Hierarchie als Dauerzustand. Schauen wir auf den Lieblingsort von Hierarchien, auf Verwaltungen: Hier kontrollieren Menschen mit höherem strukturellem Rang andere, meist erwachsene Menschen mit niedrigerem Rang – an sich schon eine würdelose Situation. Kontrolle von Erwachsenen durch Erwachsene? Wie schlecht müssen wir von uns und von anderen denken, damit Hierarchie geachtet wird und als System stabil bleiben darf? Möglichst schlecht.

Dabei gibt es doch tatsächlich Leute, die haben Lust auf Arbeit, die strukturieren mit Freude ihre Zeit mittels Arbeit, die gehen mit einem frohen Pfeifen morgens ins Büro. Das sind typischerweise nicht jene, die stark kontrolliert werden – aber ganz sicher auch nicht die, die andere kontrollieren. Kontrolle selbst ist keine Tätigkeit, die einem Menschen Erfüllung schenken kann. Stellen Sie es sich konkret vor und lassen Sie sich das auf der Zunge zergehen!

Hierarchie möchte ich abgeschafft wissen, posthierarchische Zeiten sind mir herzlich willkommen. Ebenso geht es mit dem Heroischen, das mit dem Hierarchischen eine gegenseitig befruchtende Dauerliaison eingegangen ist. Postheroisch wäre die Haltung für die Heroen. Was jedoch wäre die Überwindung der unheroischen Haltung, die ich bei den Frauen, ganz sicher aber bei den fleißigen verorten würde? Die Königinnen-Rolle hilft beim Übergang.

Unheroisches Verhalten zeigt sich fast immer als »Funktionieren«. Funktionieren steht für Mitmachen, für ein Mitlaufen. Man widmet sich dem – oft genug superfleißig –, was vermeintlich Klügere entschieden haben, man entscheidet sich für ein Nicht-auf-sich-hören-, für ein Nichts-von-sich-wissen-Wollen. Die Überwindung des Unheroischen, das wäre noch durchzudenken und für Frauen hilfreich. Vielleicht mag das eine unter Ihnen tun?

Ohne Transformation geht es nicht

Bei einer Transformation von Hierarchie und ihren stärksten Treibern, den Polaritäten von Täter und Opfer, von Held und Prinzessin, von heroisch und unheroisch, geht es nicht um die Frage, was besser ist. Beide Pole waren einmal für etwas gut. Transformation bedeutet aber gerade die Auflösung des Entweder-oder, die Überwindung der Gegensätze. Sie erfolgt in einem Doppelschritt: erstens durch die Akzeptanz der Gegensätze und zweitens durch die Übernahme von Verantwortung, um sich dann bewusst zu entscheiden.

Transformation erkennen wir daran, dass die neue Stufe der Erkenntnis nicht mehr oder nur sehr schwer rückgängig zu machen ist. Versuchen Sie doch einmal, eine Buchseite zu buchstabieren! Das wird kaum jemandem gelingen, der bereits Lesen gelernt hat. Wer einmal etwas begriffen hat, dem fällt es sehr schwer, sich den Zustand »vorher« überhaupt noch vorzustellen. Anders formuliert: Die Zahnpasta kommt nicht mehr zurück in die Tube.

Das erfordert eine gewisse Radikalität. Frauen und Männer, beide durch jahrhundertelanges Training abgebrüht und schmerzunempfindlich im Aufrechterhalten der gegenseitigen Abhängigkeiten, brauchen hinreichend gute und positive Motivation, um aus den alten Mustern auszusteigen. Auch eine radikale, weil es um eine höhere Einsicht geht, weil es die Bereitschaft für etwas Neues geben muss. So radikal wie der Schritt vom nicht Lesenkönnen hin zum Lesenkönnen.

Auf keinen Fall hilft eine Lösung weiter frei nach dem Motto: Lieber ein bekanntes altes Problem als neue Optionen, für die wir bislang keine Lösungen, keine Erfahrungswerte haben. Diesen Modus kennen wir alle sattsam. Das Alte zeigt sich in der gesamten Gesellschaft, aber für Frauen besonders deutlich in der männlichen Domäne des gesellschaftlichen Alltags, in der Wirtschaft. Wirtschaft ist der Treiber, der Taktgeber, ja: die Leitkultur unserer Gesellschaft. Wirtschaft definiert vieles: unser Tempo, erwünschtes Verhalten, Optionen für Erfolg, für Karriere, für Wohlstand.

Deshalb finde ich den Einstieg über das postheroische Management und die Wirtschaft so zielführend, so entscheidend, ja zwingend: Wer Klarheit hat über die Machtverhältnisse in der Wirtschaft, in der Familie und in den Institutionen kann aussteigen aus den alten Mustern – und davon auch sprechen. Das ändert den Einzelnen selbst, aber auch alle persönlichen Beziehungen. Neues wird möglich.

Von der Wirtschaft zu den Beziehungen

Die Wirkungen von Gleichheit kommen uns allen gesellschaftlich zugute. Allerdings fehlt es auf dem Weg zur ersehnten Augenhöhe an Erfahrung, an Fantasie, an neuen Konzepten: Bis heute wissen wir nicht so richtig, wie freie Beziehungen unter erwachsenen Menschen gestaltet werden können. Es ist kaum die Rede von ihnen. So passiert es, dass wir uns weiter ausprobieren, zwischen WG und Retreat einen Weg suchen, zwischen Enthaltsamkeit und Promiskuität wanken, zwischen der Hoheit von Sex und der des Herzens hin und hergerissen sind.

Ich höre förmlich den hilflosen Ruf nach soliden, tragfähigen, wandelbaren Beziehungen. Der Wunsch ist offenkundig. Die Wirklichkeit eine andere. Denn was erleben wir? Hohe Scheidungsraten, anhaltender Singleboom, Patchworkfamilien und gleichgeschlechtliche Ehen zertrümmern zwar Stück für Stück die alten Stereotypen, doch der Aufbau aus den Trümmern, das scheint eine zähe Arbeit zu sein. Wo erfahren wir von gelingenden und freiheitlichen Konzepten, die uns anregen, selbst etwas auszuprobieren? Wo hören wir von anderen, die wie wir vielleicht springen möchten – in eine neue Lebensform mit all dem Aushandeln, das erforderlich ist, wenn die Dinge noch nicht gesellschaftlich gebahnt sind?

Dieses Durcheinander lässt sich aufräumen. Aber es erfordert nicht nur Zeit und Arbeit, sondern eine neue, eine gemeinsame Ebene – und: einen Paradigmenwechsel. Solche neuen Konzepte und Überlegungen sind eng damit verbunden, dass Frauen (und

Männer) aus den traditionell eingeübten, hinter den Rollen liegenden Täter-Opfer-Dynamiken aussteigen. Ein solcher Ausstieg macht es erforderlich, sich selbst gegenüber ehrlich zu sein und zu erkennen, was die tiefer liegenden Beweggründe und die dahinterstehenden Gefühle eines Konflikts sind, welche Ziele wir verfolgen und ob wir unserem Gegenüber trauen (können).

Das wiederum bedingt Reflexion, und diese muss nicht unbedingt pathologisiert, muss nicht erst zur Krankheit umgedeutet und dann therapiert werden. Wir alle können uns an Therapeuten wenden für eine bessere seelische Gesundheit, für einen klaren Blick auf uns und auf das, was uns bewegt. Therapie hilft gegen Schmerzen; was hilft uns für einen klaren Blick? Wie können uns Psychologen und Berater hier noch einmal anders fit und frisch machen für eine Gegenwart, die so viele Möglichkeiten bietet, dass wir fast verzagen?

Was kann uns Frauen dazu bewegen, Geld und Zeit in uns selbst zu investieren, und zwar in unsere Selbstachtung, unser Selbstvertrauen, in unsere Innensteuerung. Frauen sparen auf eine Schönheits-OP, aber wurde schon von einem Bausparvertrag berichtet, der geplündert wurde für das Unterfangen einer eigenen Identität? Geplündert für einen klaren Blick auf sich selbst, einen Blick auf ein gelingendes Leben voller Genuss, mit eigenen Visionen, entlang den eigenen Themen? Hört sich nach viel Arbeit an, macht aber auch total viel Freude!

Was andere nicht ahnen und was uns selbst immer stärkt, ist die Verbindung zu unserer eigenen, tiefen Wahrheit. Deshalb schlage ich vor, entwickeln Sie sich, trauen Sie sich! Was immer uns einfällt: Ich bin mir sicher, es lohnt sich.

Ziel: Augenhöhe zu sich und anderen

Stellen Sie sich vor, Sie geraten in Konflikt mit Ihrem Chef. Oder Ihrem Liebhaber. Und anstatt zu manipulieren oder ihn abzuwerten (oder sich selbst abzuwerten), können Sie ebenso nüchtern wie liebenswürdig klären, was Sie selbst und wie Sie das zum Ausdruck bringen wollen. Dann geht der Prozess seinen Gang. Heißt, sie verzichten auf eine vermeintliche (früher offenbar erforderliche) Kontrolle des Gegenübers. Stattdessen erfahren Sie mehr darüber, was ihr Gegenüber tatsächlich macht. Was will er und wie bringt er das zum Ausdruck?

Wenn alles gut geht, verläuft ein solches Gespräch wie ein Tanz. Mal kommt man sich näher, mal geht man weiter auseinander. Der Tanz aber findet immer auf demselben, dem gemeinsamen Tanzboden statt. Und das wiederum verstehe ich unter Augenhöhe. Diese Augenhöhe wäre das Ziel eines Paradigmenwechsels – Augenhöhe zwischen Männern und Frauen sowie der Geschlechter untereinander.

Dazu gehört zunächst die Klarheit über den eigenen Rang und die Rolle im Tanz: Will ich als Frau führen? Will ich mich führen lassen? Bin ich weit entfernt, habe ich mehr Privilegien – sollte ich ihm da entgegenkommen? Wo steht er im Leben und in Relation zu mir? In welcher Rolle gehe ich auf ihn zu: als erfolgreiche Frau, als Wettbewerberin, als entspannte Frau, die sich gern lieben lässt, als gelassene Frau, die gern selbst liebt?

Wesentlich wäre für beide ein gesundes Selbstvertrauen. Das hieße: Beide kennen ihre Bedürfnisse, wissen um ihre Gefühle und sind in der Lage, diese auszudrücken. Es scheint auch heute noch für viele schwierig, von sich selbst zu sprechen, von den eigenen inneren Prozessen. Es scheint schwierig, die wechselnden inneren Zustände zu akzeptieren und auszuhalten, dass Gefühle, Stimmungen oder Ideen verfliegen, sich unversehens ändern. Wir sind alle zuerst einmal eines: emotionale Wesen. Gefühle sind für uns wunderbare Instantinformanten für die aktuelle Situation und geben uns Orientierungshilfen, wie wir wieder ein Gleichgewicht im System herstellen können.

Doch Rollen- und Rang- oder Klassenklarheit, Selbstvertrauen und das Wissen um sich selbst allein reichen nicht. Es wäre genial, könnten wir zudem aus dem überall stattfindenden Wettbewerb aussteigen. Dem Wettbewerb zwischen Männern und Frauen, zwischen Alten und Jungen und dem innerhalb dieser Gruppen. Den Persönlichkeitswettbewerb gewinnen! So oder ähnlich scheint allenthalben die Devise zu lauten. Wir brauchen eine andere Idee vom Umgang miteinander, weil nur dann Beziehungen wirklich eine andere Bahn nehmen können.

Charmante Schwestern: Vertrauen und Kooperation

Kooperation und Beispiele von überraschender Kooperation sind nichts für Hierarchiefreunde. Eines der großartigsten Kooperationsbeispiele war der spontane »Weihnachtsfriede« von 1914 im Ersten Weltkrieg. Deutsche und britische Soldaten zwischen Mesen und Nieuwkapelle in Flandern hielten am 24. Dezember und den Folgetagen eine von »oben« nicht autorisierte, geschweige denn angewiesene Waffenruhe ein.

Wir ahnen, wie viel Mut ein solches Verhalten erfordert. Deshalb ist für Kooperation ein gesundes Vertrauen in die eigenen Fähigkeiten hilfreich, ebenso eine gesunde Klarheit darüber, was man selbst kann – und was nicht. Mit einem Helden lässt sich genauso wenig kooperieren wie mit einer Prinzessin; beide verschließen sich dem Gedanken des Gemeinsamen. Sie sind beide auf Vereinzelung ausgerichtet.

Kooperation aber hilft uns durch das oft genug unübersichtliche Gestrüpp von Komplexität. Die steht derzeit bei uns nicht gerade hoch im Kurs, verweist sie doch auf Situationen, in denen wir Entscheidungen treffen müssen, ohne über alle erforderlichen Informationen zu verfügen. Dabei bietet Komplexität auch einen Möglichkeitsraum. Um diesen zu öffnen, sollten wir uns den Rollen anvertrauen, die mehr Verantwortung ermöglichen – die Königin scheint hier ein guter erster Schritt zu sein, nach wie vor.

Sind wir auf diesem Parkett in der Bewältigung von Komplexität geübt, folgt der nächste Schritt, lässt sich Kurs auf die eigene Identität nehmen. Können wir Widersprüche und Gegensätze in unsere Identität integrieren und damit auch in unser Leben, kommen wir weiter. Dann haben wir neue Möglichkeiten der Realitätsbildung, müssen nicht abwerten und nicht trickreich dafür sorgen, dass wir – etwa in Situationen, in denen bislang kognitive Dissonanz das Mittel der Wahl gewesen wäre – uns die Realität zurechtbiegen und verzerren müssen.

Es wird noch eine Zeit lang brauchen, dieses genaue Hinschauen und in Folge das Überdenken und Verändern der bisherigen Methoden, Tools und Haltungen. Das betrifft ebenso die Art des Wirtschaftens an sich. Wir lesen immer wieder, dass Frauen anders führen. Wir hören aus Europa, dass Unternehmen mit einem höheren Frauenanteil in Vorstand und Aufsichtsrat nachhaltiger agieren und profitabler dastehen. Der Unternehmenswert von börsennotierten Konzernen mit gemischt besetzten Gremien ist höher als der von anderen, die nur auf Männer setzen.

Hier greift Quantität zum ersten Mal nicht – aber dennoch bleibt die Erkenntnis gleichsam folgenlos. Trauen Männer diesen Ergebnissen einfach nicht über den Weg? Geht es ihnen wie uns Frauen in Sachen »Macht am Herd abgeben« – mögen sie die

»Macht im Spiel« nicht verlieren? Genaues Hinschauen wird uns zeigen, wo die blinden Flecken noch liegen.

Brechen wir Muster, lösen wir blinde Flecken auf!

Deren Ende ist nah und heißt auch: Umbau der Wirtschaft, nicht mehr, nicht weniger. Und der zielt zugleich auf den Umbau unserer Gesellschaft – einer Gesellschaft, die vollständig quantitativ von Wachstumsparolen und Fortschrittsglauben getrieben wurde und wird. Das Ergebnis sind verstörende Zivilisationskrankheiten, große Ungleichheit, Ausschluss vieler von einem guten Leben.

Wir leiden, alles in allem, an einer sämtliche gesellschaftlichen Bereiche umfassenden Konsumhaltung und an einer Zuschauermentalität, die sich an allen Ecken und Kanten unseres Alltags Bahn bricht. Treiber dieser Zivilisationskrankheiten sind vor allem unsere Institutionen, sind Medien, Wirtschaft, Politik, aber auch und gerade das Bildungssystem, das weg von einer humanistischen Bildung und hin zu einer Zurichtung der jungen Menschen für die Wirtschaft geraten ist. Doch wir selbst, die wir ja nur das Beste wollen und diesem Schindluder sprachlos gegenüberstehen, wir tragen ebenfalls Verantwortung.

Und was tun wir? Wenden wir uns nicht ab, fleißig arbeitend, um die Gedanken daran zu verdrängen? Oft genug ist diese Frage wohl mit Ja zu beantworten.

Ich bin mir sicher: Frauen wie Männer wollen mehr als Status, Geld und vermeintliche Sicherheit durch genormte Häuser, genormte Leben, genormte Tage. Wir alle wollen sinnstiftend arbeiten, wollen ganztags leben, wollen Glück und Liebe erfahren. Wir wollen ein gelingendes Leben, wie auch immer sich das für jeden Einzelnen darstellt. Die Glücksindustrie hat Hochkonjunktur, was nicht unbedingt zu mehr Glück, aber sicher zu mehr Umsatz in diesem Bereich führt.

Eine persönliche Vision hilft uns dabei, unsere Talente ans Licht zu bringen. Eine unternehmerische Vision hilft, das Optimum aus einer Firma zu erwirtschaften. Doch all das sind Krücken, Hilfen, Tools. An sich geht es darum, mit uns, mit unseren Potenzialen, unseren Gefühlen, unseren Erfahrungen in eine Balance zu kommen. Eine Balance, die vor unserem Umfeld nicht Halt macht.

Und während alte Konzepte wie Wettbewerb und Heldentum, Außensteuerung und Machtausübung uns die Geschichte erzählen, dass wir nur immer weiterklettern müssen, immer den Berg hoch, um dann endlich auf die Sonnenseite zu gelangen, stelle ich mir diese Balance vor wie eine Straße. Zu Beginn unseres Lebens ist sie schmal, führt oben auf dem Grat lang, und wir können stets abstürzen. Je mehr Erfahrungen wir sammeln, je mehr wir von uns und der Welt verstehen, umso komfortabler lässt sich diese Straße gehen. Wir können schlendern oder auch mal rennen, je nach Energie, je nach Tageszeit, je nach Lust.

Wir dürfen bei uns selbst sein, und möglicherweise stellt uns das Leben vor große Herausforderungen. Aber an sich haben wir alles dabei, was wir brauchen. Wir haben Gefühle, um orientiert zu sein, wir haben Verstand und Bildung, um mit den Dingen um uns herum etwas anzufangen, wir haben Sinne, um wahrzunehmen, was für uns Wirklichkeit ist.

Und wie kommen wir dahin? Wie werden wir »wir selbst«? Wie schaffen wir es, dem Glanz der guten Noten zu entrinnen, ohne uns deswegen abzuwerten? Wie gelingt es, uns für Qualität statt für Quantität zu loben? Wie halten wir es aus, unsere Gefühle zu fühlen, unseren Wahrnehmungen zu trauen, unseren inneren Prozessen Ausdruck zu verleihen? Woher kommt der

Mut? Der Mut, für uns selbst, aber auch für den Blick auf uns selbst wie auf ein Gegenüber.

Ob Paradigmenwechsel oder sanfte evolutionäre Entwicklung: Wie finden wir neue und für Frau wie Mann hilfreiche Spielregeln, Rollen und Kulturkonzepte, die nicht zu einer bloßen Anpassung, sondern zu einer qualitativen Aufwertung führen?

Wie sieht die Transformation aus?

Schaue ich auf Frauen, die wie ich in der Wirtschaft Geld verdienen, und zwar ordentliches Geld, habe ich eine echte Sorge: Ich befürchte, dass viele von uns lieber unsere Ansprüche an eine erfolgreiche Wirtschaft senken, als dass wir uns trauen, qualitative Veränderungen zu formulieren und dann zu realisieren. Mich treiben aber gerade diese qualitativen Fragen um.

Mir geht es beileibe nicht um Zähmung, sondern – auch hier – um eine grundlegende Transformation. Um das Aufbrechen von Hierarchien, den Abbau des Heroischen, um mehr Qualität in dieser Welt. Insbesondere in der Wirtschaft, nahezu in allen Bereichen vollständig quantitativ betrieben, ist ein Umbau noch nicht absehbar, aber absolut erforderlich. Gerade hier konzentriert sich alles auf Zahlen (Umsatz, Absatz, Rendite), also auf Quantität, und nur höchst selten auf klare Beschreibungen dessen, was Dinge bewirken sollen, also auf Qualität.

Die Antworten auf unsere Bedürfnisse sind qualitativ. Wir brauchen nicht irgendeinen Mann, denn das lässt sich quantitativ über die Partnerbörsen im Internet bewerkstelligen. Und wir brauchen ebenfalls keinen, der genauso ist wie wir selbst – Langeweile ist dann garantiert. Diese beiden quantitativen Lösungen sind für mutlose Menschen hilfreich, auch für solche, die ein großes Defizit an Nähe haben und entsprechend mit vielem zufrieden sein werden.

Aber wie wäre es, ganz anders zu denken? Nicht einen »von der Stange« zu suchen, nur um gemeinsam weniger allein zu sein. Sondern das Herz offen zu halten für einen, der anders ist, der etwas Fremdes in mir weckt. Einen, der mit meinem Schatten spielt oder mit meinem Mut, meiner Klarheit, meinem Wunsch, gemeinsam mehr zu sein als zwei Erwachsene, die ihre Adressen zusammenlegen und sich danach möglicherweise wieder in die alten Muster begeben. Mit Abhängigkeiten, fehlender Kommunikation, fehlender Aufrichtigkeit, aber ohne Augenhöhe. Ich rate Ihnen, bestehen Sie auf Qualität und darauf, nicht einverstanden und froh zu sein mit dem, was Ihnen ein Algorithmus liefert.

Wir brauchen eine Transformation. Auf allen Ebenen. Vielfach wird diese von der digitalen Wirtschaft erwartet und ihr mit Vorschusslorbeeren gleich zugeschrieben. Oft genug ohne besonderen Grund: Diese Art von Wirtschaft mag zwar modern sein, potenziert allerdings auch die quantitativen Konzepte – nichts wird zu einem fremdfinanzierten Start-up, was nicht skalierbar ist.

Skalierbar sind aber ausschließlich Quantitäten, eben Zahlen, Daten, Fakten. So sieht die Transformation gerade nicht aus; mit der disruptiven Kraft des Digitalen kommt nicht automatisch mehr Qualität in unsere Leben. Eine Sharing-Ökonomie, die vielfältige, teilweise inzwischen milliardenschwere Firmen für Mitfahrgelegenheiten, zur Vermietung von Gästezimmern oder Sofas sowie zur Verteilung von selbst gebackenem Brot hervorgebracht hat, steht ebenfalls am Scheideweg: Geht es um mehr Nähe, mehr Beziehung und mehr Miteinander? Oder doch um die Ökonomisierung selbst der privatesten Felder? Wird demnächst jedes Lächeln bezahlt? Und: Ist das Konzept nur quantitativ oder zugleich qualitativ? Oder noch mehr?

Naivität und Glaube an das Gute im Menschen helfen nicht unbedingt, qualitative Konzepte abzusichern und zu stabilisieren. Ein qualitatives Konzept macht möglicherweise nicht zügig reich, dafür ist es in jedem Schritt menschenfreundlich, inhaltlich interessant und oft genug beglückend. Sicher ist, die Dominanz von Zahlen über den Menschen werden wir hier nicht erleben. Ob wir eine solche Wirtschaft in der alteingesessenen Schuhfabrik erleben, in einem Repair-Café oder in einem digitalen Geschäftsmodell, ist nicht wichtig.

Allerdings macht der Zusatz »sozial« wie bei den sogenannten sozialen Medien à la Facebook noch längst kein Unternehmen aus, das es mit dem Sozialen ernst nimmt. Prüfen Sie das selbst, und zwar qualitativ! Werden hier Nähe und Distanz zu anderen gelebt oder eher die (quantitativ hilfreiche) Hierarchie? Gibt es qualitative Kriterien für den Unternehmenserfolg, oder sind diese des Kaisers neue Kleider und kaschieren das alte quantitative Modell?

Natürlich müssen die Zahlen stimmen. Doch ist die neue Wirtschaft vielleicht gar »postquantitativ«, und muss damit sogar das Qualitative überwunden werden, um beides zu integrieren? Es geht auf jeden Fall um mehr als um Zahlen, Daten und Fakten. Es geht um Freude am Leben durch Wirtschaft, um Ausrichtung der Wirtschaft am Menschen. Es geht auch hier nicht um ein Entweder-oder, sondern um Integration, um die erforderliche Überwindung der alten Gegensätze. Diese Transformation brauchen wir ebenfalls für die Zukunftsfähigkeit unserer Gesellschaft.

Es gilt, attraktive Konzepte, Rollenmodelle und Lebensentwürfe für Menschen gleich welchen Geschlechts zu schaffen. Einmal, um solche Dinge wie den selbst gemachten Fachkräftemangel der Wirtschaft aufzulösen und zum anderen für eine dauerhafte und nachhaltige gesellschaftliche Evolution, die zum

Beispiel eine Kernfrage beantworten können muss: Wie sieht ein angemessenes Umfeld aus, damit kluge, gebildete Frauen Kinder bekommen wollen und sich ein Leben mit ihnen als ein gelingendes darstellt?

Ich kann wesentliche Fragen stellen, davon lebe ich. Aber Antworten finden, das geht nur gemeinsam. Im Dialog. Er ist der Schlüssel für vieles, denn Kooperation lebt vom Dialog, Beziehung jeder Art ist ohne ihn nicht zu denken, und selbst Reflexion des eigenen Tuns basiert auf einem inneren oder – besser noch! – äußeren Dialog.

The End

Damit, liebe Leserin, lieber Leser, beende ich mein Zwiegespräch mit Ihnen. Wie schön, dass Sie mir bis hierhin gefolgt sind! Ich habe Ihnen einiges von meiner eigenen Geschichte erzählt und dabei für mich innere Klärung erlebt. Mein Prozess des Begreifens und Lernens ist damit nicht abgeschlossen.

Verstehe ich mein Leben als eine Gratwanderung durch eine bisweilen wilde, oft aufregende, manchmal unverständliche Welt, dann möchte ich den Punkt, den Ort, den ich jetzt, in diesem Moment erreicht habe, so beschreiben: Ich sitze auf einer bequemen Bank im Schatten einer weit ausgreifenden Platane und genieße die nachmittägliche Wärme eines friedlichen Sommertags. Lichtflecken bewegen sich mit dem sachten Wind über meine Hände, Beine, Kleider, winzige Mücken flirren durch das helle Laub. Die Zeit ruht aus. Noch ein wenig.

Mein Weg führt mich weiter. Ich bin froh und glücklich, dass ich dieses Buch schreiben durfte, und ich bin dankbar, dass Sie mich dabei lesend begleitet haben. Mein Rucksack ist leicht, der Weg vor mir mäandert fröhlich und komfortabel durch einen lichten Laubwald. Ich verabschiede mich von Ihnen und wünsche mir: Träumen Sie mutig! Leben Sie (noch) mehr von sich selbst! Wenn Sie sich ändern, dann ändert sich mit Ihnen auch Ihre ganze Welt.

Anmerkungen

1 Nach Poller, Horst: Bewältigte Vergangenheit. Das 20. Jahrhundertert, erlebt, erlitten, gestaltet. München 2010, S. 161.

2 Brüder Grimm: Kinder- und Hausmärchen. Vollständige Ausgabe. Mannheim 2012, S. 298

3 Vgl. Eugen Drewermann: Schneewittchen. Die zwei Brüder. Grimms Märchen tiefenpsychologisch gedeutet. München 2003

4 Sibylle Berg: Wie halte ich das nur alles aus? Fragen Sie Frau Sibylle. München 2013, S. 95

5 Harald Schmidt in seiner Show, Ausgabe 75, 2. Februar 2006

6 Frei nach *Kommissar Stolberg*: »Himmel und Hölle«, Samstag, 19. Juli 2014, 21:45 Uhr, ZDF

7 Johanna Haarer: Die deutsche Mutter und ihr erstes Kind. München 1938. Die letzte, veränderte und überarbeitete Auflage erschien unter dem Titel: Die Mutter und ihr erstes Kind. Nürnberg 1996. Siehe auch Wikipedia unter »Johanna Haarer«, wo das Werk umfangreich diskutiert wird.

8 Aus dem Begleittext zu einem Radiobeitrag im Bayrischen Rundfunk vom 24. Juli 2014: www.br.de/radio/bayern2/sendungen/notizbuch/deutsche-mutter-johanna-haarer100.html

9 Johanna Haarer: Die deutsche Mutter und ihr erstes Kind. München 1938, S. 165

10 Sigrid Chamberlain: »Zur frühen Sozialisation in Deutschland zwischen 1934 und 1945«. In: *Jahrbuch für Psychohistorische Forschung*, 2 (2001), S. 235–248, Zitat S. 247

11 Letztens wurde das Wort meines Erachtens erstmalig für einen Streit unter Männer eingesetzt, als zwei konkurrierende Topmanager der Allianz-Tochter Pimco mit viel Rummel und Selbstinszenierung ihre Auseinandersetzung in den Medien austrugen. Siehe den Online-Artikel vom 25. Juli 2014: http://deutsche-wirtschafts-nachrichten.de/2014/05/07/allianz-aktionaere-wuetend-ueber-den-zickenkrieg-beim-pimco/

12 Sebastian Herrmann: »Zickenkrieg«. In: *Süddeutsche Zeitung* vom 22. März 2011

13 Vgl. »Weibliche Vorgesetzte«. In: *Petra*, 1/2013, hier zitiert nach: www.petra.de/lifestyle/talk-about/artikel/konkurrenz-denken-unter-frauen/page/1 vom 26. Juli 2014

14 Titel eines Buches von Gabi Decker: Lassen Sie mich durch, mein Mann ist Arzt! Die Gattin und andere schöne Berufe. Zürich 2013

15 Vgl. www.welt.de/lifestyle/article3212698/Joschka-Fischer-ist-ein-emanzipierter-Mann.html vom 24. Juli 2014

16 Siehe: www.diw.de/documents/publikationen/73/diw_01.c.462786.de/diwkompakt_2014-079.pdf; Anja Rasner vom DIW

17 Vgl. www.equalpayday.de

18 Ebenda

19 Siehe auch die lateinische Bedeutung: *Segregarius* steht etwa für »der Geheimschreiber«.

20 Vgl. Alice H. Eagly und Linda L. Carli: Through the Labyrinth: The Truth About How Women Become Leaders. Boston 2007

21 Vgl. Sheryl Sandberg: Lean In. Frauen und der Wille zum Erfolg. Berlin 2013

22 Carl Amery: Die Kapitulation oder Deutscher Katholizismus heute. Reinbek 1963, S. 23

23 Brigitte Witzer: Kommunikation in Konzernen. Führung und konstruktives Menschenbild. Frankfurt/Main 1992

24 Wer etwa die Kritik an den Umweltstandards von Apple oder an den asiatischen Zulieferfirmen mit denkbar niedrigen Menschenrechtsgrundsätzen verfolgt, sieht: Der Konzern reagiert, wenn Kritik aus dem Markt oder der Politik kommt – dann aber mit »Flucht nach vorne«. So wollte Apple-Gründer Steve Jobs nach einer Anfeindung durch Greenpeace »the greener apple« realisieren, schaffte es aber nicht unter die ersten drei Unternehmen. Mehr dazu siehe: http://de.wikipedia.org/wiki/Apple#Kritik

25 Dirk Baecker: Postheroisches Management. Ein Vademecum. Berlin 1992

26 Brigitte Witzer: Die Zeit der Helden ist vorbei. Persönlichkeit, Führungskunst und Karriere. Anleitung für ein postheroisches Management. München 2005

27 Ich möchte hier nur Türen zu neuen Interpretationsräumen aufstoßen, deshalb bitte ich um Verständnis für die kurze Form. Mehr Informationen finden sich etwa bei Christiane Northrup: Frauenkörper – Frauenweisheit. München 2010. Von derselben Autorin mehr zur Menopause: Weisheit der Wechseljahre. München 2005

28 Vgl. Stephen W. Porges: Neurophysiologie der Selbstregulation. Die Polyvagal-Theorie. Emotionen, Bindung, Kommunikation und ihre Entstehung. Originalvorträge (Deutsch und Englisch) 2012, 3 DVDs, circa 12,5 Stunden. Exkurs zu Botox auf DVD 1, bei 2:30

29 »Tit for Tat« ist eine Spielregel aus dem Gefangenendilemma, die uns in machtfreien Räumen (also im Gefängnis oder in einem fremden Land, dessen Sitten uns nicht vertraut sind) eine erfolgversprechende Handlungsanweisung gibt: Verhalte dich genauso wie dein Gegenüber. Mehr dazu in meinem Buch: Risikointelligenz. Berlin 2011, S. 150 f.

30 Vgl. Daniel Bergner: Die versteckte Lust der Frauen. München 2013.

31 Vgl. Tina Klopp: www.zeit.de/lebensart/partnerschaft/2014-01/polygamie-bei-frauen vom 28. Januar 2014

32 Vgl. Esther Vilar: Der dressierte Mann. Gütersloh 1971

33 Vgl. Christina Thürmer-Rohr: Vagabundinnen. Frankfurt am Main 1999

34 Vgl. etwa den erstaunlich differenziert aufbereiteten Artikel zum Thema Männerrechtsbewegung: http://de.wikipedia.org/wiki/M%C3%A4nnerrechtsbewegung sowie zum Maskulinismus: http://de.wikipedia.org/wiki/Maskulinismus

35 Erik Erikson: Identität und Lebenszyklus. Frankfurt am Main 1973, S. 107

36 Rainer Brand: »Darf es etwas weniger sein?« In: *Focus* 31 vom 26. Juli 2004

37 Vgl. Hannah Arendt: Macht und Gewalt. München 2003, 15. Aufl. (Original: On Violence. New York/London 1970)

Literatur

Aliti, Angelika: Der weise Leichtsinn. Frauen auf der Höhe ihres Lebens. München 1996.

Améry, Carl: Die Kapitulation oder Deutscher Kapitalismus. Reinbek 1963.

Arendt, Hannah: Macht und Gewalt. München 2003.

Baecker, Dirk: Postheroisches Management. Ein Vademecum. Merve, Berlin 1992.

Berg, Sibylle: Wie halte ich das nur alles aus? Fragen an Frau Sibylle. München 2013.

Brand, Rainer: »Darf es etwas weniger sein?« In: Focus 31, 2004.

Chamberlain, Sigrid »Zur frühen Sozialisation in Deutschland zwischen 1934 und 1945«. In: Jahrbuch für Psychohistorische Forschung, 2, 2001.

Decker, Gabi: Lassen Sie mich durch, mein Mann ist Arzt! Die Gattin und andere schöne Berufe. Zürich 2013.

Drewermann, Eugen: Schneewittchen. Die zwei Brüder. Grimms Märchen tiefenpsychologisch gedeutet. München 2003.

Eagly, Alice H.; Carli, Linda L.: Through the Labyrinth: The Truth About How Woman Become Leaders. Boston 2007.

Erikson, Erik: Identität und Lebenszyklus. Frankfurt/Main 1973.

Fromm, Erich: Haben oder Sein. München 1979.

Fromm, Erich: Die Kunst des Liebens. München 1995.

Gruen, Arno: Der Wahnsinn der Normalität. Realismus als Krankheit: eine Theorie der menschlichen Destruktivität. Dtv, München 1993.

Gruen, Arno: Der Verrat am Selbst. Die Angst vor der Autonomie bei Mann und Frau. Dtv, München 1986.

Han, Byun-Chul: Agonie des Eros. Matthes & Seitz, Berlin 2012.

Harrer, Johanna: Die deutsche Mutter und ihr erstes Kind. München 1938 (Die Mutter und ihr erstes Kind. Nürnberg 1996).

Heinrich Jutta: Alles ist Körper. Extreme Texte. Frankfurt/Main 1991.

Hermann, Sebastian: »Zickenkrieg«. In: Süddeutsche Zeitung vom 22. März 2011.

Herzog, Dagmar: Die Politisierung der Lust. Sexualität in der deutschen Geschichte des 20. Jahrhunderts. Siedler, München 2005.

Hillenkamp, Sven: Das Ende der Liebe. Gefühle im Zeitalter unendlicher Freiheit. J.G. Cottasche Buchhandlung Nachfolger, Stuttgart 2009.

Hite, Shere: Hite-Report. Das sexuelle Erleben der Frau. München 1977.

Hite, Shere: Hite Report. Das sexuelle Erleben des Mannes. München 1981.

Johnson, Anita: Die Frau, die im Mondlicht aß. Scherz, Bern München Wien, 1996.

Kühn, Monika (Hg.): Märchen von starken Frauen. München, 1991.

Kinsey, Alfred C.: Das sexuelle Verhalten der Frau. Berlin 1954.

Kinsey, Alfred C.: Das sexuelle Verhalten des Mannes. Berlin 1955.

Northrup, Christiane: Frauenkörper – Frauenweisheit. München 2010.

Northrup, Christiane: Weisheit der Wechseljahre. München 2005.

Poller, Horst: Bewältigte Vergangenheit. Das 20. Jahrhundert, erlebt, erlitten, gestaltet. München 2010.

Sandberg, Sheryl: Lean In. Frauen und der Wille zum Erfolg. Berlin 2013.

Thürmer-Rohr, Christina: Vagabundinnen. Feministische Essays. Frankfurt/Main 1999.

Vilar, Esther: Der dressierte Mann. Gütersloh 1971.

Wilson-Schaef, Anne: Im Zeitalter der Sucht. München 1994.

Wilson-Schaef, Anne: Koabhängigkeit. Wildberg 1986.

Witzer, Brigitte: Die Diktatur der Dummen. Wie unsere Gesellschaft verblödet, wenn der Klügere immer nachgibt. München 2014.

Witzer, Brigitte: Die Zeit der Helden ist vorbei. Anleitung für ein postheroisches Management. Redline-Wirtschaft, 2005.

Witzer, Brigitte: Kommunikation in Konzernen. Führung und konstruktives Menschenbild. Frankfurt/Main 1992.

Witzer, Brigitte: Risikointelligenz. Düsseldorf 2011.

Dankwort

Dieses Buch war ein sehr persönlicher Prozess. Ich habe deshalb die Namen der Menschen verändert, die in meinem privaten Umfeld leben und die im Text vorkommen. Sollten Sie jemanden wiedererkennen, dann denken Sie bitte das Allerbeste!

Viele Menschen haben bei diesem Buch mitgewirkt und mich unterstützt, allen sei Dank dafür – es war klasse, so viel Zuwendung zu erleben. Besonderer Dank gilt meiner Seniorkollegin Eva E. Mahler-Behr, die schon seit Jahren dafür sorgt, dass ich in gesellschaftlichen Fragen einen klaren Blick behalte und von deren Geschichten als Großmutter ich wunderbar profitiert habe. Sie hat mich bei der redaktionellen Bearbeitung gestärkt und ermutigt wie auch Corinna Conradt, der ich für Ihre schnelle und hilfreiche Unterstützung in gleicher Sache danke. Das war toll. Dr. Karin Rasmussen hat besonders bei der Prinzessinnen-Rolle einige Lichter gezündet. Danke!

Der Verlag stand wunderbar hinter mir; dafür danke ich vor allem Bettina Traub, die sich selbst von wilden Thesen nicht aus dem Konzept bringen ließ und hoffentlich auch in Zukunft Herz und Kopf offen hält! Das tat gut. Regina Carstensen hat das Außenlektorat übernommen; es ist lehrreich, wenn ein fremder Blick auf das altvertraute Konzept fällt. Danke ebenfalls an sie!

Die Freundinnen sind noch gesondert zu nennen: Ihr habt meine Geschichten von Prinzessinnen, von Fleiß, von Visionen geduldig angehört, habt mit mir diskutiert, gemeinsam mit mir abgewogen. Dabei habe ich euch immer großzügig, weise und liebevoll erlebt. Danke! Ich umarme ausdrücklich Brigitte, Gisela, Helga und Ulrike.

Meinen beiden Nichten, Marita und Eve, die im Buch immer wieder vorkommen, möchte ich quasi im Schlussakkord von Herzen Dank sagen. Ich lerne viel von euch und bin froh, eure Tante zu sein. Euch habe ich vor Augen, wenn ich an eine andere Gesellschaft denke. Ihr macht eure Sache einfach gut.